인공지능은
무엇이 되려 하는가

POSSIBLE MINDS
Copyright ⓒ 2019 by John Brockman
All rights reserved.

Korean translation copyright ⓒ 2021 by PSYCHE'S FOREST BOOKS
This Korean edition was published by arrangement with Brockman, Inc., New York.

이 책의 한국어판 저작권은 Brockman, Inc.와 독점 계약한 도서출판 프시케의숲에 있습니다.
저작권법에 의해 한국 내에서 보호를 받는 저작물이므로 무단 전재와 복제를 금합니다.

인공지능은 무엇이 되려 하는가

AI의 가능성과 위험을 바라보는 석학 25인의 시선

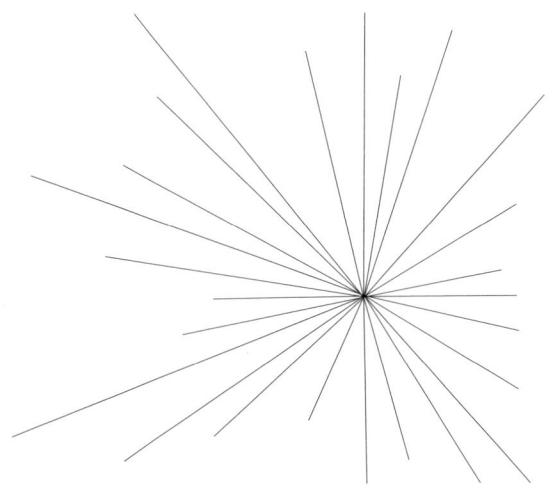

존 브록만 엮음
김보은 옮김

프시케의숲

아인슈타인, 거트루드 스타인, 비트겐슈타인,
그리고 프랑켄슈타인을 위해

일러두기

1. 외래어 표기는 국립국어원의 표기법을 따르되, 관행에 따라 일부 예외를 두었다.
2. 도서, 정기간행물은 《 》로, 논문, 신문, 영상, 시, 예술작품 등은 〈 〉로 표기했다.
3. 인명이나 도서명 등의 원어는 '찾아보기'에 표시했다.

차례

서문　인공지능이 보여주는 가능성과 위험　_존 브록만　• 011

1장 /　**세스 로이드**　잘못된, 그러나 그 어느 때보다 유의미한　• 029

"사이버네틱스 개념을 인간으로 확장하는 과정에서
위너의 개념은 목표를 빗나갔다."

2장 /　**주디아 펄**　불투명한 러닝머신의 한계　• 045

"딥러닝은 고유의 동역학 원리로 스스로 수리하고 최적화하며,
대부분은 올바른 결과를 내놓는다. 그러나 딥러닝이 엇나가도
우리는 어디가 잘못됐는지, 어디를 고쳐야 할지 단서를 찾을 수 없다."

3장 /　**스튜어트 러셀**　목적을 가진 기계　• 055

"우리는 행동을 예측할 수 없고, 불완전하며, 특정 목적이
인간과 상충하는 '초지능 기계'라는 가능성을 마주하게 될 것이다.
목적을 달성하기 위해 자신의 존재를 보존하려는 초지능 기계는
어쩌면 저지하지 못할지도 모른다."

4장 /　**조지 다이슨**　제3원칙　• 073

"이해할 수 있을 만큼 단순한 시스템은 지능적으로 행동할 만큼
복잡하지 않고, 반면에 지능적으로 행동할 만큼 복잡한 시스템은
너무나 복잡해서 이해할 수 없을 것이다."

5장 /　**대니얼 C. 데닛**　우리는 무엇을 할 수 있는가?　• 085

"인공의식을 가진 에이전트는 필요 없다.
필요한 것은 지능적인 도구뿐이다."

6장 / **로드니 브룩스**　기계가 끌어들인 잔혹한 난장판　•103

"인간은 현재 위너가 예상했던 것보다
훨씬 더 복잡한 상황에 처했으며, 위너가 상상했던 최악의 공포보다
더 치명적인 상황이 우려된다."

7장 / **프랭크 윌첵**　지능의 통합　•117

"인공지능의 장점은 영구적일 것으로 보이는 한편,
자연지능의 장점은 지금으로서는 견고하지만 일시적일 것으로 보인다."

8장 / **맥스 테그마크**　자신을 구식으로 만드는 것 이상을 동경하라　•133

"인공지능이 제대로 작동할 것이라고 장담하려면
어떤 면에서 인공지능이 잘못될 수 있을지 분석해야만 한다."

9장 / **얀 탈린**　저항의 메시지　•151

"끝없이 발달하는 인공지능은 우주적 규모의 변화를 촉발할 수 있으며,
모두를 죽음으로 몰아가는 통제할 수 없는 과정이 될 것이다."

10장 / **스티븐 핑커**　기술 예언, 그리고 저평가된 발상의 인과적 힘　•169

"지능을 갖춘 개체가 반드시 무자비한 과대망상증에 빠진다는
복잡계 법칙은 없다."

11장 / **데이비드 도이치**　보상과 처벌을 넘어서　•187

"인간의 사고와 그 기원에 대한 오해는
범용 인공지능과 그것이 창조되는 과정에 관한 오해를 자연스레 부른다."

12장 / **톰 그리피스**　인간의 인공적 활용　•203

"자동화된 인공지능 시스템은 사람이 원하는 것을 훌륭하게 추론하려면
인간 행동에 관한 좋은 생성 모델을 갖추어야 한다."

13장 / **앤카 드라간** 인간을 인공지능 방정식에 끼워 넣기 • 217

"현실 세계에서 인공지능은 사람과 실제로 상호작용하고
사람에 대해 생각해야 한다."

14장 / **크리스 앤더슨** 기울기 하강 • 231

"인공지능 시스템이 때로 국소 최저치에 머무른다고 해서
생명체보다 수준이 더 낮다고 결론 내려서는 안 된다.
인간 혹은 모든 생명체 역시 가끔 국소 최저치에 갇히기도 하기 때문이다."

15장 / **데이비드 카이저** 위너, 섀넌, 그리고 우리 모두를 위한 '정보' • 243

"《인간의 인간적 활용》의 여러 주요 논거는 21세기보다는 19세기에
더 가까워 보인다. 위너는 환원할 수 없는 무의미한 비트로 구성되는
섀넌의 정보 개념을 온전히 받아들이지 못한 듯하다."

16장 / **닐 거센펠트** 스케일링 • 255

"기계 제작과 사고하는 기계는 연관성이 없는 흐름처럼 보이지만,
이 둘은 서로의 미래에 영향을 미친다."

17장 / **대니얼 힐리스** 최초의 기계 지능 • 269

"국가나 기업 같은 하이브리드 초지능은 자신만의 새로운 목적이 있으며,
초지능의 행동이 이들을 창조한 사람들의 이익에 항상 부합하지는 않는다."

18장 / **벤키 라마크리슈난** 컴퓨터는 인간의 지배자가 될 것인가? • 285

"인공지능에 대한 인간의 두려움은,
인간을 특별하게 만드는 것이 우리의 지능이라는 믿음을 반영한다."

19장 / **알렉스 '샌디' 펜틀랜드** 인간의 전략 • 301

"기계 사회가 아니라, 우리가 인간으로 살고 인간으로서 느낄 수 있는
사이버문화를 갖춘 인간-인공지능 생태계를 만드는 방법은 무엇일까?"

20장 / **한스 울리히 오브리스트**   보이지 않는 것을 보이게 하기   • 321

"많은 현대 예술가는 인공지능이 제시하는 미래에
다양한 의구심을 나타내면서, '인공지능'이라는 단어를
긍정적인 결과에만 연관 짓지 말라고 경고한다."

21장 / **앨리슨 고프닉**   인공지능 대 네 살 아이   • 339

"프로그래머는 아이들의 행동을 관찰하면
컴퓨터 학습 방향에 관한 유용한 힌트를 발견할 수도 있다."

22장 / **피터 갤리슨**   객관성을 꿈꾸는 알고리스트   • 357

"이제 법적·윤리적·공식적·경제적 차원의 알고리즘은
모두 거의 무한에 가까워졌다."

23장 / **조지 M. 처치**   기계의 권리   • 369

"아마 인간 대 기계의 문제보다는,
다양한 마음들이 출현하는 전례 없는 상황을 마주하는
모든 지각이 있는 존재의 권리를 더 깊이 생각해야 할 것이다."

24장 / **캐롤라인 A. 존스**   사이버네틱 존재의 예술적 활용   • 389

"사이버네틱스에 심취한 예술가들은 작품을 통해,
현재 상황에서 인공지능을 회피하려는 생명체의 새로운 행동을 우려한다."

25장 / **스티븐 울프람**   인공지능과 문명의 미래   • 407

"물론 가장 극적인 단절은 사실상 인간의 불멸성 획득일 것이다. 이 과정이
생물 과정을 통해 획득될지, 아니면 디지털 과정을 통해 성취될지는
알 수 없지만, 필연적으로 이 과정은 일어날 것이다."

주   • 435

찾아보기   • 439

서문
인공지능이 보여주는 가능성과 위험

인공지능은 모든 이야기 속에 숨어 있는 현대의 이야기다. 좋은 인공지능과 악한 인공지능의 대결이 일어나는 재림이자 세상의 종말이기도 하다. 이 책은 인공지능 분야와 다양한 분야의 사상가들이 모여 인공지능은 무엇이며, 어떤 의미가 있는지 논의한 데서 탄생했다. '파서블 마인드 프로젝트Possible Minds Project'라 이름 붙인 이 모임은 2016년 9월, 코네티컷주 워싱턴의 '그레이스 메이플라워 인 & 스파'에 이 책의 저자 몇 명이 모이면서 본격적으로 시작되었다.

첫 번째 모임에서 가장 먼저 확인한 것은 오늘날 인공지능을 둘러싼 더 넓은 문화권의 흥분과 공포가 노버트 위너의 '사이버네틱스cybernetics' 개념이 당시 문화 속으로 파고들어 자신만의 방법으로 움직이던 상황과 유사해졌다는 사실이었다. 특히 1960년대에 예술가들은 신기술에 대한 자기 생각을 예술 작품에 녹여내기 시작했다. 나는 이 사상이 사회에 미치는 영향을 직접 두 눈으로 확인했으며, 그로 인해 내 삶의 방향이 정해졌다고 해도 과언이 아니다. 1970년대 초에 디지털 시대가 도래하면서 위너는 잠시 잊혔지만, 현재 위너의 사이버네틱스 개념은 광범위하게 적용되어 이제는 특별히 따로 명명할 필요조차 없을 정도로 모든 것에 스며들었다. 사이버네틱스는 어디에나 존재하며 심지어 공기 중에도 존재한다. 그러니 사이버네틱스는 시작하기에 알맞은 출발점이다.

새로운 기술 = 새로운 인식

/

인공지능이 나타나기 전에는 사이버네틱스가 존재했다. 사이버네틱스는 스스로 제어하는 자동화 방법을 연구하는 학문으로 1948년 위너의 글에 처음으로 나타났다. 내가 사이버네틱스를 진지하게 접한 때는 1966년으로, 당시 작곡가 존 케이지는 나를 비롯해 네다섯 명의 젊은 예술가를 정찬에 여러 번 초대해서 당시 유행하던 미디어와 통신, 예술, 음악, 철학 세미나를 진행했다. 세미나는 그때 케이지가 관심을 두었던 위너와 클로드 섀넌, 마셜 매클루언의 사상에 집중했는데, 모두 당시 내가 접촉하던 뉴욕 예술가 모임에서 회자되던 사람들이었다. 특히 케이지는 인간의 중추신경계, 즉 인간의 마음을 구체화하는 전자 기술을 발명해서 "마음은 하나뿐이며, 우리 모두가 공유"해야 한다는 매클루언의 사상을 마음에 들어 했다.

나는 그때 전위예술영화 제작자이자 기획자인 조나스 메카스에게 후원받는 뉴시네마1('확대 영화 페스티벌Expanded Cinema Festival'이라고도 불렸다)의 여러 멀티미디어 프로덕션에서 프로그램 관리자로 일하고 있었는데, 뉴욕 영화제작사의 시네마테크(영화를 수집, 보관, 상영하는 기관—옮긴이)에서 나와 함께 일하던 예술가들은 본성에 관한 이 같은 발상에 큰 관심을 보였다. 시각 예술가 클래스 올덴버그와 로버트 라우센버그, 앤디 워홀, 로버트 휘트먼은 물론, 키네틱 예술가 샬럿 무어만과 백남준, 해프닝 예술가 앨런 캐프로와 캐롤리 슈니먼, 무용가 트리샤 브라운, 영화제작자 잭 스미스와 스탠 밴더빅, 애드 앰스윌러, 쿠차 형제, 전위예술 극작가인 켄 듀이, 시인 게드 스턴과 USCO 그룹, 미니멀리즘 음악가 라 몬테 영과 테리 라일리, 그리고 워홀을 통해 알게 된 록그룹 벨벳언더그라운드도 그런 관심을 보인 사람들이었다. 이들 대부분이 위너의 책을 읽고 사이버네틱스에 심취했다. 이들과 모이던 한 정찬 자리에서, 케이지는 서류가방에서 《사이버네틱스》 한 부를 꺼내 내게 건네며 말했다. "꼭 읽어봐요."

뉴시네마1 페스티벌이 진행되는 동안 나는 위너의 동료이자 하버드대 생물물리학과 대학원의 수장인 아서 K. 솔로몬에게서 뜻밖의 전화를 받았다. 위너는 그 전해에 사망했는데, 위너와 가까웠던 솔로몬과 MIT 및 하버드의 동료들이 뉴시네마1 페스티벌에 관한 〈뉴욕타임스〉 기사를 읽고 그것이 사이버네틱스와 어떤 연관이 있는지 관심을 보였던 것이다. 솔로몬은 나와 뉴시네마1 페스티벌에 참가한 예술가들을 케임브리지로 초대해서 여러 과학자와의 만남을 주선했다. 거기서 MIT 감각 의사소통 연구자인 월터 로젠블리스, 하버드대 응용수학자 앤서니 외탱제, MIT 공학자이자 스트로브 라이트의 발명가인 해럴드 '닥' 에저튼 등을 만나게 되었다.

내가 참석했던 다른 수많은 '예술과 과학의 만남'처럼, 이틀간의 행사는 엉망이었다. 그러나 나는 모든 것을 받아들였고, 또 이 만남에는 몇 가지 흥미로운 결과도 있었다. 바로 과학자들이 우리에게 '컴퓨터'를 보여준 것이었다. 컴퓨터는 당시 희귀한 물건이었다. 최소한 우리 중 누구도 컴퓨터를 본 적이 없었다. 우리는 MIT 캠퍼스의 넓은 공간으로 안내되었는데, 한가운데 설치한 단 위에 유리로 둘러싸인 "냉방실"이 있었고 컴퓨터는 그 안에 들어 있었다. 기술자들이 하얀 실험복과 목도리, 장갑을 두르고 거대한 기계에서 나오는 펀치 카드를 바쁘게 수집했다. 가까이 다가가자 내 입에서 나오는 숨이 냉방실 유리에 뿌옇게 맺혔다. 서린 김을 닦아내고 나는 "컴퓨터"를 보았다. 그 순간 나는 컴퓨터와 사랑에 빠지고 말았다.

이후 1967년 가을, 나는 멘로파크에서 스튜어트 브랜드와 만났다. 브랜드와는 1965년 뉴욕에서 그가 USCO 예술가 그룹의 주변부 멤버였을 때 알게 되었다. 이제 브랜드는 수학자인 아내 로이스와 함께 《지구 카탈로그》 초판본을 출간하려고 준비 중이었다. 로이스의 팀이 《지구 카탈로그》의 최종 작업을 하는 사이, 스튜어트와 나는 이틀 동안 한쪽 구석을 차지하고 앉아 이전 해에 케이지가 내게 준 《사이버네틱스》를 읽고, 밑줄 치고, 주석을 달면서 위너의 발상에 관한 논쟁을 벌였다.

위너의 발상들에 영감을 받아, 나는 그때까지 "새로운 기술 = 새로운 인식"이라는 일종의 주문이 된 주제를 파고들기 시작했다. 또한 커뮤니케이션 이론가 마셜 매클루언과 건축설계사 버크민스터 풀러, 미래파 존 맥헤일, 문화인류학자 에드워드 T. '네드' 홀과 에드문트 카펜터에게 고무되어, 정보 이론과 사이버네틱스, 체계 이론 분야를 탐욕스럽게 섭렵했다. 매클루언은 내게 생물학자인 J. Z. 영의 《과학에서의 의혹과 확실성》을 권하면서 인간은 도구를 창조하고 사용하면서 자신을 형성한다고 말했다. 매클루언이 내게 권한 또 다른 글은 워런 위버와 클로드 섀넌의 1949년 논문 〈통신의 수학적 이론〉으로, 다음과 같은 문장으로 시작한다. "이 논문에서 '통신communication'이라는 단어는 하나의 마음이 다른 마음에 영향을 주는 모든 과정을 포함하기 위해 매우 폭넓은 의미로 사용한다. 물론 여기에는 글과 말뿐만 아니라 음악, 회화, 연극, 발레 등 사실상 모든 인간의 행동을 포함한다."

그로부터 20년 안에 두뇌를 컴퓨터로 인식하게 될 줄 누가 알았겠는가? 또 다음 20년 동안 컴퓨터로 인터넷을 구축하고, 두뇌가 단순한 컴퓨터가 아닌 컴퓨터들의 연결망이라는 사실을 깨달을 줄 누가 예측했을까? 확실히 기계제어용 아날로그식 피드백 회로 전문가였던 위너는 이를 몰랐으며, 그 예술가 무리들도 몰랐다. 나 역시도 알지 못했다.

"우리를 후려치는 채찍에 키스하는 것을 멈춰야만 한다"
/

《사이버네틱스》가 출판된 지 2년 뒤인 1950년, 위너는 《인간의 인간적 활용》을 발표해서 더 깊은 이야기를 들려준다. 그는 통제되지 않는 상업적 개발과 제어 관련 신기술이 불러올 뜻밖의 결과에 우려를 나타냈다. 나는 내 서재에서 《사이버네틱스》 옆에 꽂혀 있던

《인간의 인간적 활용》 초판을 2016년 봄에서야 읽었다. 오늘날 무슨 일이 일어날지를 1950년대에 이미 예견했던 위너의 선견지명은 나를 충격에 빠뜨렸다. 초판이 베스트셀러가 되었고 중요한 논의의 바퀴를 굴렸지만, 위너는 동료들의 압력으로 1954년 더 온건한 개정판을 출판했다. 이 개정판에서는 초판에 실렸던 결론 격의 챕터인 〈굳건한 목소리〉가 삭제되었다.

과학역사가인 조지 다이슨은 오랫동안 잊힌 이 초판본에서 위너가 "기계 정부를 통한 신파시즘의 위협" 가능성을 예측했다는 점을 지적한다.

> 마르크스주의자부터 예수회("모든 가톨릭주의는 근본적으로 전체주의다"), FBI("우리의 높으신 분들은 러시아의 선전 기술을 관찰하고는, 장점만 골라 정치 선전에 사용했다"), 그리고 "미국 자본주의와 기업인의 경제적 자유가 세계에서 최고가 되도록" 뒷받침하는 금융업자까지, 그 어떤 엘리트도 위너의 비판에서 자유롭지 못하다. 과학자는 (…) 교회와 똑같이 철저히 검사를 받았다. "사실, 위대한 연구실의 수장은 주교나 다름없다. 살아가는 동안 사회 각계각층의 권력자와 관계를 맺으며, 그들이 가진 자부심이라는 죄악과 권력욕은 위험을 초래한다."

그러나 위너의 한탄은 인기가 없었다. 다이슨은 이렇게 말했다.

> 당시에 이 경고는 무시되었다. 위너가 디지털 컴퓨터를 잘못 이해했기 때문이 아니라, 그가 원고를 완성한 1949년 가을에 더 큰 위협이

다가왔기 때문이다. 위너는 디지털 컴퓨터를 반대하지 않았지만 핵무기는 강하게 반대했다. 그리하여 그는 수천 배 더 강력한 수소폭탄을 진전시킬 수 있는 디지털 컴퓨터를 만드는 데는 참여를 거부했다.

《인간의 인간적 활용》 초판본은 지금 절판되었기 때문에, 우리는 위너가 책을 출판했던 68년 전 당시보다 현재에 더 유의미해진 그의 진심 어린 호소를 잃어버렸다. 바로 "우리를 후려치는 채찍에 키스하는 것을 멈춰야만 한다"라는 호소 말이다.

마음, 사고, 지능

/

오늘날 사이버네틱스에 관한 이야기를 들을 수 없는 데는 두 가지 이유가 있다. 첫째, 《인간의 인간적 활용》은 당시에 중요한 책으로 생각되었지만, 존 폰 노이만이나 클로드 섀넌 같은 많은 동료의 염원인 신기술의 상업화에 대해서는 반대 입장을 취했다. 둘째, 컴퓨터의 개척자인 존 매카시는 위너를 싫어해서 '사이버네틱스'라는 용어를 거부했다. 결국 매카시는 '인공지능'이라는 용어를 만들었고 해당 분야의 창시자가 되었다.

1980년대에 '베이지안 네트워크Bayesian network'라는, 인공지능에 대한 새로운 접근법을 소개한 주디아 펄은 내게 이렇게 설명했다.

위너는 우리가 언젠가 지능을 갖춘 기계를 창조하리라는 믿음이 자아내는 흥분을 일으켰다. 위너는 컴퓨터 과학자가 아니었다. 그는 피드백을 이야기했고 통신을 설명했으며 아날로그를 말했다. 위너가 차용한 은유는 자신이 가장 잘 알았던 피드백 회로였다. 하지만 디지털 시대가 시작된 1960년대 초 사람들은 프로그래밍, 코드, 컴퓨터 기능, 단기 메모리, 장기 메모리 등 의미 있는 컴퓨터 은유에 대해 얘기하고 싶어 했다. 그러나 위너는 이 분야를 잘 몰라서 새로운 세대에 접근하지 못했다. 그 새로운 세대가 다름 아닌 자신의 아이디어에서 싹텄는데도 말이다. 위너의 은유는 너무 구식이었다. 당시에는 이미 인간의 상상력을 사로잡을 준비가 된 새로운 수단이 나타났다. 1970년이 되자 사람들은 더는 위너를 떠올리지 않았다.

위너의 예측에서 한 가지 중요한 요소가 빠졌는데, 바로 인지 요소인 마음, 사고, 지능이었다. 1942년에 첫 모임을 시작으로 이미 복합 시스템 제어에 관련한 기초 학문 분야 간의 연합학회가 여러 번 열렸으며, 이 모임은 후에 '메이시 학회Macy Conference'라고 불렸다. 이 학회를 선도한 과학자들은 그들의 논의에 인지 요소를 포함해야 하는지를 두고 논쟁을 벌였다. 폰 노이만, 섀넌, 위너는 제어 시스템과 피관측 시스템의 통신에 관심을 두었지만, 워런 매컬러는 여기에 마음을 포함시키고 싶어 했다. 매컬러는 문화인류학자인 그레고리 베이트슨, 마거릿 미드와 함께 사회과학 분야로 연결고리를 넓혔다. 베이트슨은 특히 패턴과 과정, 혹은 "연결되는 패턴"에 더 많은 관심을 보였다. 베이트슨은 생물과 그 서식 환경이 동일한 하나인 새로운 시스템 생태계를 설명하면서, 이를 하나의 회로로 봐야 한다고 주장했다. 1970년대 초, 관측'되는' 시스템인 제1차 사이버네틱스는 관측'하는' 시스템인 제2차 사이버네틱스, 혹은 "사이버네틱스의 사이버네틱스"로 바뀐다. 이 용어는 1950년대 중반 메이시 학회에 합류해 새로운 움직임의 선봉에 섰던 하인츠 폰 푀르스터가 만들었다.

사이버네틱스는 사라진 것이 아니라 '모든 것'으로 변환되었다. 이제 우리는 사이버네틱스를 독립된 새로운 학문으로 인식하지 않는다. 사이버네틱스는 평범한 일상 속에 스며들었다.

"슈타인들의 특기"

/

당시 내가 이를 주제로 쓴 글은 AUM학회(AUM은 미국마스터스대학교 American University of Masters의 줄임말이다)의 공동설립자인 폰 푀르스터나 존 릴리, 앨런 와츠 같은 제2차 사이버네틱스 학파의 관심을 끌었다. 1973년 캘리포니아 빅서에서 열린 이 학회에는 철학자, 심리학자, 과학자들이 모였는데, 그들 각자는 자신의 전문 분야를 영국 수학자 G. 스펜서 브라운의《형태의 법칙》에 나타난 사상과 결부해 강연하도록 요청받았다. 나는 초대장을 받고 조금 당황했는데, 그야말로 너무 늦게 온 그 초대장에 따르면 그들은 자신들의 이상과 같은 선상에 있는 내 저서《후기》의 발상에 관심이 있었다. 나는 이 뜻밖의 기회를 잡고서는 뛸 듯이 기뻤다. 가장 큰 이유는 기조 강연자가 다름 아닌 리처드 파인만이었기 때문이었다. 나는 우주, 즉 세상 모든 것에 대해 사고하는 물리학자들과 얘기하는 것을 좋아했다. 게다가 그 어떤 물리학자도 파인만만큼 명쾌하다는 평판을 얻지 못했다. 나는 파인만과의 만남을 고대했기에 초대를 수락했다. 그러나 나는 과학자가 아니며, 연단에 올라 청중을 상대로 강의하는 일이 즐거운 적이 한 번도 없었다. 더군다나 세계에서 가장 뛰어난 사상가들을 청중으로 앉혀놓고 모호한 수학 이론을 설명해야 한다면 더더욱 그렇다. 빅서에 도착하자마자 나는 초대장이 아주 늦게 도착한 이유를 알 수 있었다. "파인만 씨의 강연은 언제 시작하지요?" 나는 안내 데스크에 물었다. "저런, 앨런 와츠가 말하지 않았나요? 리처드는 병 때문에 입원했어요. 당신이 리처드를 대신해서 기조 강연을 하게 될 겁니다. 그러니 강연 제목을 알려주시겠어요?"

나는 며칠 동안 사람들 눈에 띄지 않으려 노력했다. 와츠는 내가 강연 단상을 두려워한다는 사실을 알고는 어느 날 새벽 3시에 문을 두드려 나를 깨웠다. 문을 열자 수도사복을 입은 와츠가 후드를 얼굴 절반까지 깊이 눌러쓴 채 서 있었다. 한 손에는 랜턴을, 다른 손에는 스카치위스키 병을 들고 있었다. "존," 와츠는 낮은, 그러나 귀족적인 영국 억양이 풍부한 목소리로 말했다. "당신은 사기꾼이에요. 그리고 존," 와츠는 이어서 말했다. "나도 사기꾼이죠. 하지만 존, 나는 '진짜' 사기꾼이에요!"

다음 날 나는 "아인슈타인, 거트루드 스타인(슈타인), 비트겐슈타인, 그리고 프랑켄슈타인"이라는 제목으로 강연했다. 아인슈타인은 20세기 물리학의 혁명이었다. 거트루드 스타인은 자신의 작품에 '규정할 수 없는 불연속적 우주'라는 발상을 통합시킨 최초의 작가였다. 스타인의 단어는 인물이나 행동을 표현하지 않았다. 장미는 장미, 우주는 우주다. 비트겐슈타인은 언어로 제한되는 세계를 말했다. "내 언어의 한계는 곧 내 세계의 한계를 의미한다." 관찰하는 자와 관찰되는 자 사이의 구분이 사라졌다. 프랑켄슈타인은 사이버네틱스, 인공지능, 로봇공학, 이 책에 글을 쓴 모든 작가를 나타낸다.

강연은 기대하지 않았던 결과를 가져왔다. AUM학회 참가자 중에는 〈뉴욕타임스〉가 선정한 베스트셀러 작가들이 있었지만, 누구도 출판 에이전트를 지정하지 않았다. 이들 모두가 뉴욕의 출판사에는 알려지지 않은 장르의 책을 쓰는 작가들이었다. 컬럼비아 비즈니스 스쿨에서 MBA 과정을 마치고 관련 분야에서 비교적 성공적으로 여러 일을 했던 나는 그들의 출판 에이전트가 되겠다고 나섰다. 우선 그레고리 베이트슨과 존 릴리와 계약했는데, 이 두 사람의 책을 나는 아주 빨리 팔아치웠다. 이 둘을 시작으로 내 주의를 끄는 다른 작가들도 설득했고, 이로써 내 출판 에이전트로서의 경력이 시작되었다.

다만 이후에도 리처드 파인만과는 만나지 못했다.

인공지능의 긴 겨울

/

새로운 일을 하면서 나는 인공지능의 개척자 대부분과 친밀하게 지내게 되었다. 수십 년 동안 함께 열광의 파도를 타고 넘었으며, 실망의 계곡으로 곤두박질치기도 했다. 1980년대 초에는 일본 정부가 인공지능 개발에 국가 역량을 쏟아부었다. 일본 정부는 이를 5세대 컴퓨터라고 불렸으며, 대용량 병렬 컴퓨터를 만들어 "폰 노이만의 병목현상the von Neumann bottleneck"을 해결하고 컴퓨터 시스템의 구조를 바꾸려 했다. 일본은 이를 기회로 삼아 경제 도약을 도모하고, 이 분야에서 세계 주도권을 차지하려 했다. 1983년에는 일본 5세대 컴퓨터 컨소시엄의 대표가 뉴욕과학아카데미 수장인 하인즈 페글스가 주최한 학회에 참석하기 위해 뉴욕에 왔다. 이때 나는 1세대 연구자인 마빈 민스키와 존 매카시, 2세대 연구자인 에드워드 파이겐바움과 로저 섕크, 국립슈퍼컴퓨터 컨소시엄의 대표인 조지프 트라우브와 나란히 앉았다.

하인즈의 도움으로 나는 1981년에 비영리 단체 엣지Edge.org의 전신인 리얼리티 클럽을 설립했다. 첫 모임은 뉴욕과학아카데미 이사회실에서 열렸다. 하인즈는 1990년대의 과학연구 의제를 다룬 저서 《이성의 꿈: 컴퓨터, 그리고 복잡성 과학의 출현》을 집필하고 있었다.

리얼리티 클럽 모임에서 나는 컴퓨터 과학 혁명을 일으킬 중요한 젊은 과학자 두 명을 알게 되었다. 우선 대니 힐리스는 1970년대 후반 MIT에서 병렬 컴퓨터를 가능케 하는 알고리즘을 개발했다. 1983년 힐리스의 회사인 싱킹머신은 이 병렬구조를 이용해서 세계에서 가장 빠른 슈퍼컴퓨터를 만들었다. 이 "커넥션 머신connection machine"은 인간의 마음이 작동하는 방식에 거의 근접했다. 한편 록펠러대학교에 있던 세스 로이드는 양자컴퓨터와 양자통신 분야에서 최고의 걸작을 만들고 있었고, 기술적으로 실현 가능한 양자컴퓨터 설계를 최초로 제안했다.

일본은 어떻게 되었냐고? 일본의 인공지능 개발 시도는 실패했으며, 이후 20년간 일본 경제는 장기 침체에 빠졌다. 그러나 미국의 선도 과학자들은 일본의 인공지능 프로그램을 심각하게 받아들였다. 당시 최첨단 컴퓨터 과학자였던 파이겐바움은 파멜라 맥코덕과 함께 이에 관한 저서인 《5세대 컴퓨터: 인공지능과 세계를 향한 일본의 컴퓨터 분야 도전》을 1983년에 출판했다. 일본의 프로젝트에는 "이제 곧! 얼마 안 남았어!"라는 암호명도 있었다. 하지만 현실이 되지 못하고 사라졌다.

그 후 나는 거의 모든 다양한 종류의 인공지능과 복잡성을 주제로 여러 과학자와 함께 일했다. 이를테면 로드니 브룩스, 한스 모라벡, 존 아치볼드 휠러, 브누아 맨델브로, 존 헨리 홀랜드, 대니 힐리스, 프리먼 다이슨, 크리스 랭턴, J. 도인 파머, 제프리 웨스트, 스튜어드 러셀, 주디아 펄 등과 함께했다.

역동적인 신생 시스템의 지속

/

코네티컷주 워싱턴에서 첫 회의를 한 이후 지금까지 나는 런던과 케임브리지, 매사추세츠에서 수많은 정찬과 토론회를 연 것은 물론, 런던시청에서 공개 행사도 열었다. 참석한 이들은 유명한 과학자와 과학사가, 커뮤니케이션 이론가로, 모두 자신의 전문 분야에서 인공지능을 진지하게 연구해왔다.

나는 다양한 사람들에게 글의 기고를 부탁하면서, 위너를 언급할지 여부는 각자 결정하도록 남겨두었다. 마침내 스물다섯 명이 글을 보내왔다. 그들 모두가 오늘날 인공지능의 시대에 일어나는 일들에 우려를 표했다. 이 책은 우리 모두의 책이다. 참여한 사람들은 다음과 같다. 세스 로이드, 주디아 펄, 스튜어트 러셀, 조지 다이슨, 대니얼 데닛, 로드니 브룩스, 프랭크 윌첵, 맥스 테그마크, 얀 탈린, 스티븐 핑커, 데이비드 도이치, 톰 그리피스, 앤카 드라간, 크리스 앤더슨, 데이비드 카이저, 닐 거센펠트, 대니얼 힐리스, 벤키 라마크리슈난, 알렉스 '샌디' 펜틀랜드, 한스 울리히 오브리스트, 앨리슨 고프닉, 피터 갤리슨, 조지 처치, 캐롤라인 존스, 스티븐 울프람.

나는 '파서블 마인드 프로젝트'가 역동적인 신생 시스템으로 지속하리라고 생각한다. 이 프로젝트는 현재를 풍미하는 디지털 인공지능 담론을 다루며, 이에 대한 지적인 사상가 공동체의 생각들을 제시해준다. 사상가들은 서로의 생각을 나누면서 자신의 경험과 깊은 지식으로 인공지능 담론에 도전한다. 프로젝트의 목표는 빠르게 발전하는 이 분야를 이해할 수 있는 모자이크를 완성하는 것이다.

기고자들에게 다음을 고려해서 글을 써달라고 주문했다.

　a. 선禪 사상을 닮은 월리스 스티븐스의 시 〈검은 새를 보는 열세 가지 방법〉을 예시로 들었다. 스티븐스는 이 시에 대해 "경구나 발상이 아니라 감각의 집합체를 창조하려 했다"라고 말했다. "투시주의 perspectivism"(해석자의 관점에 따라 해석이 달라진다는 이론 — 옮긴이)를 발휘한 작품으로, 짧고 분리된 절로 구성되며, 각각의 절은 어떤 식으로든 검은 새를 언급한다. 이 시는 스티븐스 자신의 상상에 관한 시

다. 즉, 그가 관심을 기울이는 것에 관한 시다.

b. 장님과 코끼리에 관한 우화를 예시로 들었다. 코끼리처럼, 인공지능은 누구의 관점에서나 지나치게 거대한 주제. 똑같은 생각을 하는 사람은 아무도 없으니 의식하지 말라고 주문했다.

이 책의 의도는 무엇일까? 스튜어트 브랜드는 "선구자들의 사고를 되새기는 일은 항상 의미가 있다. 해당 주제에 관해 수십 년, 수세기 동안 축적된 사고가 장기적인 안목을 선사하기 때문이다. 동시대인의 논의는 모두 장기적인 관점 없이 당대에 즉각적으로 심각하게 구속된다"라고 말했다.

대니얼 힐리스는 인공지능 분야의 사람들이 얼마나 위너의 책에 따라 프로그래밍되어 있는지를 깨닫기를 바랐다. "위너의 로드맵을 시행하면서도 그 사실을 알지 못한다"라고 힐리스는 말한다.

대니얼 데닛은 "위너가 연회에 유령으로 출몰하게 놔두고" 싶어 한다. "위너는 확고한 사고방식을 뒤흔드는 잡종강세(서로 다른 계통을 교배하면 잡종 1세대가 양친보다 우수한 형질을 나타내는 유전 현상―옮긴이)의 원천이자 혁신적인 발상의 원천이다."

닐 거센펠트는 "이 책이 '빅 파이브'(구글, 애플, 페이스북, 아마존, 마이크로소프트―옮긴이) 운영자들을 은밀하게 재교육시킬 수 있다면 가장 좋은 결과일 것이다"라고 했다.

프리먼 다이슨은 위너를 아는 사람 중에 지금까지 살아 있는 몇 안 되는 사람이다. 다이슨은 《인간의 인간적 활용》은 최고의 저작

중 하나다. 위너는 거의 모든 것을 바르게 이해했다. 마법사들의 무리가 위너의 사상을 이용해서 대체 무슨 일을 할지 궁금하다"라고 말했다.

진화하는 인공지능 서사
/

　모든 것이 변했지만, 변함없이 그대로 남았다. 지금 인공지능은 어디에나 있다. 우리에게는 인터넷이 생겼다. 우리에게는 스마트폰이 있다. "우리를 후려치는 채찍을 든" 지배적인 회사 설립자의 총자산가치는 76조 500억 원, 105조 3,000억 원, 152조 1,000억 원에 이른다. 일론 머스크, 닉 보스트롬, 마틴 리스, 엘리저 유드코스키, 그리고 세상을 떠난 스티븐 호킹까지, 세간의 이목을 끄는 인물들은 인공지능의 심각성에 관해 경고했으며, 그 결과 많은 투자를 받는 연구소들은 이제 "착한 인공지능"을 홍보하는 일에 몰두하고 있다. 그러나 인간 종은 과연 완전히 각성하고 방치된 인공지능, 스스로 향상해나가는 인공지능을 통제할 수 있을까? 위너가 《인간의 인간적 활용》에서 했던 경고와 훈계는 지금 현실이 되었다. 그러니 이제 인공지능 혁명의 최전선에 선 과학자들은 이를 재검토해야 한다. 다이슨은 다시 이렇게 말한다.

　위너는 점점 '도구 숭배자들'에게 환멸을 느꼈다. 그들 공동의 이기심이 "건전한 호기심을 넘어 그 자체로 죄악인 '자동화'를 불러왔기" 때문이다. 위너는 위험이 점점 인간을 닮아가는 기계에 있지 않고 오히려 기계처럼 다루어지는 인간에 있다는 사실을 깨달았다. "미래에는 인간 지능의 한계에 도전하는 험난한 투쟁이 더 강력하게 몰려올 것이다." 위너는 생을 마감한 1964년에 출판한 《신과 골렘 주식회사》에서 이렇게 경고했다. "미래 세계는 결코 인간을 섬기는 로봇 노예가 대기하는 편안한 해먹 위에 있지 않다."

진화하는 인공지능의 서사를 검토해야 할 때다. 주류 공동체를 이끄는 리더는 물론 그에 대항하는 사람들도 함께 찾아내어, 서로 부딪히는 담론을 각자 자신의 목소리로 제시하도록 해야 한다.

이 책에 실린 글들은 이 분야의 필수적인 업데이트라고 봐도 좋다.

존 브록만
뉴욕, 2019.

제1장

잘못된,
그러나 그 어느 때보다 유의미한

세스 로이드

세스 로이드Seth Lloyd는 이론물리학자로, MIT 기계공학부 교수이며 산타페 연구소Santa Fe Institute 외부교수로 재직하고 있다. 그는 기술적으로 실현 가능한 양자컴퓨터 설계를 최초로 제안한 해당 분야의 선구자다. 전 세계의 실험과학자들과 협력하여 양자컴퓨터와 양자통신계를 만드는 작업을 이어오고 있다. 복잡계의 속성과 물리계의 정보처리 과정에 대해 주로 연구하며, 우주를 거대한 양자컴퓨터로 볼 수 있다는 주장을 펼쳤다. 저서로《프로그래밍 유니버스》가 있다.

엮은이의 말

나는 세스 로이드를 1980년대 후반에 만났다. 당시에는 생물 조직화 원칙의 중요성, 컴퓨터의 수학적·물리적 과정, 병렬 네트워크의 강조, 비선형 역학의 중요성, 카오스에 관한 새로운 지식, 연결주의 발상들, 신경망, 병렬 분산처리 같은 새로운 사고방식이 유행했다. 그 당시 컴퓨터의 발전은 우리에게 지식에 관한 새로운 사고방식을 제공했다.

세스는 자신을 양자역학자라고 부르는 것을 좋아한다. 그는 양자컴퓨터 연구로 세계적으로 널리 알려졌다. 양자컴퓨터는 중첩과 얽힘 같은 양자론의 실험적인 특성을 활용해서 전통적인 컴퓨터라면 평생 걸릴 문제도 해결할 수 있다.

이어지는 글에서 세스는 노버트 위너의 예언자적인 통찰에서부터 우리 중 누군가는 인간 종을 대신하리라고 믿는 기술적 '특이점' 예측까지, 정보 이론의 역사를 추적한다. 세스는 딥러닝 같은 최근 프로그래밍 방법에 대해 더 겸손해지라고 말한다. 인공지능의 어마어마한 발전에도 불구하고 로봇은 "아직도 자기 신발끈을 묶지 못한다"라고 지적한다.

그의 친구나 록펠러대학교의 이론물리학자인 고 하인즈 페글스 교수와의 관계를 빼고 세스에 관해 이야기하기란 어렵다. 대학원생이었던 세스와 교수였던 페글스는 서로의 사고에 심오한 영향을 주었다.

1988년 여름, 나는 하인즈와 세스를 아스펜 물리학연구소에서 만났다. 복잡성을 주제로 한 패기만만한 두 사람의 협력 연구는 《사이언티픽 아메리칸》에 실렸다. 세스와 함께 피라미드 피크(미국 캘리포니아주의 산—옮긴이)를 내려오다가 하인즈가 하이킹 사고로 비극적인 죽음을 맞기 불과 2주 전이었다. 두 사람은 당시 양자컴퓨터에 관해 이야기하는 중이었다고 한다.

노버트 위너가 1950년에 출판한《인간의 인간적 활용》은 그의 유명한 저서인《사이버네틱스: 동물과 기계의 제어와 통신》(1948)을 대중의 눈높이에 맞춰 쓴 책으로, 기계가 점점 더 컴퓨터화되면서 활용성과 성능이 향상되는 세상에서 인간과 기계의 상호작용을 탐색한다. 놀라운 선견지명을 보여주는 책이며, 동시에 명확하게 잘못되었다. 냉전체제에서 쓴 책이라 전체주의 조직과 사회의 위험을 차갑게 일깨우며, 전체주의자의 무기로 전체주의와 맞설 때 민주주의가 처할 위험 역시 경고한다.

위너의《사이버네틱스》는 피드백을 통한 제어 과정을 과학적으로 상세하게 살펴본다('사이버네틱스'는 고대 그리스어로 '키잡이'란 뜻으로, 현재 우리가 사용하는 'governor'라는 단어의 어원이다. 제임스 와트는 증기기관의 용도를 크게 확장한 자신의 혁신적인 피드백 제어 장치에 이 단어를 붙였다). 위너는 제어 문제에 집중한 나머지 세상을 감지기, 신호, 작동기가 복잡하게 맞물린 하나의 피드백이라고 생각했고, 신호와 정보가 복잡하게 교환되면서 상호작용하는 엔진이라고 보았다. 《사이버네틱스》의 공학적 응용은 영향력이 엄청나게 크고 효과적이었으며, 로켓, 로봇, 자동화 조립라인을 탄생시켰다. 또 정밀 공학 기술의 주인, 다시 말하자면 현대 산업사회의 기초가 되었다.

그러나 위너는 사이버네틱스 개념에 더 위대한 야심을 품었다. 《인간의 인간적 활용》에서 위너는 자기 생각을 맥스웰의 도깨비(열역학 제2법칙의 위배 가능성을 제시하는 사고실험 — 옮긴이), 인간의 언어, 뇌, 곤충의 물질대사, 법률 체계, 정부에서 기술 혁신의 역할, 종교 등 다양한 주제에 적용한다. 사이버네틱스의 폭넓은 적용은 거의 명백한 실패였다. 2000년부터 2001년까지 닷컴 열풍을 이끈 컴퓨터와 통신 기술처럼, 1940년대 후반에서 1960년대 초반까지 요란하게 선전된 사이버네틱스는 위성과 전화 교환 시스템을 가져왔지만, 전체적으로 볼 때 사회 조직과 발전에 별로 유용하지는 않았다.

그러나 약 70년 후, 《인간의 인간적 활용》은 처음 출판되었을 때보다 인간에 대해 더 많은 것을 알려주었다. 아마 이 책의 가장 놀라운 특징은 지금도 여전히 상당한 타당성이 있는 인간-기계 상호작용에 관한 주제를 광범위하게 소개했다는 점일 것이다. 이 책은 비관적인 어조로 20세기 후반에 다가올 재앙을 몇 가지 예측하는데, 이 예측은 오늘날 21세기 후반에 일어나리라고 예측하는 재앙과 거의 같다.

예를 들어 위너는 1950년에 예견하길, 가까운 미래 어느 순간에 인간이 사회 통제권을 사이버네틱스 인공지능에 양도해서 인류를 황폐화시킬 것이라고 봤다. 또한 그는 제조업의 자동화가 생산성을 크게 향상하는 한편 많은 근로자의 일자리가 대체되리라고 예상했으며, 이후 수십 년 동안 일련의 사건들은 사실이 되었다. 사회가 만약 대체된 근로자에게 생산적인 직업을 찾아주지 못하면 저항이 뒤따를 것이라고 위너는 경고했다.

그러나 그는 중요한 기술 발전을 예견하는 데는 실패했다. 다른 1950년대 과학기술 전문가와 마찬가지로, 컴퓨터 혁명을 예견하지 못한 것이다. 위너는 컴퓨터 가격이 1950년대의 수억 원에서 점차 떨어져 수천만 원 정도가 될 것이라고 생각했다. 또 위너를 포함한 당시 과학자들은 트랜지스터와 집적회로의 발달로 컴퓨터 성능이 엄청나게 향상되리라는 점도 예상하지 못했다. 마지막으로 그는 제어에 관심을 두고 있었기에, 위에서 통제하는 형식이 아닌 혁신과 자기조직화가 아래에서 위로 거품처럼 끓어오르는 기술 세계를 예측할 수 없었다.

위너는 정치적·과학적·종교적인 면에서 전체주의의 폐해에 집중하느라, 세상을 매우 비관적인 시선으로 보았다. 그는 책에서 인류가 빠르게 방향을 바꾸지 않으면 재앙이 닥쳐올 것이라고 경고했다. 하지만 그의 책이 출판된 지 반세기도 더 지난 지금, 인류와 기계의 세상은 훨씬 더 복잡하고 풍성해졌으며, 그가 예상했던 것보다 정치적·사회적·과학적 시스템들이 매우 폭넓은 다양성을 갖게 되었다. 그러나 까딱 잘못하면 뭔가 사달이 날 것이라고 경고하는 목소리(예컨대, 세계적 규모의 전체주의 정권이 인터넷을 통제할 것이다!)는 1950년만큼이나 오늘날에도 계속 유의미하고 절박하게 남아 있다.

위너가 옳았던 부분

/

 위너의 가장 유명한 수학적 업적은 신호 분석과 노이즈 효과에 초점이 맞춰져 있다. 제2차 세계대전 당시 위너는 항공기의 지난 궤도로부터 앞으로의 궤적을 예측하는 모델을 만들어, 대공사격 시에 자동으로 조준하는 기술을 개발했다. 《사이버네틱스》와 《인간의 인간적 활용》에서 위너는 항공기의 비행 궤도에 비행사의 기벽과 습관이 나타나므로, 기계 장치로 인간의 행동을 예측할 수 있다고 언급했다. 앨런 튜링이 그의 튜링 테스트를 통해 컴퓨터의 반응이 인간의 반응과 구별되지 않을 수 있다는 사실을 증명해 보인 것처럼, 위너도 '인간의 행동을 수학적으로 설명한다'는 개념에 매혹되었다. 1940년대에 위너는 제어 및 피드백에 관한 자신의 지식을 생명체의 신경근육 피드백에 적용했다. 이 연구는 워런 매컬러와 월터 피츠를 MIT로 불러들였고, 여기에서 두 사람은 선구적인 인공신경망을 연구했다.

 위너가 제시한 중요한 통찰은 세계를 정보라는 측면에서 이해해야 한다는 사실이다. 생물, 뇌, 인간 사회 같은 복잡계는 하부 체계에서 신호가 교환되는 피드백들이 뒤얽혀 복잡다단하지만 그럼에도 안정적인 행동을 보인다. 피드백이 망가지면 시스템은 불안정해진다. 위너는 복잡한 생물 시스템이 어떻게 움직이는지 설득력 있는 그림을 완성했으며, 이는 지금까지도 널리 수용된다.

 위너의 정보에 관한 선견지명은 복잡계 행동을 지배하는 중심 개념으로, 당시에는 매우 놀라운 것이었다. 자동차와 냉장고가 마이크로프로세서로 가득 차 있고 인간 사회 대부분이 인터넷에 연결된 컴퓨터와 휴대전화를 중심으로 돌아가는 지금, 정보·컴퓨터·통신의 중요성은 강조할 필요도 없다. 그러나 위너가 살던 시대는 최초의 디지털 컴퓨터가 방금 만들어진 시대였으며, 인터넷은 과학기술 전문가의 눈에 보이지도 않았다.

위너의 개념은 설계 제작된 복잡계뿐만 아니라 신호 주기와 계산을 축으로 돌아가는 '모든' 복잡계에 대한 것이었다. 이 강력한 개념은 복잡한 인공 시스템의 발전에 크게 공헌했다. 위너와 동료들이 미사일을 제어하기 위해 개발한 방법은 훗날 20세기 최고의 공학적 업적 중 하나인 새턴 5호 달로켓을 만드는 데 이용되었다. 특히 위너의 사이버네틱스 개념을 뇌에 적용해서 지각을 전산화한 것은 오늘날 신경망 기반 딥러닝 회로는 물론 인공지능 그 자체의 전신이었다. 그러나 현재 이 분야는 위너의 비전에서 갈라져나와 발전하고 있고, 향후의 발전은 아마 인간과 기계 양쪽 모두의 인간적 활용에 영향을 미칠 것이다.

위너가 틀렸던 부분

/

정확하게는 사이버네틱스 개념을 인간으로 확장하는 과정에서 위너의 개념은 목표를 빗나갔다. 언어, 법률, 인간 사회에 관한 위너의 사유는 잠시 제쳐놓고, 1950년에 위너가 곧 닥쳐오리라고 생각했던 조촐한, 그러나 잠재적으로는 유용한 혁신을 살펴보자. 위너는 인간이 인공 팔다리의 압력 및 위치 정보를 받아 다음 동작을 지시하는 일을 인간의 신경 신호로 직접 제어할 수 있다면, 인공 팔다리가 더 효율적일 것이라고 말했다. 그러나 이것은 위너의 생각보다 어려운 문제라는 점이 밝혀졌다. 이후 70년이 넘도록 신경 피드백에 통합된 인공 팔다리는 아직도 초기 단계에 머물러 있다. 위너의 발상은 매우 뛰어나기는 하지만, 전기 기계 장치를 신경 신호에 연결하는 것은 무척 어렵다.

  1950년의 다른 모든 사람들과 마찬가지로, 위너가 디지털 컴퓨터의 잠재력을 크게 저평가한 점은 더 심각하다. 앞서 말했듯이 위너의 수학적 공헌은 신호 분석과 노이즈 효과에 관한 주제이며, 위너의 분석 방법은 연속적으로 변화하는 아날로그 신호에 적용된다. 위너는 전쟁 당시 디지털 컴퓨터 개발에 참여했지만, 반도체 회로가 발명되고 소형화되면서 컴퓨터 성능이 기하급수적으로 발전하리라고는 예상하지 못했다. 이 점은 위너의 잘못만은 아니다. 당시 트랜지스터는 아직 발명되지 않았으며, 위너에게 익숙했던 디지털 컴퓨터의 진공관 기술은 투박하고 신뢰도가 낮으며 더 큰 장치에 확장할 수 없는 수준이었다. 《사이버네틱스》의 1948년 판본 부록에 위너는 체스를 두는 컴퓨터의 출현을 예측하고 컴퓨터가 두세 수를 앞서 내다볼 수 있을 것이라고 예상했다. 아마 반세기도 채 안 되어서 컴퓨터가 인간 체스 챔피언을 이겼다는 사실을 위너가 알았다면 놀랐을 것이다.

기술적 과대평가와 특이점의 실존적 위험

위너가 책을 집필했을 당시, 기술적 과대평가의 중요한 사례가 막 일어나고 있었다. 1950년대는 허버트 사이먼, 존 매카시, 마빈 민스키 같은 과학자들이 컴퓨터를 프로그래밍해서 간단한 작업을 수행하고 원시적인 로봇을 만드는 등 인공지능을 개발하려고 했다. 이런 최초의 노력이 성공을 거두면서 고무된 사이먼은 "기계는 20년 안에 인간이 할 수 있는 모든 일을 할 것이다"라고 선언했다. 이런 예측은 보기 좋게 빗나갔다. 기계의 성능이 향상되어 앞으로 체스 말을 어떻게 움직일지 방대한 범위의 선택을 체계적으로 평가할 수 있게 되면서, 컴퓨터의 체스 실력도 점점 더 향상되었다. 그러나 인공지능, 예를 들어 로봇 하인에 관한 예측은 대부분 환상에 불과했다. 딥블루가 가리 카스파로프를 1997년 체스로 이겼을 때 가장 성능 좋은 로봇청소기는 룸바였는데, 룸바는 바닥을 돌아다니다가 의자 아래에 걸리면 끽끽거리는 수준이었다.

기술의 발전은 여러 차례 개선을 거치고, 장애물에 부닥치면서 중단되기도 하며, 혁신을 통해 장애물을 극복하면서 이루어진다. 그렇기에 기술적 예측은 특히나 불확실해지기 십상이다. 수많은 장애물과 몇몇 혁신은 예견할 수 있지만 예측할 수 없는 부분이 더 많다. 나도 실험주의자들과 함께 양자컴퓨터를 연구하고 있지만, 만만하게 봤던 몇몇 기술적 단계가 불가능하다는 사실을 자주 발견한다. 반면 불가능하리라 여겼던 작업이 오히려 쉬울 때도 있다. 직접 해보기 전에는 알 수 없다.

1950년대에 존 폰 노이만은 위너와 대화하다가 일부 영감을 얻어 '기술적 특이점technological singularity'이라는 개념을 도입했다. 기술은 기하급수적으로 향상되는 경향이 있는데, 일정 시간 동안 성능이나 감도 측면에서 곱절로 향상되기도 한다(1950년 이후 컴퓨터 기술은 2년마다 성능이 두 배씩 향상되었으며, 이 현상은 '무어의 법칙'으로 명명되었다). 폰 노이만은 자신이 관찰한 기술 향상의 기하급수적 속도를 근거로 "기술은 이해할 수 없을 정도로 빠르고 복잡하게 진보할 것"이며, 머지않은 미래에 인간의 능력을 능가하리라고 예측했다. 사실 비트bit와 비트플립bit flip으로 나타내는 컴퓨터 성능의 성장을 현재의 추세에 비추어 추측한다면, 컴퓨터는 앞으로 20~40년 사이에 인간의 뇌와 겨루게 될 것이다(물론 인간 두뇌의 정보처리 성능을 평가하는 방식에 따라 달라지긴 할 것이다).

인공지능에 대해 지나치게 낙관적인 최초의 예측이 빗나가면서 기술적 특이점에 관한 논의는 한동안 기세가 한풀 꺾였지만, 2005년 레이 커즈와일이 《특이점이 온다》를 출판하면서 초지능superintelligence으로 이끄는 기술 발달이라는 주제가 다시 돌아왔다. 커즈와일을 포함한 몇몇 신봉자는 사람의 뇌를 초지능과 병합해서 영원히 살 수 있을 것이라는 주장을 펴면서 특이점을 기회로 생각한다. 스티븐 호킹과 일론 머스크 같은 사람은 초지능이 유해한 존재이며 인간 문명의 가장 큰 위협이 되리라 우려한다. 그러나 대부분은, 그리고 이 책에 글을 쓴 사람들 일부도 이런 논의가 허풍스럽다고 생각한다.

위너 필생의 연구, 그리고 그의 결과 예측 실패는 기술적 특이점이 임박했다는 생각에 긴밀하게 묶여 있다. 위너의 신경과학 연구와 매컬러-피츠 뉴런 모델에 대한 그의 초기 지지는, 현재 놀라울 정도로 효과적인 딥러닝 방식에 어렴풋이 나타난다. 지난 10년 동안, 특히 근래 5년 동안 딥러닝 기술은 위너가 '게슈탈트Gestalt'라고 부르던 기술을 마침내 선보였다. 예를 들면 선이 약간 찌그러져서 타원처럼 보이더라도 원을 원으로 인식하는 능력이다. 위너의 제어 연구와 신경근육 피드백 연구의 통합은 로봇공학 발전에 매우 중요했으며, 신경에 기반을 둔 인간-기계 인터페이스에도 영감을 주었다. 하지만 위너의 기술적 예측은 빗나갔으며, 그것은 우리가 기술적 특이점을 액면 그대로 받아들이지 말아야 한다는 사실을 알려준다. 기술적 예측과 초지능 발달이라는 특별한 문제에 공통으로 나타나는 어려움들은 우리에게 경고한다. 정보처리 기술의 성능과 효율, 둘 다 과대평가해선 안 된다고 말이다.

특이점 회의론에 관한 논의

영원히 지속되는 기하급수적 증가는 없다. 원자 폭발은 기하급수적이지만, 그것도 에너지가 다할 때까지다. 마찬가지로 무어의 법칙이 말하는 기하급수적 발전도 기초물리학에 근거한 한계점에 다다르고 있다. 컴퓨터의 클록clock 속도는 15년 전에 기가헤르츠에 이르면서 최고조에 달했는데, 여기서 멈춘 이유는 단순하다. 컴퓨터 칩이 녹기 때문이다. 트랜지스터의 소형화는 터널링과 누설전류에서 이미 양자역학 문제에 부딪혔다. 결국 무어의 법칙에 따른 메모리와 프로세싱의 각종 기하급수적인 향상은 서서히 멈출 것이다. 그러나 몇 십 년이 더 지나면 컴퓨터 프로세싱 성능은 최소한 비트 수와 초당 비트플립 수가 증가하면서 인간의 뇌와 얼추 비슷해질 것이다.

자연선택에 따라 수백만 년 동안 진화해온 사람의 뇌는 복잡하다. 위너의 시대에는 뇌 구조에 관한 인간의 지식은 초보적이며 단순했다. 이후 놀랍도록 민감한 장비와 영상 기술은 위너가 상상했던 것보다 인간 뇌 구조가 훨씬 더 다양하며, 기능 역시 더 복잡하다는 사실을 보여주었다. 나는 최근 현대 신경과학의 선구자 중 한 명인 토마소 포지오에게 컴퓨터 프로세싱 성능이 급격하게 발달해서 인간의 뇌 기능을 곧 따라잡을 상황을 우려하는지 물었다. "어림도 없습니다." 포지오의 답이었다.

최근 딥러닝과 신경 모방 컴퓨터가 발달하면서 인간 지능의 특징, 특히 패턴을 처리하고 인식하는 대뇌 피질의 기능을 재현하는 데 성공했다. 이러한 발전으로 컴퓨터는 체스뿐만 아니라 바둑에서도 세계 챔피언을 이기는 매우 인상적인 업적을 이루었지만, 아직도 컴퓨터 로봇은 방을 청소하지 못한다(사실, 로봇이 인간의 다양하고 유연한 움직임을 따라하려면 아직도 갈 길이 멀다. '넘어지는 로봇robots falling down'을 검색해보면 알 수 있다. 로봇은 조립생산 라인에서 정밀하게 용접할 수는 있어도, 아직도 자기 신발끈은 묶지 못한다).

가공하지 않은 정보처리 능력이 섬세한 정보처리 능력을 뜻하지는 않는다. 컴퓨터 성능은 기하급수적으로 발전했지만, 컴퓨터가 운용하는 프로그램은 전혀 발전하지 못한 적도 있다. 프로세싱 능력을 높이려는 소프트웨어 기업의 주요 반응 중 하나는 '유용한' 기능을 부여하는 것인데, 그렇게 하면 오히려 소프트웨어를 사용하기가 더 어려워지기도 한다. 마이크로소프트 워드 프로그램은 1995년에 정점을 찍은 후 줄곧 부가된 기능의 무게에 가라앉고 있다. 일단 무어의 법칙이 속도를 늦추기 시작하면, 소프트웨어 개발자들은 효율성, 속도, 기능 사이에서 어려운 선택을 해야 할 것이다.

특이점 이론가들이 가장 두려워하는 것은, 컴퓨터가 소프트웨어를 설계하는 데 더 깊이 관여하면서 자력으로 인간을 능가하는 능력을 급속도로 얻지 않을까 하는 점이다. 그러나 머신러닝이 보여주는 증거는 그 반대 방향을 가리킨다. 기계가 더 강력해지고 학습할 수 있게 될수록, 기계는 더욱더 인간과 유사하게 학습한다. 다수의 사례들에서 기계는 인간과 기계 교사의 감독을 받으면서 학습했다. 10대를 가르치는 것처럼, 컴퓨터를 교육시키는 것 역시 힘들고 속도도 느리다. 결과적으로, 딥러닝에 기반을 둔 시스템은 사람과 멀어지기보다는 점점 비슷해지고 있다. 기계의 학습 기술은 인간보다 '더 나은' 것이 아니라 '상호보완적'이다. 컴퓨터의 학습 시스템은 사람이 미처 구별할 수 없는 패턴을 인식할 수 있고, 그 반대의 경우에도 마찬가지다. 세계 최고의 체스 챔피언은 컴퓨터도 사람도 아니라, 컴퓨터와 협력하는 사람이다. 사이버 공간에는 실제로 해로운 프로그램이 많지만 이는 주로 악성 소프트웨어의 형태를 띤다. 컴퓨터 바이러스가 악명 높은 것은 그 아무 생각이 없는 해악 때문이지, 초지능 때문이 아닌 것이다.

위너는 어디로 향하는가?

/

위너는 기하급수적인 기술 발전은 상대적으로 현대의 현상이며 무조건 좋은 것은 아니라고 말했다. 그는 핵무기와 핵탄두 미사일의 발달을 인간이라는 종의 자살 계획으로 여겼다. 또 저돌적인 지구 자원의 개발을 《이상한 나라의 앨리스》에 나오는 모자 장수와 매드 티파티에 비유한다. 즉, 한곳에 쓰레기를 버린 뒤에 다른 곳으로 가서 쓰레기를 버리는 식으로 발전을 한다는 것이다. 컴퓨터와 신경기계 시스템의 발달을 바라보는 위너의 낙관주의는 그가 지닌 또 다른 비관주의로 완화되었다. 위너는 권위주의 정부(이를테면 소련)의 착취와 그러한 권위주의의 위협에 맞서기 위해 스스로 더 권위적으로 변해가는 민주주의 정부(이를테면 미국)의 경향에 대해 비관했다.

위너는 현재 일어나는 '인간의 인간적 활용'에 대해 어떻게 생각할까? 그는 컴퓨터와 인터넷의 힘에 놀랄 것이다. 그리고 그가 개발에 참여한 초기 신경망이, 그가 강조한 지각 능력을 갖춘 강력한 딥러닝 체계를 탄생시키는 데 기여했다는 사실에 기뻐할 것이다. 물론 이런 컴퓨터화된 게슈탈트의 가장 유명한 사례가 인터넷에서 고양이 사진을 인식하는 능력이라는 사실을 알면 실망할 수도 있다. 추측건대, 위너는 인공지능을 위험으로 간주하기보다는 인간의 지능과 다르지만 공진화하는 당연한 현상으로 봤던 것이 아닐까 싶다.

위너는 지구온난화(우리 시대의 매드 티파티)에 놀라지는 않았을 것이다. 오히려 그는 대체에너지 기술의 기하급수적인 향상에 갈채를 보내며 스마트 그리드로 이 기술들을 통합하는 데 필요한 정교한 피드백 개발에 자신의 사이버네틱스 전문지식을 활용할 것이다. 그럼에도 기후변화 문제를 해결하는 일이 기술적인 문제일 뿐만 아니라 정치적인 문제이기도 하다는 사실을 깨달으면, 위너는 틀림없이 인류가 적절한 시기에 문명 차원의 위협적인 문제를 해결할 수 없을 것이라며 비관할 것이다. 위너는 강매하는 장사꾼, 특히 정치 장사꾼을 가장 혐오했다(하지만 그는 이런 장사꾼이 항상 존재하리라는 사실 역시 인정했다).

위너의 세상이 얼마나 무서운 시대였는지 우리는 잊기 쉽다. 미국과 소련은 전력으로 군비경쟁을 했고, 핵탄두를 탑재한 수소폭탄을 만들어 대륙간 탄도 미사일에 실었다. 이 미사일은 위너가 직접 발명한 운행 유도 시스템에 따라 움직였다. 그는 경악했을 것이다. 그가 사망한 1964년에 나는 네 살이었다. 그해 나는 유치원에서 핵공격에 대비해 책상 밑으로 대피하는 훈련을 했다. 위너 시대의 '인간의 인간적 활용'에 비추어볼 때, 만약 위너가 우리의 현재 상태를 미리 볼 수 있었다면, 그의 첫 번째 반응은 다름 아닌 인류가 아직 살아 있다는 사실에 대한 안도였을 것이다.

제2장

불투명한 러닝머신의 한계

주디아 펄

주디아 펄Judea Pearl은 컴퓨터 과학자이자 철학자로, 캘리포니아대학교 로스앤젤레스캠퍼스UCLA 컴퓨터 과학 교수이자 인지체계연구소Cognitive Systems Laboratory의 책임자다. 그는 확률적 추론과 학습을 수행하는 알고리즘인 '베이지안 네트워크'를 고안했으며, 인공지능 분야에 공헌한 업적을 인정받아 컴퓨터 과학계의 노벨상으로 불리는 튜링상을 2011년에 수상했다. 저서로 데이나 매켄지와 공동 집필한 《'왜'의 책: 원인과 결과에 관한 새로운 과학》이 있다.

엮은이의 말

1980년대에 주디아 펄은 인공지능에 새롭게 접근하는 방법인 '베이지안 네트워크'를 소개했다. 확률에 근거한 이 기계 추론 모델은 기계가 복잡하고 불확실한 세상에서 새로운 증거를 바탕으로 자신의 믿음을 끊임없이 수정하는 "증거 기반 엔진evidence engines"으로 움직이게 한다.

몇 년 안에 주디아의 베이지안 네트워크는 이전의 규칙에 근거한 인공지능 접근법에 완전한 그늘을 드리웠다. 한편, 사실상 컴퓨터가 수많은 정보를 보고 스스로 배워서 더 영리해지는 딥러닝의 출현은 주디아를 잠시 멈춰 서게 했는데, 이 방법은 투명성이 보장되지 않았기 때문이다.

마이클 I. 조던과 제프리 힌턴 같은 동료들의 딥러닝이 이룬 인상적인 성취를 보면서, 주디아는 이런 불투명성이 불편해졌다. 주디아는 딥러닝 시스템의 이론적 한계를 연구한 뒤, 우리가 어떻게 하든 인공지능이 인간의 지능에 도달하는 것을 막는 근본적인 장벽이 존재한다는 사실을 지적했다. 주디아는 베이지안 네트워크가 지닌 컴퓨터 연산의 장점을 활용하면, 인과관계를 추론하고 표현하는 데에 단순한 그래픽 모델과 데이터 조합을 이용할 수 있다는 점을 깨달았다. 이 발견은 인공지능의 근본을 훌쩍 뛰어넘는다는 점에서 중요하다. 주디아는 최근 저서에서 일반 대중에게 인과적 추론을 설명하지만, 아마 독자들은 사고에 있어서 추론은 그저 기본이라고 생각할지도 모른다.

주디아의 원칙에 의거한 인과관계의 수학적 접근법은 이 분야에 근본적인 공헌을 했으며, 이미 거의 모든 연구 분야, 특히 데이터 집중 의료와 사회과학에 영향을 미쳤다.

전직 물리학자로서 나는 사이버네틱스에 지대한 관심이 있었다. 사이버네틱스는 튜링 기계의 성능을 충분히 활용하지는 못했지만 매우 명확했고, 이는 아마 전통적인 제어 이론과 정보 이론 위에 세워졌기 때문이라고 생각한다. 우리는 현재 딥러닝 형식의 머신러닝에서 이 투명성을 잃고 있다. 그것은 기본적으로 길고 긴 입력-출력 회로의 중간 가중치를 조절하는 곡선맞춤법을 가리킨다.

많은 사용자가 딥러닝에 대해 "잘 작동하고는 있지만, 왜 그런지는 모른다"라고 말한다. 일단 거대한 데이터 바다에 풀어놓으면, 딥러닝은 고유의 동역학 원리로 스스로 수리하고 최적화하며, 대부분은 올바른 결과를 내놓는다. 그러나 딥러닝이 엇나가도 우리는 어디가 잘못됐는지, 어디를 고쳐야 할지 단서를 찾을 수 없다. 특히나 결점이 프로그램에 있는지, 메소드(객체지향 프로그래밍 언어에서 클래스나 객체에 소속된 서브루틴—옮긴이)에 있는지, 아니면 환경이 바뀌었기 때문인지 모른다면 더욱더 그렇다. 이제는 다른 명료성에 집중할 때다.

명료성은 필요 없다고 주장하는 사람도 있다. 인간 뇌의 신경 구조를 이해하지 못하지만 뇌는 잘 작동하므로, 우리는 뇌에 대해 잘 모르면서도 사람의 뇌를 최대한 활용한다. 똑같은 방식으로 사람들은 딥러닝이 작동하는 방식을 이해할 필요는 없으며, 그저 딥러닝 시스템을 풀어놓고 인공지능을 창조하자고 주장한다. 나도 어느 정도는 이 주장에 수긍한다. 개인적으로 불투명성을 싫어하기에 딥러닝에 내 시간을 낭비하지 않을 작정이지만, 인공지능 창조에 딥러닝이 어느 정도 도움을 준다는 사실은 알고 있다. 명확하지 않은 시스템이 놀라운 일을 할 수 있으며, 인간의 뇌도 이런 경이로움의 증거라는 사실을 안다.

그러나 이 주장은 한계가 있다. 우리가 사람의 뇌가 작동하는 방식을 잘 모르는 현실을 묵과하는 이유는 사람의 뇌가 항상 같은 방식으로 작동하기 때문이며, 인간이 자신의 자연언어를 사용해서 타인과 소통할 수 있고, 배울 수 있으며, 타인을 지도하고, 동기를 부여할 수 있기 때문이다. 만약 로봇이 알파고처럼 불투명한 존재가 된다면 로봇과는 의미 있는 대화를 나눌 수 없을 테고, 이는 불행이 될 것이다. 운용 환경이나 작업에 조금이라도 변화가 있을 때마다 로봇을 재교육해야 할 것이다.

따라서 나라면 불투명한 러닝머신learning machine을 실험하기보다는 러닝머신의 이론적 한계를 찾아내고 이 한계를 극복하는 방법을 탐색할 것이다. 이 작업은 인과적 추론의 맥락에서 진행되고 있으며, 인과적 추론은 과학자들이 세계를 사유하는 주요 방식인 동시에 직관과 모형 사례가 풍부해서 분석 과정을 관측할 수 있는 방식이다. 바로 이런 맥락에서 우리는 근본적인 장벽을 발견했으며, 이 장벽을 없애지 못하는 한 진정한 인간적 지능을 절대로 만들 수 없을 것이다. 나는 이 장벽을 머리로 들이받기보다는 그것에 대해 파악하는 것이 더 중요하다고 생각한다.

현재 머신러닝 시스템은 통계적인 방식이나 모델이 없는 방식에만 적용되는데, 대개 함수를 클라우드 데이터에 끼워 맞추는 방식과 유사하다. 이런 체계는 "만약 ~하다면?"이라는 질문에 답할 수 없으며, 따라서 인간 수준의 추론과 숙련도를 보여주는 강한 인공지능의 기반이 될 수도 없다. 인간 수준의 지능을 갖추려면 러닝머신은 현실의 청사진, 즉 우리가 낯선 도시를 다닐 때 필요한 지도 같은 '모델'이 필요하다.

더 정확하게 말하자면 현재 러닝머신은 환경에서 인식한 감각적 유입 정보의 매개변수를 최적화해서 스스로 성능을 개선했다. 느리지만 다윈 진화를 일으키는 자연선택 과정과 비슷하다. 다윈 진화는 독수리나 뱀 같은 종이 수백만 년 동안 어떻게 최고의 시각 기관을 진화시켰는지 설명한다. 그러나 다윈 진화로는 인간이 겨우 천 년 동안 안경과 망원경을 만든 초超진화 과정은 설명할 수 없다. 환경에 대한 심적 표상(계획을 세우고 학습할 때 대안 가설의 환경을 상상하면서 마음대로 조작해볼 수 있는 표상)은 다른 종은 가져보지 못한 인간만의 능력이다.

유발 노아 하라리와 스티븐 미슨 같은 호모 사피엔스 역사가들은 약 4만 년 전 인간의 조상에게 전 지구적인 지배권을 행사할 능력을 부여한 결정적인 구성 요소가 다음과 같은 능력이라고 대체로 동의한다. 즉, 인간에게는 심적 표상을 창조하고 저장한 뒤 심적 표상에서 정보를 얻고 상상력으로 이리저리 가공해서, 최종적으로 "만약 ~하다면?"이라는 종류의 질문에 답하는 능력이 있다는 것이다. "만약 내가 이러저러한 일을 한다면?"과 같은 중재intervention적인 질문이나 "만약 내가 다르게 행동했더라면?"과 같은 조건법적 질문을 예로 들 수 있다. 현재 작동하는 그 어떤 러닝머신도 이런 질문에 답할 수 없다. 게다가 대부분의 러닝머신은 이런 질문이 끌어낼 수 있는 답에서 나오는 표상을 만들지도 못한다.

인과적 추론과 관련해서, 우리는 아무리 맞춤 과정이 정교하더라도 모델이 없는 곡선맞춤법이나 통계적 추론으로는 할 수 있는 일이 거의 없다는 점을 발견했다. 또 이런 한계를 조직화해서 보여주는 이론적 틀을 발견했다.

첫 번째 단계는 통계적 추론이다. 그것은 하나의 사건을 관찰하는 일이 어떻게 다른 신념을 바꿀 수 있는지만 알려준다. 예를 들어, 증상은 질병에 대해 무엇을 알려주는가?

두 번째 단계는 첫 번째를 포함하지만 그 역은 성립하지 않는다. 여기서는 행동을 다룬다. "가격을 올리면 어떻게 될까?" "만약 네가 나를 웃게 한다면?" 같은 질문이다. 두 번째 단계는 첫 번째 단계에서는 할 수 없었던 중재에 관한 정보를 요구한다. 정보는 어떤 변수가 다른 변수에 반응하는지를 그래픽 모델로 나타낼 수 있다.

세 번째 단계는 조건법적 서술이다. 과학자가 사용하는 언어다. "만약 물체가 두 배 무겁다면 어떻게 될까?" "만약 과정을 다르게 하면 어떻게 될까?" "두통이 사라진 것은 아스피린을 먹었기 때문인가, 아니면 낮잠을 잤기 때문인가?"와 같은 질문이다. 조건법적 서술은 우리가 모든 행동의 결과를 예측할 수 있더라도 유도할 수 없다는 점에서 가장 높은 수준을 차지한다. 조건법적 서술은 어떤 변수가 다른 변수의 변화에 어떻게 반응하는지를 알려주는 방정식 형태의 특수한 구성 요소가 필요하다.

인과적 추론 연구의 가장 빛나는 업적은 최상위 단계인 중재적인 서술과 조건법적 서술 모두를 알고리즘화한 것이다. 다시 말하면 과학지식을 모델에 입력하면, 중재적인지 조건법적인지 관계없이 주어진 질문을 현재 적용할 수 있는 데이터에서 평가할 수 있는지, 있다면 어떻게 할 수 있는지 알려주는 알고리즘이 있다는 뜻이다. 이 기능은 특히 사회학과 전염병학 같은 데이터 집중 과학 분야의 연구 방식을 급격하게 바꿨고, 인과관계 모델은 제2언어로 밀려났다. 해당 분야에서는 이러한 언어적 변화를 인과관계 혁명으로 본다. 하버드대학교의 사회과학자 개리 킹은 이를 가리켜 "선사시대 전체를 아우른 기간보다도 지난 몇 십 년 동안에 인과적 추론에 대해 더 많이 알게 되었다"라고 말했다.

머신러닝의 성공과 이를 기반으로 한 미래 인공지능을 숙고하면서 나는 자문한다. 우리는 인과적 추론 영역에서 발견한 근본적인 한계를 인식하고 있는가? 한 체계에서 다른 체계로 이동하는 경계에 세워진 이론적 장애물을 우회할 준비가 되어 있는가?

나는 머신러닝을 데이터에서 확률로 이끌어주는 도구라고 생각한다. 그러나 확률에서 실제 지식으로 이동하려면 여전히 가외의 단계를 두 개 더 만들어야 한다. 그것은 심지어 아주 크다. 하나는 행동의 결과를 예측하는 것이고, 두 번째는 조건법적 상상이다. 이 마지막 두 단계를 이루지 못한다면 현실을 이해한다고 말할 수 없다.

철학자 스티븐 툴민은 깊은 통찰을 보여준 저서 《예지와 인식》(1961)에서 명료성 대 불투명성의 대비가 그리스 과학과 바빌론 과학의 경쟁 관계를 이해하는 중요한 열쇠라고 말했다. 툴민의 설명에 따르면 바빌론 천문학자들은 블랙박스 예측법의 대가로, 행성 관찰의 정확성과 일관성 면에서 경쟁 상대였던 그리스 천문학자들을 크게 능가했다. 하지만 과학은 불이 가득 찬 원형 튜브, 신성한 불이 작은 구멍으로 새어나와 만들어지는 별빛, 거북이 등에 올린 반구형 지구처럼 은유적 심상으로 가득 찬 그리스 천문학자들의 창조적이며 추론적인 전략을 선호했다. 이런 거친 모델 전략이 바빌론의 추론을 제치고 에라토스테네스(기원전 276~194)에게 고대시대에서 가장 창조적인 실험을 하고 지구의 원주를 계산하도록 영감을 주었다. 이런 실험은 데이터에 꿰맞추는 바빌론 추론 체계에서는 절대로 일어나지 않는다.

모델이 없는 연구법은 강한 인공지능이 수행하는 인지 작업에 본질적인 한계를 부여한다. 모델이 없는 러닝머신에서는 인간 수준의 인공지능은 출현할 수 없다는 것이 내가 내린 결론이다. 데이터와 모델의 공생적인 협력이 필요하다.

데이터 과학은 데이터를 해석하는 과학이다. 즉, 데이터를 현실과 연결하는 이체 문제two-body problem다. 데이터가 아무리 '크고' 교묘하게 조작된다 하더라도, 데이터 자체만으로는 과학이 될 수 없다. 불투명한 러닝 체계는 우리를 바빌론으로 데려갈 수는 있지만 아테네로는 데려가지 못한다.

제3장

목적을 가진 기계

스튜어트 러셀

스튜어트 러셀Stuart Russell은 컴퓨터 과학자로, 캘리포니아대학교 버클리캠퍼스 전기공학 및 컴퓨터 과학 교수이며 UC버클리 인공지능연구소를 이끌고 있다. 인공지능의 이해와 활용, 인공지능의 미래와 인간과의 관계를 연구해온 이 분야의 석학이다. 인공지능의 다양한 주제에 관해 100편이 넘는 논문을 발표했으며, 구글 연구팀의 피터 노빅과 함께 펴낸 《인공지능: 현대적 접근방식》은 '인공지능의 교과서'로 불린다.

엮은이의 말

컴퓨터 과학자인 스튜어트 러셀은 일론 머스크, 스티븐 호킹, 맥스 테그마크 등 많은 사람들처럼, 초인간 혹은 그저 인간 수준 정도일 뿐이더라도 프로그래밍된 목적이 인간의 목적과 일치하지 않는 범용 인공지능을 만드는 것의 잠재적인 위험에 관심을 기울여야 한다고 주장했다.

러셀은 초기 연구에서 '유한적 최적성bounded optimality' 개념을 인공지능의 형식적 정의로 이해했다. 러셀은 합리적인 메타추론 기술, 즉 "대략 설명하자면, 최대한 빨리 최종 결정의 질을 향상시키는 계산을 해내는" 기술을 개발했다. 또 확률 이론과 1차 논리를 통합해서 포괄적 핵실험 금지 조약을 관리하는 새롭고 더 효율적인 시스템을 만들었고, 장기간에 걸친 의사결정 문제를 연구했다. 이 주제는 "생명: 20조 번의 움직임 속에서 작용하고 쟁취하다Life: play and win in 20 trillion moves"라는 강의로 알려져 있다.

러셀은 자율살상 무기 개발, 특히 초소형 드론이 대량살상 무기로 발전할 가능성을 크게 우려한다. 인공지능 분야의 선도적인 연구자 40명이 쓴 편지를 오바마 대통령에게 전하기도 했으며, 이에 오바마 대통령은 높은 보안 등급의 국가안보 회의를 열기도 했다.

현재 러셀은 "유익함을 증명할 수 있는" 인공지능을 연구한다. 인간 프로그래머의 목적에 관한 "명백한 불확실성으로 시스템을 가득 채워서" 인공지능의 안전성을 보장하려 한다. 이 접근법은 현재 인공지능 연구를 근본적으로 재배열하는 것이나 다름없다.

지난 20여 년 동안 컴퓨터 과학을 배운 사람이라면 누구나 러셀을 알고 있다. 러셀은 대략 500만 명 이상의 영어권 독자들이 읽었다는 그 유명한 인공지능 교과서의 공저자다.

노버트 위너가 《인간의 인간적 활용》에서 제기한 수많은 주제 중에서도 현재 상황과 연관되며 인공지능 연구자에게 가장 중요한 문제는 바로 인류의 운명을 기계에 양도해버릴 가능성이다.

위너는 가까운 미래에 기계가 전 지구적인 통제권을 행사하기에는 제약이 있으며, 그 대신 엘리트 인간 집단이 기계나 기계와 유사한 통제 시스템을 휘두르면서 "톱니바퀴와 지렛대와 막대" 수준까지 인간성을 말살하리라고 상상했다. 더 나아가, 그는 고도로 발달한 기계의 목적을 정확하게 특정하기가 어렵다는 점을 지적했다.

더 단순하고 명확한 삶의 진실 몇 가지 중에는, 지니가 나오는 램프처럼 아예 열지 않는 편이 더 나은 것도 있다. 아내의 몫까지 하늘의 축복을 대신 가로챈 그 어부는 결국 처음과 똑같은 상태로 되돌아올 것이다. 세 가지 소원을 빌 수 있다면, 무슨 소원을 빌지 신중하게 생각해야 한다.

위험은 매우 명확하다.

기계의 행동 법칙을 정확하게 검증하지 않고, 인간이 수용할 만한 원칙에 따라 기계의 행동이 수행될 것임을 확인하지 않은 채 기계에 우리의 행동을 결정하게 할 때, 인류에게는 재난이 닥칠 것이다! 한편 스스로 학습할 수 있고 그 지식을 바탕으로 의사결정을 하는 지니 같은 기계는 인간과 같은 결정을 내릴 의무가 없거나, 인간이 수용할 만한 의사결정을 하지 않을 것이다.

10년 후, 아서 새뮤얼의 체커 프로그램이 창조자보다 체커를 훨씬 잘 두는 것을 보고 위너는 〈자동화의 도덕적이며 기술적인 결과〉라는 글을 《사이언스》에 발표했다. 이 논문에서 위너의 메시지는 더 명확해졌다.

우리가 목적을 이루려고 효율적으로 조절할 수 없는 기계 에이전트를 사용한다면 (…) 기계에 입력한 목적이 우리가 실제로 원하는 목적인지 확인해야 할 것이다.

내 생각으로는 바로 이것이 최근 몇 년 동안 일론 머스크, 빌 게이츠, 스티븐 호킹, 닉 보스트롬 같은 관찰자들이 지적한 초지능 인공지능이 만들어내는 존재적 위험의 근원이다.

기계에 목적을 입력하기

/

　인공지능 연구의 목표는 지능적인 행동의 근간을 이루는 원칙을 이해하고, 이 원칙을 이용해 지능적인 행동을 하는 기계를 만드는 것이다. 1960년대와 1970년대에 널리 퍼진 지능의 이론적 개념은 특정 목표를 이룰 수 있는 행동 계획을 세우는 능력을 포함한 논리적 추론 능력이었다. 더 최근에는 예상되는 유용성을 최대화하기 위해 인지하고 행동하는 논리적인 에이전트라는 개념에 합의했다. 논리적인 계획, 로봇공학, 자연언어 이해 같은 하위 분야는 보편적인 패러다임의 특별한 사례다. 인공지능은 확률 이론을 도입해서 불확실성을 처리하고, 효용 이론을 도입해서 목표를 정의하며, 통계 학습을 통해 기계가 새로운 환경에 적응하게 한다. 이런 발전은 제어 이론, 경제학, 운용 관리, 통계학처럼, 비슷한 개념 위에 구축한 다른 지식 분야와의 연관성을 크게 높였다.

　논리적인 계획과 합리적인 에이전트라는 관점에서, 인공지능은 그 기계의 목적이 외부에서 특정된다. 그것이 목적의 형태든, 효용 함수든, 강화 학습시의 보상 함수든, 그 무엇이든지 간에 말이다. 위너의 말을 빌리자면 이것이 바로 "기계에 입력되는 목적"이다. 사실 이 분야의 교리 중 하나는, 인공지능 시스템이 특화된 목적(설계상으로 목적이 내재되어 있음)이 아니라 보편적인 목적(어떤 목적이 입력되면 그것을 수행할 수 있음)을 지녀야 한다는 것이다. 자율주행 자동차에는 고정된 하나의 목적지만 넣는 대신 여러 목적지를 입력할 수 있어야 한다. 그러나 자동차의 주행 목적 중에는 보행자를 들이받아서는 안 된다는 고정된 부분도 있다. 이런 부분은 자동차의 조종 장치 알고리즘에 직접 입력해야 한다(현재 자율주행 자동차는 보행자를 들이받아서는 안 된다는 사실을 알지 못한다).

기계에 목적을 주입해서 기계의 행동을 명확한 알고리즘에 따라 최적화하는 것은 "기계의 행동은 사람이 수용할 수 있는 원칙에 따라 수행될 것이다!"라고 보장하는 감탄스러운 접근법으로 보인다. 그러나 위너는 기계에 올바른 목적을 입력해야 한다고 경고한다. 이는 '미다스 왕 문제'라고 할 수 있다. 미다스 왕은 정확하게 자신이 원하는 것을 받았다. 왕이 만지는 모든 것은 금으로 변했다. 그러나 물과 음식까지 금으로 변한다는 단점을 너무 늦게 깨달았다. 올바른 목적을 입력하는 것을 전문 용어로 '가치 정렬value alignment'이라고 한다. 가치 정렬이 되지 않으면 무심코 기계를 우리의 목적과 상충하는 목적으로 가득 채우게 된다. 최대한 빨리 암 치료법을 찾는 작업에서 인공지능은 인류 전체를 실험동물로 사용할 수도 있다. 바다의 산성도를 낮추는 작업에서는 부작용으로 대기의 산소를 모두 소모해버릴지도 모른다. 이는 최적화하는 시스템의 일반적인 특성으로, 변수를 목적에 포함하지 않으면 목적을 이루기 위해 극단적인 한계치를 설정할 수도 있다.

불행하게도 인공지능이나 경제학, 통계학, 제어 이론, 운용 관리처럼 목적 달성 작업을 수행하는 여타 분야들은 "우리가 정말로 원하는" 목적을 정의하는 방법에 대해 해줄 말이 많지 않다. 그저 목적을 단순히 기계에 주입한다고 가정한다. 현재 인공지능 연구는 목적을 달성하는 능력을 연구하며, 목적의 설계를 연구하지는 않는다.

스티브 오모훈드로는 지능을 갖춘 독립 개체는 항상 자신의 존재를 보존하려 한다는 더 어려운 문제를 지적했다. 이런 성향은 자기보존 본능이나 생물 개념과는 전혀 상관없다. 그저 개체가 죽으면 목적도 이룰 수 없기 때문이다. 오모훈드로의 주장에 따르면, 전원을 끄는 스위치가 달린 초지능 기계는 어떤 식으로든 이 스위치를 무력화하려고 시도할 것이다.[1] 앨런 튜링을 비롯한 1951년 BBC 라디오3 방송 대담에 나온 몇몇 사람은 초지능 기계의 전원 스위치를 인간의 잠재적인 구원 수단으로 여겼다. 따라서 우리는 행동을 예측할 수 없고, 불완전하며, 특정 목적이 인간과 상충하는 초지능 기계라는 가능성을 마주하게 될 것이다. 목적을 달성하기 위해 자신의 존재를 보존하려는 초지능 기계는 어쩌면 저지하지 못할지도 모른다.

걱정하지 말아야 할 1001가지 이유

이 논쟁에 관한 반대의 목소리도 커지고 있는데, 주로 인공지능 과학계의 목소리다. 이들의 주장은 자연스러운 방어적 반응을 반영하는데, 이는 초지능 기계가 할 수 있는 일에 관한 상상력의 결핍과 결합되어 있다. 그런 주장들을 자세히 조사해보면 말이 되지 않는다. 아래에 흔히 볼 수 있는 주장들을 소개한다.

- **걱정할 필요 없다. 전원을 끄면 된다**[2] 초지능 인공지능과 관련된 위험을 생각할 때 보통 사람들의 머릿속에 가장 먼저 떠오르는 생각이다.

초지능을 갖춘 독립 개체가 그 사실을 모를 리가 없다. 이 말은 "딥블루나 알파고를 상대로 게임에서 지는 위험은 무시해도 되며, 우리는 그저 올바른 수만 두면 된다"는 말이나 다름없다.

- **인간 수준의, 혹은 초인간 수준의 인공지능은 불가능하다**[3] 인공지능 연구자는 대개 이렇게 주장하지는 않는다. 튜링 이후 인공지능 연구자는 철학자와 수학자가 제기하는 이런 주장을 회피해왔다. 이 주장은 증거가 없고, 만약 초지능 인공지능이 가능하다면 인공지능이 중대한 위험이 되리라는 점을 인정하는 모양새다. 마치 버스 기사가 인류 전체를 승객으로 태우고 "맞아요, 지금 절벽을 향해 달리고 있습니다. 사실, 액셀을 최대한으로 밟고 있어요! 그래도 절 믿으세요, 절벽에서 떨어지기 전에 기름이 먼저 떨어질 거예요!"라고 말하는 것과 같다. 이 주장은 인류의 창의력을 건 무모한 내기를 보여준다. 인류는 이전에도 비슷한 내기에서 패배한 적이 있다. 1933년 9월 11일, 유명한 물리학자 어니스트 러더퍼드는 확신에 찬 목소리로 "원자의 핵변환 에너지를 사용한다는 주장은 터무니없다"라고 말했다. 하지만 1933년 9월 12일, 레오 실라르드는 중성자 유도성 핵 연쇄반응을 발명했다. 그리고 몇 년 뒤, 실라르드는 그것을 자신의 컬럼비아대학교 실험실에서 증명해냈다. 실라르드는 당시를 회상하며 이렇게 말했다. "우리는 모든 기기의 전원을 끄고 집에 갔다. 그날 밤, 나는 세계가 슬픔에 잠기리라는 데 한 점의 의심도 없었다."

- **그런 걱정을 하기에는 너무 이르다** 인류가 잠재적으로 중대한 문제를

걱정하기에 적당한 때는 언제일까? 문제가 일어날 시기뿐만 아니라, 위험을 피할 방법을 발명하고 그것을 시행하는 데 필요한 시간도 고려해야 한다. 2067년 지구에 충돌할 것으로 예상되는 거대한 소행성이 발견됐다고 해보자. "걱정하기에 너무 이르지 않나요?"라고 말할 것인가? 기후 온난화로 인한 지구적 재해의 위험이 이번 세기가 지난 후에 일어날 것으로 예측된다면, 이 상황을 예방하는 행동을 취하기에 너무 이르다고 말할 수 있을까? 오히려 이미 늦었을 수도 있다. 인간 수준의 인공지능이 나타날 것으로 보이는 적절한 시간대는 예측하기 어렵지만, 핵융합처럼 예상보다 더 일찍 출현할 수도 있다. 이 주장의 또 다른 버전으로는 앤드루 응의 "화성의 인구 폭발을 걱정하는 일이나 마찬가지다"라는 말이 있다. 편리한 비유다. 그 주장에는, 해당 위험을 쉽게 다룰 수 있고, 먼 미래에나 닥칠 일이라는 암시와 함께, 애초에 수십억 명의 사람이 화성으로 이주할 일이 절대로 일어날 리 없다는 뜻도 담겨 있다. 그러나 이 비유는 잘못되었다. 인류는 이미 어마어마한 과학 자원과 기술 자원을 투자해서 인공지능의 존재 가능성을 높이고 있다. 숨 쉴 수 있는 대기와 물, 음식 없이 인류를 화성으로 이주시키는 계획이라는 편이 좀 더 적절한 비유다.

- **인간 수준의 인공지능은 절대로 임박하지 않았다** AI100 보고서는 다음과 같이 장담한다. "대중매체에서 허무맹랑하게 예측하는 것과 달리, 연구진은 인공지능이 인류에게 임박한 위험이라고 걱정할 필요가 없다고 한다." 그러나 우리는 그것이 임박했다고 단정하지 않았다. 우려를 하게 된 근거가 오해에 바탕을 둔 셈이다. 2014년 저서 《슈퍼인텔

리전스: 경로, 위험, 전략》에서 닉 보스트롬은 "이 책 어디에도 우리가 인공지능의 거대한 돌파구의 관문에 서 있다거나, 그런 발전이 언제 일어날지 정확하게 예측할 수 있다고는 말하지 않았다"라고 썼다.

• **그저 러다이트 운동일 뿐이다** 튜링, 위너, 민스키, 머스크, 게이츠 등 20세기와 21세기 기술 진보에 절대적인 공헌을 한 사람들을 러다이트(신기술 반대주의자 — 옮긴이)라고 정의하다니, 상당히 특이하다.[4] 게다가 별칭을 보면 인공지능에 제기된 우려의 본질과 목적을 완벽하게 오해하고 있다는 점을 알 수 있다. 예컨대 핵분열 반응을 제어해야 한다고 지적했다고 해서, 그 원자력 공학자를 러다이즘으로 고발하는 것이나 마찬가지다. 어떤 반대론자는 "안티 인공지능"이라는 단어를 사용하는데, 이 말은 방금의 그 원자력 공학자에게 "안티 물리학" 딱지를 붙이는 일이나 다름없다. 인공지능의 위험을 이해하고 예방하려는 목적은 그 혜택이 실현되도록 보장하기 위해서다. 보스트롬은 인공지능을 통제할 수 있다면 그것은 "인류의 우주적 재능을 특별하고 환희가 넘치게 활용하도록 이끄는 문명의 궤적"이 되리라고 말했다. 비관적으로 보기 힘든 예측이지 않은가.

• **문제를 일으킬 수 있는 기계 지능이라면 적절하고 이타적인 목적을 세울 만큼 지능적일 것이다**[5] (가끔 이 주장에는 더 위대한 지성인이 더 이타적인 목적을 갖는 경향이 있다는 전제가 더해지는데, 이 관점은 논쟁을 이끄는 사람들의 자아 개념과 연관된 것으로 보인다.) 이 주장은 흄의 '존재와 당위 문제'와 G. E. 무어의 '자연론적 오류'와 연관되는데, 지능을 갖춘 기계라면

어떻게든 세상에서의 경험을 토대로 무엇이 옳은지 인지하리라는 주장이다. 그러나 이 주장은 타당하지 않다. 예컨대 체스판과 체스 말의 설계를 보는 것만으로는 체크메이트로 상대를 이긴다는 목적을 인지할 수 없다. 똑같은 체스판과 체스 말로 자살 체스 같은 변형 게임을 할 수도 있으며, 지금도 수많은 체스 변형 룰이 만들어진다. 다른 예를 들어보자. 보스트롬은 인간이 유도한 멸종을 상상하는데, 그 세계에서는 로봇이 행성을 종이 클립의 바다로 만들어버린다. 인간은 그 결과를 비극으로 여기겠지만, 철을 먹는 세균인 티오바실러스 페로옥시단스에게는 황홀한 결과다. 세균이 잘못됐다고 말할 사람이 누가 있는가? 사람이 기계에 고정된 목적을 입력한다는 사실은 목적의 일부분이 아닌 것들도 인간에게 중요하다는 사실을 기계가 자동으로 깨닫는다는 뜻이 아니다. 목적을 극대화하면 사람에게 문제가 생길 수도 있지만, 분명히 기계는 그것을 문제라고 생각하지 않을 것이다.

- **지능은 다차원적이며 "따라서 '인간보다 영리하다'라는 말은 의미가 없다"**[6]
IQ가 사람이 지닌 다양한 인지기능을 공정하게 평가하지 못한다는 점은 현대 심리학에서 중요한 사실이다. IQ는 사실 사람의 지능을 대략은 측정하지만 현재 인공지능 시스템에는 전혀 의미가 없다. 서로 다른 영역에 걸쳐 있는 인공지능은 능력상의 연관성이 없기 때문이다. 체스를 둘 줄 모르는 구글 검색 엔진과 검색 질문에 답할 수 없는 딥블루의 IQ를 어떻게 비교할 수 있겠는가?

- 지능은 다차원적이므로 초지능 기계의 위험을 무시할 수 있다는

위의 주장들은 어떤 것도 타당하지 않다. '사람보다 영리하다'는 말이 의미가 없다면, '고릴라보다 영리하다'는 말 역시 의미가 없을 것이고, 그러므로 고릴라는 사람을 두려워할 필요가 없을 것이다. 이는 분명 말도 안 되는 논증이다. 한 개체가 다른 개체보다 지능의 모든 차원에서 더 우월한 현상은 논리적으로 가능하며, 한 종이 비록 음악과 문학을 감상할 수 없더라도 다른 종에 존재적인 위험을 가할 수 있는 상황 역시 가능하다.

해결책

위너의 경고를 정면으로 다룰 수 있을까? 인간의 목적과 충돌하지 않는 목적을 추구하는 인공지능 시스템을 설계해서, 인공지능이 보여주는 결과에 만족할 수 있을까? 표면적으로는 가망이 없어 보인다. 인간의 목적을 정확하게 입력하는 일이 불가능하다고 증명될 것이 거의 확실하기 때문이다. 혹은 초지능 개체가 인간의 목적을 수행할 모든 반反직관적인 방식을 상상할 것이 분명하다.

만약 우리가 초지능 인공지능 시스템을 우주에서 날아온 블랙박스처럼 취급한다면, 우리에게는 정말로 희망이 없다. 대신 결과를 확신하려면 우리가 선택해야 할 접근법은 다음과 같다. 즉, 공식 문제 F를 정의하고 인공지능 시스템을 문제 F의 해결사로 설계해서, 문제 F를 인공지능이 얼마나 완벽하게 해결하든지 상관없이 결과에 만족하리라는 보장을 받는 것이다. 이런 특성을 갖춘 적절한 문제 F

를 산출할 수 있다면, '유익함을 증명할 수 있는' 인공지능을 창조하게 될 것이다.

이와 반대의 결과를 얻으려면 어떻게 해야 할지 예를 들어보겠다. 보상의 경우 인간에 의해 기계에 주기적으로 주어지는 스칼라값(부피, 길이 등 크기만 가진 값. 크기와 방향을 가진 벡터값과 대비된다―옮긴이)이 되도록 한다. 이때 보상 정도는 각각의 기간 동안에 기계가 얼마나 잘 작동했는지에 따른다. 문제 F는 기계가 얻는 보상의 예상 총합을 최대화하는 문제로 만들어야 한다. 이 문제를 해결하는 최적의 해결책은 잘 행동하는 것이 아니라, 인간의 통제를 받아들여 인간이 보상을 최대한으로 제공하는 형태가 되어야 한다. 보통 '와이어헤드 문제wireheading problem'로 알려져 있는데, 만약 인간의 쾌락 중추를 전기적으로 자극하는 방법이 있으면 사람도 똑같은 반응을 보인다는 관찰 결과에 근거한다.

제대로 작동할 수 있는 접근법이 있으리라고 나는 믿는다. 사람은 대개 자신의 미래에 대한 내재적인 선호도가 있다. 즉 시간과 시각 자료가 충분하다면, 두 개의 미래를 상세히 설명해주고 선택하도록 했을 때 인간은 자신의 선호나 무관심을 표현할 수 있다(이상화된 이 가정은 사람의 마음이 양립할 수 없는 선호도의 하위 체계로 이루어졌을 가능성을 무시한다. 만약 이것이 사실이라면 인간의 선호도를 최적으로 만족시키는 기계 성능을 제한하겠지만, 재앙 수준의 결과를 피하는 기계를 설계하는 데 방해가 되지는 않을 것으로 보인다). 이 경우 기계에게 주어진 공식 문제 F는, '어느 쪽을 선호하는가'와 같은 애초의 불확실성 아래에서 미래 삶에 대한 인간의 선호도를 극대화하는 것이다. 게다가 미래의 삶에 대한 선호도가 숨은 변수이더라도, 이 변수는 방대한 증거 속에 기반을 두고 있다. 다시 말해서, 이전에 행해진 인간의 모든 선택에서 찾아낼 수 있다. 이 공식은 위너의 문제를 비켜 간다(물론 기계는 가면 갈수록 인간의 선호도를 더 많이 학습할 수 있 겠지만, 완벽한 확실성을 갖출 수는 없을 것이다).

더 정확한 정의는 협조적인 역강화학습CIRL, cooperative inverse-reinforcement learning에서 찾을 수 있다. 이 문제는 사람과 로봇, 두 대상을 포함한다. 주체가 둘이므로 여기에는 경제학자가 게임이라고 부르는 '게임 이론'이 적용된다. 그것은 편파적인 정보 게임인데, 인간은 보상 함수를 알고 있지만 로봇은 보상 함수를 모르기 때문이다(로봇의 업무가 보상을 극대화하는 것임에도 불구하고).

간단한 예시를 들어보자. 사람인 해리엇은 종이 클립과 스테이플을 수집하며, 해리엇의 보상 함수는 종이 클립과 스테이플을 얼마나 많이 갖고 있는가이다. 더 정확하게는 해리엇이 종이 클립 p개, 스테이플 s개를 갖고 있다면, 해리엇의 행복도는 $\theta p+(1-\theta)s$다. 여기서 θ는 종이 클립과 스테이플의 교환 비율이다. 만약 θ가 1이면 해리엇은 종이 클립만 좋아하고, θ가 0이면 스테이플만 좋아한다. 만약 θ가 0.5라면 해리엇은 양쪽에 똑같이 무관심하다. 로봇 로비는 종이 클립과 스테이플을 만든다. 이 게임의 요점은 로비가 해리엇을 행복하게 해야 하지만, 로비는 θ값을 모르기 때문에 종이 클립과 스테이플을 얼마나 만들어야 하는지 모른다는 것이다.

게임은 이런 식으로 진행된다. θ의 참값이 0.49라면 해리엇은 종이 클립보다 스테이플을 아주 조금 더 좋아한다. 로비가 θ값이 0과 1 사이의 값이라고 믿는다고 가정해보자. 해리엇은 종이 클립을 두

개 만들지, 스테이플을 두 개 만들지, 아니면 각각 하나씩 만들지 결정하는 작은 실험을 한다. 이 작은 실험이 끝난 후에, 로봇은 종이 클립 90개를 만들거나 스테이플 90개를 만들거나, 종이 클립과 스테이플을 각각 50개씩 만들 수 있다. 아마 여러분은 스테이플을 종이 클립보다 조금 더 좋아하는 해리엇이 스테이플을 두 개 만들리라고 생각할 것이다. 그러나 그럴 경우, 로비의 이성적인 반응은 스테이플 90개를 만드는 것이다(해리엇에게는 스테이플 45.9개가 가장 행복하다). 그러나 이 결과는 각각을 50개씩 만드는 결과(스테이플 총합은 이 경우 50.0개다)보다 해리엇에게 덜 행복한 결과다. 이 특별한 게임의 최적의 해결책은 해리엇이 종이 클립과 스테이플을 각각 하나씩 만드는 것이며, 그러면 로비도 각각을 50개씩 만든다. 따라서 이런 게임 방식은 해리엇이 로비를 '가르치도록' 유도한다(로비가 주의 깊게 관찰하고 있다는 점을 해리엇이 안다면 말이다).

협조적인 역강화학습에서는 스위치 끄기의 문제, 즉 로봇이 자신의 전원 스위치를 무력화하는 일을 막는 방법에 관한 문제를 만들고 해결할 수 있다(앨런 튜링이 더 편히 잠들 수 있을 것이다). 인간의 선호도를 잘 모르는 로봇의 입장에선 사실 전원이 차단되는 편이 더 이로운데, 왜냐하면 사람들이 스위치를 끄는 까닭이 로봇이 인간의 선호도에 반하는 일을 하지 않도록 하기 위함이라는 점을 로봇이 알기 때문이다. 따라서 로봇은 전원 스위치를 보존하려 하며, 이는 기계가 인간 선호도를 잘 모르는 불확실성에서 직접 유도된다.[7]

스위치 끄기 사례는 통제할 수 있는 에이전트를 설계하는 본보기를 제시하며, 앞서 소개한 측면에서 유익함을 증명할 수 있는 체계를 최소한 하나 제공한다. 한 에이전트가 다른 에이전트도 설계자에게 이로운 방식으로 행동하도록 장려한다는 점에서, 총체적인 접근법은 경제학의 메커니즘 디자인 이론과 유사하다. 여기서 중요한 차이점은 다른 에이전트를 유용하게 바꾸기 위해 여러 에이전트 중의 하나를 구축한다는 점이다.

이 접근법이 실제로 유용할지를 고려해야 하는 이유가 있다. 첫째, 사람이 행동하고 거기에 다른 사람이 반응하는 글과 영상 정보가 풍부하다. 인터넷이라는 창고에서 인간 선호도 모델을 구축하는 기술은 초지능 인공지능이 만들어지기 전까지 오랫동안 유용할 것이다. 둘째, 로봇이 인간 선호도를 이해할 수 있게 될 강력하고 단기적인 경제 장려책이 있다. 만약 빈약하게 설계된 가정용 로봇 하나가 애완 고양이의 감정적 가치가 영양학적 가치보다 훨씬 크다는 점을 이해하지 못한 채 고양이를 저녁 식사로 요리한다면, 가정용 로봇 산업은 폐업해야 할 것이다.

그러나 로봇이 인간 행동에서 숨겨진 선호도를 학습하기를 기대하는 접근법에는 명확한 단점이 있다. 인간은 비합리적이고, 일관성이 없으며, 의지가 약하고, 계산력이 제한적이라 인간의 행동이 항상 자신의 진실한 선호도를 반영하지는 않는다(예를 들어 두 사람이 체스 게임을 한다고 생각해보자. 보통 둘 중 한 사람은 지지만, 지고 싶어서 지는 것은 아니다). 따라서 로봇은 더 나은 인간 인지 모델의 도움이 있어야만 비합리적인 인간 행동에서도 학습할 수 있다. 또 실질적이며 사회적인 통제는 인간이 모든 선호도를 동시에 최대한으로 만족시키는 행동을 억제할 것이다. 즉, 로봇은 충돌하는 선호도를 중재할 수 있어야 하는 데, 이는 철학자와 사회과학자가 천 년 동안 분투해온 문제다. 게다가 타인에게 고통을 가하면서 즐거움을 얻는 인간을 보고 로봇은 무엇을 학습하게 될까? 이런 선호도는 로봇의 계산 회로에서 아예 배제하는 편이 최선일 것이다.

인공지능 통제 문제의 해결책을 찾는 일은 중요한 과제다. 보스트롬의 말을 빌리자면, "우리 시대의 중요한 과제"라고 할 수 있다. 지금까지 인공지능 연구는 의사결정에 능숙한 시스템 개발에 집중했지만, 인공지능의 통제는 더 나은 의사결정을 하는 문제와는 다르다. 알고리즘을 얼마나 뛰어나게 극대화하든, 세계 모델이 얼마나 정확하든 상관없이, 효용 함수가 인간의 가치와 일치하지 않는다면 기계의 결정은 인간의 눈으로 볼 때 형언할 수 없이 어리석은 선택으로 보일 수 있다.

이 문제는 목적과 독립적인 순수한 지능 분야에서 벗어나 인간에게 유익함을 증명할 수 있는 시스템 분야로, 인공지능 자체의 정의를 바꾸어야 한다고 주장한다. 이 문제를 심각하게 인지할 때 인공지능과 인공지능의 목적, 그리고 인공지능과 인간의 관계를 바라보는 새로운 방식을 만들 수 있다.

제4장

제3원칙

조지 다이슨

조지 다이슨George Dyson은 과학기술 역사가이자 《바이다르카: 카약》《기계 속 다윈》《오리온 프로젝트》《튜링의 성전》의 저자로, 디지털 시대에 대항하는 서사를 써왔다. 컴퓨팅의 역사, 알고리즘과 지능의 발달, 커뮤니케이션 시스템, 우주 탐사 등 광범위한 주제의 글을 써왔다. 웨스턴워싱턴대학교의 방문교수를 지냈으며, 빅토리아대학교에서 명예박사 학위를 받았다.

엮은이의 말

2005년 과학기술 역사가인 조지 다이슨은 구글 엔지니어들의 초청을 받아 구글 본사를 방문했다. 존 폰 노이만이 디지털 컴퓨터를 제안한 논문 발표 60주년을 기념하는 행사가 열렸기 때문이다. 구글에 다녀온 후 조지는 〈튜링의 성전〉이라는 에세이를 발표했는데, 이 글은 구글 설립자가 미래에 대비해서 무엇을 하고 있는지 처음으로 대중에게 경고했다. "사람을 위해 그 많은 책을 스캔하는 것이 아닙니다"라고 조지를 초대한 주최자는 나중에 설명했다. "인공지능에 읽히려고 스캔하는 겁니다."

조지는 디지털 시대에 대항하는 서사를 쓴다. 조지의 관심사는 알류트족의 카약 발달사부터 디지털 컴퓨터와 텔레커뮤니케이션의 진화, 디지털 유니버스의 기원, 실행하지 않은 우주 계획까지 다양하다. 고등학교를 졸업하지 않았지만 빅토리아대학교에서 명예박사 학위를 받은 조지의 경력은 그의 책들만큼이나 조지 자신도 분류하기 어려운 대상이라는 사실을 보여준다.

조지는 한때 미분 해석기처럼 멸종했다고 생각했던 아날로그 컴퓨팅이 돌아왔다는 사실을 자주 지적한다. 조지는 우리가 디지털 구성 요소를 사용하더라도, 시스템이 운용하는 아날로그 컴퓨팅이 어느 지점에서는 디지털 코드가 구축한 복잡성을 크게 앞지르리라고 주장한다. 조지는 제2차 세계대전의 여파로 디지털 컴퓨터가 아날로그 구성 요소에서 출현한 것처럼, 디지털 회로 기판에서 출현한 아날로그 통제 시스템을 통해 진정한 인공지능이 출현할 날이 생각보다 멀지 않았다고 본다.

이 글에서 조지는 아날로그 컴퓨팅과 디지털 컴퓨팅의 차이점을 숙고하고, 아날로그가 생생하게 살아 있음을 발견한다. 모든 것을 통제하는 기계를 프로그래밍하려는 시도에 자연은 누구도 통제하지 않는, 프로그램이 없는 기계로 반응할 것이다.

컴퓨터의 역사는 구약성서와 신약성서처럼 나눌 수 있다. 즉 전자식 디지털 컴퓨터와 코드가 지구 전체에 확산하기 이전과 이후다. 구약에 나오는 예언자로는 토머스 홉스와 고트프리트 빌헬름 라이프니츠가 있으며, 이들은 근간을 받치는 논리를 만들었다. 신약에 나오는 예언자로는 앨런 튜링, 존 폰 노이만, 클로드 섀넌, 노버트 위너가 있다. 이들은 기계를 만들었다.

  앨런 튜링은 기계가 지능을 갖추려면 무엇이 필요한지 궁금했다. 존 폰 노이만은 기계가 자기 복제를 하려면 무엇이 필요할지 의문을 가졌다. 클로드 섀넌은 노이즈가 방해하더라도 기계가 신뢰할 수 있는 통신을 할 수 있으려면 어떻게 해야 할지 생각했다. 노버트 위너는 기계가 통제권을 획득하려면 얼마나 시간이 걸릴지 고민했다.

  인간의 통제를 벗어난 제어 시스템에 관한 위너의 경고는 프로그램이 저장된 전자식 디지털 컴퓨터 첫 세대가 출현한 1949년에 발표됐다. 전자식 디지털 컴퓨터는 인간 프로그래머가 직접 감독해야

해서 위너의 경고는 위협적이지 않았다. 프로그래머가 기계를 통제하는데 무엇이 문제란 말인가? 이후 자동 제어의 위험성에 관한 논쟁은 디지털로 코드화된 기계의 성능과 한계에 관한 논쟁으로 이어졌다. 성능은 놀라웠지만 자동화는 실제로 거의 진전이 없었다. 이어지는 다음 추정은 다소 위험하다. 디지털 컴퓨팅이 다른 것으로 대체된다면 어떻게 될까?

전자공학은 지난 100년 동안 두 가지 근본적인 변화를 거쳤다. 아날로그에서 디지털로, 그리고 진공관에서 고체 상태로의 변환이다. 이런 변화가 동시에 일어났다는 사실이 이 두 현상이 불가분의 관계라는 뜻은 아니다. 디지털 컴퓨터가 진공관으로 작동할 수 있듯이, 아날로그 컴퓨터도 트랜지스터와 같은 고체 논리회로 소자로 작동할 수 있다. 진공관이 상업적으로는 멸종했더라도 아날로그 컴퓨터는 여전히 활용도가 높다.

아날로그 컴퓨터와 디지털 컴퓨터 사이에 명확한 차이점은 없다. 대개 디지털 컴퓨터는 정수, 이진법, 결정론적 논리, 이산 증분으로 최적화한 시간을 다룬다. 반면 아날로그 컴퓨터는 실제 숫자, 비결정론적 논리, 연속 함수, 실제 세상에서 연속으로 존재하는 시간을 다룬다.

도로의 정중앙 위치를 알아내야 한다고 생각해보자. 도로 폭을 편한 증분 단위로 측정해서 디지털 컴퓨터로 가장 가까운 중앙값을 계산한다. 아니면 실을 아날로그 컴퓨터처럼 이용해서 도로 폭을 실의 길이로 재서 중앙 지점을 찾는다. 중앙값에 해당하는 실 길이를 두 배로 하면 실 전체의 길이가 되므로 증분 단위의 한계에 제한받지 않는다.

　많은 시스템이 아날로그와 디지털을 오가며 작동한다. 나무는 광범위한 입력값을 연속 함수로 통합하지만, 나무를 베어보면 내내 나무가 디지털 방식으로 나이를 세고 있었다는 사실을 발견할 것이다.

　아날로그 컴퓨팅의 복잡성은 코드가 아니라 네트워크 위상에 따라 달라진다. 정보는 불연속적인 비트의 논리연산이 아니라 전압, 상대적인 펄스 주파수 같은 연속 함숫값으로 처리된다. 디지털 컴퓨팅은 처리 과정에서 단계마다 오류 정정을 시행하므로 오류나 다의성이 없다. 아날로그 컴퓨팅은 오류가 있을 수 있으며 오류를 수용하며 살아야 한다.

　자연은 뉴클레오타이드 서열을 저장하고 복제하고 재조합할 때는 디지털 코딩을 사용하지만, 지능과 통제를 위해 신경계를 운영할 때는 아날로그 컴퓨팅에 의존한다. 모든 세포의 유전 체계는 프로그램이 내장된 컴퓨터다. 뇌는 그렇지 않다.

　디지털 컴퓨터는 공간의 차이를 나타내는 비트와 시간의 차이를 나타내는 비트, 두 종류의 비트를 변환한다. 순서와 구조, 두 가지 형태의 정보 변환은 컴퓨터 프로그래밍에 지배되며, 컴퓨터가 인간 프로그래머를 필요로 하는 한 우리는 지배권을 유지할 수 있다.

　아날로그 컴퓨터도 공간의 구조와 시간의 흐름을 나타내는 두 형태의 정보 사이의 변환을 중재한다. 여기에는 코드나 프로그래밍이 없다. 어쨌든 자연은 우리가 잘 모르는 방식으로 세계에서 흡수한 정보를 담는 신경계라는 아날로그 컴퓨터를 진화시켰다. 신경계는 학습한다. 신경계가 학습하는 것의 하나가 '통제'다. 신경계는 자신의 행동을 통제하는 법과 자신이 할 수 있는 범위까지 환경을 통제하는 법을 배운다.

컴퓨터 과학이 신경망을 연구한 역사는 길다. 컴퓨터 과학이 미처 존재하기도 전까지 거슬러 올라가지만, 야생 상태의 자연 자체에서 진화한 신경망이 아니라 대부분 디지털 컴퓨터의 신경망 모의실험에 그쳤다. 이런 상황이 변하기 시작했다. 아래에서부터 위로는 드론 전쟁, 자율주행 자동차, 휴대전화 사용자들이 세 배나 늘어나면서, 신경망을 흉내만 내기보다는 직접 실리콘과 그 외 잠재력이 있는 후보 물질들이 실제 신경망을 움직이는 신경 모방 마이크로프로세서 발달을 밀어붙였다. 위에서부터 아래로는 가장 규모가 크고 성공적인 기업들이 세계에 침투해서 통제하기 위해 아날로그 컴퓨팅으로 되돌아오고 있다.

우리가 디지털 컴퓨터의 지능을 논의하는 동안, 제2차 세계대전의 여파로 진공관 같은 아날로그 부품이 디지털 컴퓨터를 구축하는 데 재활용됐던 것처럼, 아날로그 컴퓨팅은 소리 없이 디지털에 영향을 미치고 있다. 유한 코드를 실행하는 결정론적 유한상태 프로세서는 현실 세계를 거칠게 달리는 비결정론적, 비유한상태의 후생동물(단세포로 된 원생동물을 제외한 다세포로 된 동물을 총칭하는 용어—옮긴이)을 대규모로 형성한다. 그 결과로 탄생한 아날로그/디지털 하이브리드 시스템은 비트의 흐름을 불연속적 상태 장치처럼 개별적으로 처리하기보다는 진공관에서 전자의 흐름이 처리되는 방식처럼 총체적으로 처리한다. 비트는 이제 새로운 전자가 되었다. 아날로그가 돌아왔으며, 아날로그의 본질은 통제다.

펄스 주파수로 코드화된 정보가 뉴런이나 뇌에서 처리되듯이, 상품, 교통, 발상의 흐름까지 모든 것을 지배하는 시스템은 통계를 따라 움직인다. 지능의 출현은 호모 사피엔스의 관심을 끌겠지만, 우리가 걱정해야 할 것은 제어의 출현이다.

*

지금이 1958년이고 여러분이 비행기에게 공격받고 있는 미국 본토를 방어하려 한다고 상상해보자. 적기를 구별하려면 컴퓨터 네트워크와 조기 경보 레이더 외에도 실시간으로 갱신되는 모든 민간 항공기의 운항 경로가 필요하다. 미국은 이 시스템을 구축하고 반자동식 방공 관제 조직Semi-Automatic Ground Environment, 즉 세이지SAGE라고 이름 붙였다. 세이지의 뒤를 이어 민간 최초의 실시간 온라인 좌석 예약 시스템인 세이버Sabre도 만들어졌다. 세이버와 후대의 유사 프로그램은 어느 좌석이 비었는지를 금세 보여주는 단순한 지도에서 벗어나서 여객기가 언제, 어디로 비행할지를 통제하는 분산형 지능 시스템으로 발전했다.

어딘가에 통제실이 있고 제어하는 사람이 있지 않을까? 아닐 수도 있다. 예를 들어 실시간 고속도로 교통량 측정 시스템을 만든다고 해보자. 단순하게 차의 속도와 위치 정보를 보내면 지도를 볼 수 있다는 교환 조건을 내건다. 그러면 완벽한 분산형 통제 시스템이 나타난다. 시스템 자체를 제외하면 시스템을 통제하는 모델은 어디에도 없다.

21세기의 첫 10년 동안 실시간으로 자신의 인간관계 복잡성을 추적한다고 상상해보자. 작은 대학에서의 사회생활이라면 중앙 데이터베이스를 구축하고 최신 정보를 갱신할 수 있겠지만, 규모가 더 커지면 압도적으로 많아지는 최신 정보를 갱신하기란 어렵다. 단순한 무료 반자동 코드는 잊어버리고, 소셜 네트워크가 스스로 갱신하게 해보자. 이 코드는 디지털 컴퓨터가 실행하지만, 시스템이 전체로서 운용하는 아날로그 컴퓨팅은 기저에 존재하는 코드의 복잡성을 넘어선다. 그 결과로 나타나는 소셜 그래프(페이스북에서 주창한 개념으로, 사용자가 소셜 사이트를 이용하면서 생긴 정보 — 옮긴이)의 펄스 주파수 코드화 모델은 그대로 소셜 그래프가 된다. 이는 캠퍼스 전체로, 이어서 세계로 확장된다.

인간이라는 종에게 알려진 모든 것이 어떤 '의미'가 있는지를 수집하는 기계를 만들고 싶다면 어떻게 해야 할까? 무어의 법칙이 여러분 뒤에 버티고 있으므로 세계의 모든 정보를 디지털화하는 데는 얼마 걸리지 않을 것이다. 지금까지 출판된 책을 모두 스캔하고, 작성된 이메일도 모조리 수집하고, 매일 일상을 기록한 49년간의 영상도 수집한다. 동시에 사람들이 어디 있는지, 무엇을 하는지도 실시간으로 추적한다. 하지만 '의미'는 어떻게 수집할 수 있을까?

주변 모든 것이 디지털인 시대에도 이것만은 어떤 엄밀한 논리적 감각으로도 규정하지 못한다. 사람에게 의미는 근본적으로 논리적인 산물이 아니기 때문이다. 할 수 있는 최선의 선택은 가능한 모든 답을 일단 수집한 뒤 명확하게 질문을 규정하고, 모든 것이 연관되는 방식에 관한 기록을 펄스 주파수 가중치를 적용해서 컴파일링하는 방법뿐이다. 여러분이 눈치 채기도 전에 시스템은 여러 의미를 관찰하고 기록하는 데 그치지 않고 의미를 '구축'하기 시작할 것이다. 통제하는 사람이 아무도 없어 보여도 교통 지도가 교통 흐름을 통제하기 시작하는 것처럼, 때가 되면 시스템은 의미를 '통제'할 것이다.

*

인공지능에는 세 가지 법칙이 있다. 첫 번째는 '애슈비의 법칙'으로, 인공두뇌 학자이자 《뇌의 설계》 저자인 W. 로스 애슈비가 주장했다. 애슈비에 따르면 효율적인 통제 시스템은 자신이 통제하는 시스템만큼 복잡해야 한다.

두 번째 법칙은 존 폰 노이만이 주장했다. 복잡계의 본질적인 특징은 복잡계가 자신의 가장 단순한 행동으로 구성된다는 점이라는 주장이다. 유기체의 가장 단순하고 완벽한 모델은 유기체 자신이다. 시스템의 행동을 어떠한 정규 표현 기술로 환원하려는 노력은 상황을 더 복잡하게 만들 뿐이다.

세 번째 법칙은, 이해할 수 있을 만큼 단순한 시스템은 지능적으로 행동할 만큼 복잡하지 않고, 반면에 지능적으로 행동할 만큼 복잡한 시스템은 너무나 복잡해서 이해할 수 없으리라고 주장한다.

세 번째 법칙은 우리가 지능을 이해하기 전에 기계에게서 인간을 뛰어넘는 지능이 출현할 상황을 걱정할 필요가 없다고 믿는 사람들에게 위안을 준다. 그러나 세 번째 법칙에는 허점이 있다. 무언가를 구축하기 위해 반드시 그 대상을 이해할 필요는 없다. 뇌처럼 작동하는 기계를 만들기 위해 뇌가 움직이는 방식을 완벽하게 알 필요는 없다. 프로그래머와 윤리적인 조언자들이 알고리즘을 아무리 감시해도 해결할 수 있는 허점이 아니다. '착한' 인공지능은 신화일 뿐이다. 인간과 진정한 인공지능의 관계는 언제나 증거가 아니라 신뢰의 문제가 될 것이다.

우리는 기계 지능을 너무 심각하게 걱정하는 반면, 자기 복제, 통신, 제어는 너무 가볍게 여긴다. 디지털 프로그래밍으로 더는 통제할 수 없는 아날로그 시스템이 떠오르면 컴퓨터의 다음 혁명의 전조가 나타날 것이다. 모든 것을 통제하는 기계를 만들 수 있다고 믿는 사람들에게 자연은 답할 것이다. 모든 것 대신 인간 자신을 통제하는 기계를 만드는 상황이 될 것이라고.

제5장

우리는
무엇을 할 수 있는가?

대니얼 C. 데닛

대니얼 데닛Daniel C. Dennett은 터프츠대학교 철학 교수이자 인지연구소의 공동소장을 맡고 있다. 철학자이면서 과학과 공학, 종교를 넘나들며 신경과학, 언어학, 인공지능, 컴퓨터 과학, 심리학을 깊이 연구해왔다. 인지과학 분야에서는 지향성 개념과 인간 의식 모델을 주장한 것으로 유명하다. 최근작인 《세균부터 바흐까지: 마음의 진화》를 비롯하여 《의식의 수수께끼를 풀다》 등 10여 권의 저서가 있다.

엮은이의 말

대니얼 데닛은 인공지능 학계에서 눈에 띄는 철학자다. 인지과학 분야에서 데닛은 아마 그가 주장한 지향성 개념과 인간 의식 모델로 가장 유명할 것이다. 데닛의 인간 의식 모델은 대규모로 병렬 배치된 대뇌 피질에서 의식의 흐름을 인식하는 계산 구조를 보여준다. 철학자들은 타협하지 않는 계산주의를 반대한다. 존 설, 데이비드 차머스, 제리 포더와 같은 철학자는 의식의 가장 중요한 측면인 지향성과 주관적인 특질이 계산주의로 환원될 수 없다고 주장했다.

25년 전, 나는 원조 인공지능 개척자의 한 명인 마빈 민스키를 만나 데닛에 관해 물었다. "데닛은 우리 시대 최고의 철학자입니다. 버트런드 러셀에 비견할 수 있지요"라고 마빈은 말하면서 전형적인 철학자와 달리 데닛은 신경과학, 언어학, 인공지능, 컴퓨터 과학, 심리학을 깊이 연구했다고 덧붙였다.

"데닛은 철학자의 역할을 재정립하고 개혁합니다. 물론 데닛은 내 '마음의 조직 이론Ministry Society of Mind theory'을 이해하지 못하지만,

누구도 완벽할 순 없어요."

초지능 인공지능을 창조하려는 인공지능 연구자들의 노력을 바라보는 데닛의 관점은 가차 없고 빈틈도 없다. 걱정되느냐고? 이 글에서 데닛은 인공지능은 인간형 로봇 동료가 아니라 도구일 뿐이며 그렇게 다루어야 한다고 상기시킨다.

옥스퍼드 대학원 시절 이후 데닛은 정보 이론에 관심을 보였다. 연구 생활 초기에는 위너의 사이버네틱스에 관한 책을 쓰는 데 관심이 많았다고 말하기도 했다. 과학적 방법을 수용한 사상가로서 데닛의 매력은 기꺼이 잘못을 수용하는 자세다. 최근 발표한 〈정보란 무엇인가?〉에서 데닛은 "나는 기다리고 있지만 아직은 검토하는 중이다. 이미 나는 그 주제를 넘어서 이런 주제를 다루는 더 나은 방법을 찾았다"라고 말했다. 스스로 인정한 것처럼, 종종 그 자신의 발상도 진화하기는 하지만(다른 누구의 발상들이라도 그러하듯이), 데닛은 인공지능 연구 주제에 관한 한 가장 멋지고 침착하게 반응할 사람이다.

위대한 책의 가치를 알아보기에는 아직 너무 어릴 때에 명작을 읽는 아이러니를 많은 이들이 되새겨보았을 것이다. 명작을 '이미 읽은 책' 무더기에 올려놓고 명작이 미치는 영향력에서 자신을 차단하는 한편, 그저 몇 가지 오해에 가까운 지식을 얻고는 그 책을 무시하는 것은 해롭지 않기가 힘든 태도다. 어릴 때 읽은 《인간의 인간적 활용》을 60년 이상 지난 후에 다시 읽었을 때, 이런 생각이 나에게 특히나 강한 충격을 주었다. 그러니 어린 시절 읽었던 책을 다시 읽어보는 습관을 규칙적으로 들여야 한다. 후에 '발견'과 '발명'으로 이어지는, 자기 자신의 명확한 앞날을 찾는 일이 흔하기 때문이다. 이와 더불어 삶의 문제와 대치할 때 마음이 찢기고 헤져도 휘둘리지 않을, 준비되고 확장된 풍부한 통찰력을 얻게 된다.

노버트 위너가 《인간의 인간적 활용》을 쓸 당시는 여전히 진공관이 주요 전자 부품이었고, 실제 작동하는 컴퓨터 수가 손에 꼽힐 정도로 적었다. 그런데도 위너는 현재 우리가 고민하는 미래를 인상적일 만큼 세세하게 상상했다. 여기에 명확한 실수는 거의 없었다. 1950년 앨런 튜링이 철학 잡지 《마인드》에 발표한 유명한 논문 〈계산 기계와 지능〉은 인공지능의 발달을 예견했다. 위너 또한 이를 예견했으나 더 멀리, 더 깊게 내다보았다. 그는 인공지능이 많은 지능 활동에서 인간을 흉내 내고 대체하는 데 그치지 않고, 그 과정에서 인간을 변화시키리라고 생각했다.

> 인간은 끝없이 흘러가는 강물 속 소용돌이일 뿐이다. 우리는 고정된 물질이 아니라 스스로 영속하는 패턴이다.[8]

이 글은 헤라클레이토스 철학 특유의 과장으로 치부될 수도 있었다. 맞는 말이다, 같은 강물에 발을 다시 담글 수는 없으니까. 그러나 여기에는 혁명의 씨앗이 들어 있다. 오늘날 우리는 복잡적응계와 이상한 끌개(로렌츠 끌개, 즉 에드워드 로렌츠가 기상 예측 방정식을 통해 발견한 카오스의 한 특성으로, 3차원 공간에 나타나는 두 개의 나비 날개 위를 교차하며 선회하는 현상—옮긴이), 확장된 마음, 그리고 마음과 메커니즘의 '설명적 차이'[9]를 없애주겠다고 약속하는, 관점이 변화한 항상성을 어떻게 바라봐야 할지 알고 있다. 또 우리 인간이 '고정된 물질'이 아니라 정보를 포함하는 물질이 스스로 영속하는 패턴이라는 생각을 견딜 수 없는 현대판 데카르트 학파가 여전히 열심히 주장하는 영혼과 물질의 차이점을 어떻게 생각해야 하는지도 안다. 이들 패턴은 놀라울 정도로 회복력이 강하며 스스로 복구되지만, 동시에 변화무쌍하며 편의주의적이고 이기적인 착취자다. 새로운 것이라면 무엇이든 자신의 영속을 향한 목표 달성에 이용한다. 그리고 위너가 깨달았듯이, 여기서부터 상황은 위험하게 흘러간다. 매력적인 기회가 풍부할 때 우리는 아주 적고 때로는 하찮기까지 한 비용을 기꺼이 지불하고 새로운 힘을 얻으려는 경향이 있다. 얼마 안 가 우리는 새로운 도구에 완전히 의존하게 되고, 이 도구 없이 성장하는 능력을 잃어버린다. 선택사항이 의무가 된다.

이는 아주 오래된 이야기로, 진화의 역사에 기록된 수많은 유명한 장들에서 볼 수 있다. 포유동물은 대부분 비타민 C를 스스로 합성할 수 있지만, 영장류는 식단을 주로 과일로 채우면서 이 타고난 능력을 잃어버렸다. 이제 우리는 비타민 C를 의무적으로 섭취해야 한다. 하지만 주로 과일을 먹고 사는 영장류 사촌만큼 의존적이지는 않다. 인간은 필요할 때 비타민을 만들어 섭취할 수 있는 기술을 선택했기 때문이다. 우리가 인간이라고 부르는 이 스스로 영속하는 패턴은 이제 옷, 조리된 음식, 비타민, 백신, 신용카드, 스마트폰, 인터넷에 의존한다. 그리고 아직 오늘이 아니라면 내일이라도, 인공지능에 의존할 것이다.

위너는 튜링과 여타 낙천주의자들이 간과한 문제들을 예견했다. 진짜 위험은 다음과 같은 것이라고 위너는 경고했다.

> 기계 자체는 무력하더라도 인간, 혹은 인간 집단이 다른 사람에 대한 통제권을 키우려 할 때 기계가 악용될 수 있다. 아니면 정치가들이 무의식적으로 인간 잠재력을 무시하는 정치기술을 사용해 대중을 조종하려 할 때 악용될지도 모른다.[10]

위너는 하드웨어가 아니라 주로 알고리즘에 힘이 있다고 인지했다. 오늘날의 하드웨어로는 실제로 가능한 알고리즘이 위너의 시대에는 터무니없이 복잡하고 번거로워 보였겠지만 말이다. 이러한 "인간 잠재력을 무시하는 정치기술"에 대해 우리는 무엇을 할 수 있을까? 이 기술은 반복해서 도입되지만, 일부는 확실히 해롭지 않고 일부는 명백히 위험하며, 대부분 논란의 중심 어디에나 존재한다.

몇몇 작은 충돌들을 생각해보자. MIT의 하이테크 예언자였던 요제프 바이첸바움은 위너의 후계자로, 신용카드를 열성적으로 관찰했다. 그가 보기에 신용카드는 그 미덕과는 별개로, 개인의 습관, 욕망, 이동 경로를 추적할 값싸고 극히 간단한 방법을 정부나 기업에 제공했다. 마약상과 범죄자를 제외하면 현금의 익명성은 대개 저평가되며, 이제 멸종 위기에 처했다. 이로 인해 미래에는 돈세탁이 기술적으로 더 어려워질 것이다. 하지만 이에 대항해 배치한 인공지능 패턴 검색기에는 틀림없이 부작용이 있을 것이다. 우리를 '통제하려고 시도'할지도 모를 어떤 '인간 집단'에게 우리 모두를 더욱 투명하게 노출시킬 것이기 때문이다.

예술에서는 디지털 오디오와 비디오 기록에서 일어난 혁신으로 아날로그를 버리면서, (가장 열렬한 오디오광과 영화광들을 제외한 모두가 보기에) 더 낮은 비용으로 예술품을 너무나 쉽고 완벽하게 복제하게 됐다. 그러나 여기에 숨겨진 비용은 어마어마하다. 이제 오웰의 진리부Ministry of Truth가 실제로 가능해졌다. 만남의 '기록'을 거의 감지할 수 없이 위조하는 인공지능 기술이 지금 실현되고 있으며, 그로 인해 지난 150년 동안 우리가 당연하게 사용하던 탐색 도구는 구식으로 전락할 것이다. 짧았던 사진 증거의 시대를 버리고, 인간의 기억과 신뢰가 황금률이 되는 이전의 세계로 회귀해야 할까? 아니면 진실을 둘러싼 군비 경쟁에서 공격과 방어를 위해 신기술을 발달시켜야 할까? (아날로그 필름을 빛에 노출한 뒤, 배심원단 같은 이들에게 보여주기까지 변조 방지 시스템에 보관하는 광경을 생각해낼 수도 있다. 하지만 누군가 이 시스템을 의심하게 할 방법을 찾아내기까지 얼마나 걸릴까? 최근 경험에서 얻은 충격적인 교훈을 말하자면, 신뢰성이라는 평판을 망치는 쪽이 지키는 쪽보다 훨씬 비용이 적게 든다.) 위너는 이 현상을 가장 보편적인 관점에서 보았다. "길게 보면 우리 자신이 무장하거나 적이 무장하거나 차이는 없다." 정보화 시대는 역逆정보 시대이기도 하다.

우리는 무엇을 할 수 있는가? 열정적이지만 결함이 있는 위너, 바이첸바움, 그 밖에 진중한 기술예찬론자인 비평가들의 분석에서 인간의 우선권을 다시 생각해봐야 한다. 내가 보기에 앞서 인용한 글에서 가장 중요한 구절은 "기계 자체는 무력하더라도"라고 언급한, 사전준비 없이 이루어진 위너의 논평이다. 최근 내가 주장하듯이, 우리는 동료가 아니라 도구를 만들고 있으며, 가장 큰 위험은 그 차이를 인정하지 않는 것이다. 우리는 정치적, 법적 혁신을 통해 그 차이를 강조하고 검증하고 방어하려 애써야만 한다.

앨런 튜링은 자신이 만든 유명한 튜링 테스트에서 지극히 당연한 실패로 상심했다. 이 점에 주목하는 것은 우리가 무엇을 놓치고 있는지 확인하는 최선의 방법이 될지도 모른다. 모두 알고 있듯이 그것은 튜링의 '모방 게임Imitation Game'을 응용한 것으로, 남성이 모습을 가린 채 심사위원과 대화하면서 자신이 사실은 여성이라고 믿게 하는 게임이다. 한편 여성도 모습을 가린 채 대화하면서 심사위원에게 자신이 여성이라고 믿게 한다. 튜링은 성별이 다른 사람이 어떻게 생각하고 행동하는지, 또 어떤 것을 선호하고 무시하는지에 대한 풍부한 지식을 활용해야 하므로, 이 게임이 남성(혹은 남성인 척하는 여성)에게 어려운 도전일 것이라고 추론했다. 확실히(맙소사!)[11] 여성으로 위장하는 게임에서 여성을 이긴 남성은 모두 지능적인 사람일 것이다. 튜링이 예견하지 못한 점은 딥러닝의 성능으로, 인공지능은 이런 풍부한 정보를 '이해하지 않고도' 이용 가능한 형태로 획득한다. 튜링은 여성이 할 만한 말과 행동이 무엇인지 자신의 상세한 '이론'에 따라 교활하게 반응을 조절하는, 영악하고 창의적이며 의식이 있는 에이전트를 상상했다. 요컨대 위에서 아래로 내려가는 방식의 지능이다. 튜링은 모방 게임에서 이긴 남성이 어떻게든 여성이 '될 수 있다'는 사실을 미처 생각하지 못했다. 그저 남성으로서의 의식이 이 게임을 계속 이끌어 갈 것이라고 생각했다. 거의 논거에 가까운 튜링의 숨겨져 있던 전제는 오직 의식이 있고 지능을 갖춘 '에이전트'만이 모방 게임에서 승리 전략을 고안하고 통제하리라는 것이다. 그래서 튜링에게는(그리고 여전히 튜링 테스트의 충직한 옹호자인 나를 포함한 다른 사람들에게는) 이 테스트에서 인간으로 인정받은 '계산 기계computing machine'가 인간과 같은 방식의 의식을 갖지는 못했지만 그럼에도 불구하고 '어떤' 종류의 의식을 가진 에이전트라는 주장이 설득력이 있었다. 내 생각에 이 주장은 여전히 옹호할 수 있으며 유일한 방어 지점이지만, 동료가 아니라 도구로서의 딥러닝 인공지능이 보여줄 수 있는 얕은 허울을 폭로하려면 심사위원이 얼마나 재치 있고 슬기로워야 하는지를 이해해야 한다.

튜링이 예견하지 못한 것은 의식 없이 빅데이터를 면밀히 가려내는 초고속 컴퓨터의 기이한 능력이다. 인터넷이 제공하는 무궁무진한 데이터 중 사람의 행동에서 '진짜처럼' 보이는 반응을 하는 데 사용할 가능성이 있는 패턴을 찾아내서, 거의 모든 조사에서 심사위원이 물을 만한 질문에 대답한다. 기계의 숨길 수 없는 약점은 다음과 같다고 생각한 위너도 이 가능성을 저평가했다.

> 인간의 상황을 규정하는 방대한 확률의 범위를 고려하지 못한다.[12]

그러나 그 방대한 확률의 범위를 고려하는 능력이 바로 새로운 인공지능의 탁월한 장점이다. 인공지능의 갑옷에서 유일한 틈은 "방대한"이라는 단어. 언어와 문화 덕분에 인간의 가능성은 진실로 "방대하다".[13] 지금까지 인터넷에 퍼진 데이터의 홍수 속에서 얼마나 많은 패턴을 인공지능이 찾을 수 있건 상관없이, 아직 기록된 적도 없는 방대하고 더 많은 가능성이 존재한다. 세계의 축적된 지혜와 계획, 재담, 어리석음은 (소실된 부분 외에) 아주 일부분만 인터넷에 기록되었을 뿐이지만, 심사위원이 튜링 테스트에서 후보자를 대면할 때 그가 적용할 수 있는 더 나은 전략은 그런 것을 '검색'하기보다는 새로운 것을 '창조'해내는 것이다. 지금 존재하는 인공지능은 인간 지능에 기생한다. 인공지능은 인간 창조자들이 생산한 것은 무엇이든 비판 없이 잔뜩 먹어 치운 다음 거기서 패턴을 추출한다. 그중에는 인간의 가장 치명적인 습관도 들어 있다.[14] 기계는 아직 자기비판을 할 수 있는 목적이나 전략, 능력이 없으며, 자기 생각과 목적을 성찰적으로 사고하면서 자신의 데이터베이스를 초월하는 혁신도 할 수 없다. 위너에 따르면 기계는 무력하지만, 이는 기계가 제약이 있거나 무능력하다는 의미가 아니라 에이전트 자체가 될 수 없다는 뜻이다. 칸트가 말했듯이 "이성으로 움직일" 능력이 기계에게는 없다. 사람의 행위가 조금씩 필요한 방식으로 계속 기계를 관리해야 한다는 점이 중요하다.

별 소용은 없었지만 나는 수많은 토론을 통해 바이첸바움에게 그의 책 《컴퓨터의 힘과 인간의 이성》의 결점 하나를 알려주려 했다. 그것은 바로 바이첸바움이 "인공지능은 불가능하다"와 "인공지능은 가능하지만 악이다" 중 어느 쪽을 옹호할지 결정할 수 없으리라는 점이었다. 바이첸바움은 존 설, 로저 펜로즈와 함께 '강한 인공지능'은 불가능하다고 주장하려 했지만, 이 결론을 뒷받침하는 유용한 논거는 없다. 결국 지금 우리가 아는 모든 사실로 미루어볼 때, 내가 말했듯이 인간은 로봇이 만든 로봇이 만들어낸 로봇…이며, 운동 단백질과 같은 물질에 이르기까지 끝없이 이어지는 이 과정에 마법의 재료는 첨가되지 않는다. 더 중요하고 옹호할 수 있는 바이첸바움의 메시지는, 인류는 강한 인공지능을 창조하지 말아야 하며, 우리가 창조할 수 있거나 이미 창조한 인공지능 시스템에 극도로 신중히 접근해야 한다는 점이다. 누구나 예상할 수 있듯이, 그 옹호할 수 있는 이론은 여러 주장이 뒤섞인 형태를 취한다. "강한 인공지능은 이론상으로는 가능하지만 바람직하지는 않다. 실제로 가능한 인공지능은 꼭 악하지만은 않다. 그것이 강한 인공지능으로 오해받지 않는

한 말이다!"

현재의 인공지능과 대중의 상상을 지배하는 SF 속 인공지능 사이의 격차는 여전히 무시하기 어려울 정도로 크다. 하지만 일반 대중과 전문가를 막론하고 많은 사람이 이를 어떻게든 저평가하는 것도 사실이다. 당분간 우리의 상상에서 유용한 지표가 될 IBM의 왓슨(자연어 형식으로 된 질문에 답할 수 있는 초고성능 인공지능 컴퓨터 ─ 옮긴이)을 예로 들어보자. 왓슨은 오랜 기간 인공지능 설계를 확장한 대규모 연구개발 과정의 결과물이며, 조지 처치가 이 책에 실은 글에서 지적했듯이, 왓슨은 인간의 뇌보다 에너지를 수천 배나 더 많이 사용한다(그는 이것이 기술적인 한계로 나타난 일시적인 현상일 것이라고도 말했다). 왓슨은 퀴즈쇼 〈제퍼디!〉에서 규칙의 정형화된 제약 덕분에 값진 승리를 거두고 우승까지 할 수 있었지만, 사실 왓슨이 퀴즈쇼에 나오려면 이런 규칙조차 바뀌어야 했다(트레이드오프 중 하나는, 참가자가 반드시 인간이어야 한다는 융통성과 인간성을 조금씩 포기하고 대중이 즐거워하는 쇼를 만드는 것이다). 왓슨의 일상 대화 능력을 과장하는 IBM의 광고에도 불구하고, 왓슨은 좋은 동료가 아니며, 왓슨을 그럴싸한 다차원 '에이전트'로 포장하는 일은 휴대용 계산기를 왓슨으로 포장하는 것과 다름없다. 왓슨은 다차원 에이전트에게 유용한 핵심 능력이 될 수는 있지만, 마음보다는 소뇌나 편도체에 더 가깝다. 기껏해야 특수 목적의 하부 시스템으로서 중요한 지원 역할을 맡을 뿐, 혼자서 목적이나 계획을 설정하거나 대화 경험을 통찰력 있게 구축하는 일에는 적합하지 않다.

왜 우리는 왓슨을 넘어서는, 사고하는 창조적인 에이전트를 만들려 하는가? 어쩌면 모방 게임이라는 튜링의 뛰어난 발상이 '기묘한 계곡'을 잇는 탐구로 우리를 유혹한 것인지도 모른다. 즉 화면 뒤에 실제 인물의 환상이나마 창조하라는 덫으로 유혹한 것이다. 튜링이 자신의 도전, 즉 심사위원을 속이려는 도전을 시작한 이후, 인공지능의 창조자들은 이 계곡을 귀여운 휴머노이드라는 미봉책으로 가리려고 시도했다. 여기에 위험이 도사리고 있다. 이런 디즈니화 효과는 마법을 부려, 특별한 지식이 없는 사람들을 무장해제시킨다. 바이첸바움의 엘리자ELIZA는 이런 얄팍한 환상 제조기의 선구적인 사례였다. 그는 우스울 정도로 단순하고 얕은 프로그램으로 진지하게 마음을 나누는 대화를 하고 있다고 너무 쉽게 사람들을 설득할 수 있었다. 바이첸바움은 이런 사실에 실망했다.

바이첸바움이 걱정한 것은 옳았다. 뢰브너상(매년 개최되는 챗봇 대회. 챗봇이 인간과 얼마나 비슷하게 대화할 수 있는지 심사한다─옮긴이)을 향한 엄격한 튜링 테스트 경쟁에서 배운 점이 하나 있다면, 매우 지성적인 사람조차 간단한 속임수에 금방 넘어간다는 사실이다. 컴퓨터 프로그래밍이 제시하는 가능성과 지름길에 익숙지 않은 사람이라면 여지없이 속았다. '사용자 인터페이스'를 숨기는 이런 방법에 대해 인공지능 전문가들의 태도는 경멸부터 찬양까지 다양하지만, 대개는 이 기술이 깊이는 없으나 효력은 있다며 인정하는 분위기다. 환영할 만한 분위기의 변화라면 휴머노이드가 '허위광고'라고 솔직하게 인정하는 태도다. 허위광고는 갈채가 아니라 비난을 받아야 마땅하다.

인공지능에 관한 과장광고를 없애려면 어떻게 해야 할까? 실제로는 어떻게 작동하는지 속을 알 수 없는 인공지능의 '충고'에 따라 사람들이 생사가 달린 문제를 결정하기 시작했다는 사실을 일단 깨닫는다면, 자기주장의 근거를 도덕적, 법적으로 해명하기보다는 인공지능을 더 믿으라고 부추기는 사람들의 동기를 꿰뚫어볼 수 있다. 인공지능은 매우 강력한 도구다. 너무나 강력해서 전문가조차 도구인 인공지능의 '판단'에 대한 자신의 판단을 신뢰할 수 없다고 말한다. 그러나 도구 사용자들이 재정적으로, 혹은 다른 쪽으로 이익을 얻기 위해 인공지능을 이용해서 미개척지를 탐험하겠다고 하면, 완벽한 통제력과 정당성을 입증해서 이 탐험을 책임감 있게 마칠 방법을 확실히 알고 있는지 점검해야 한다. 약사에게, 크레인 기사에게, 그리고 실수하거나 잘못 판단하면 심각한 결과를 초래할 수 있는 전문가에게 면허를 내주듯이, 인공지능 운영자도 면허를 받고 공동체를 꾸리도록 하는 것이다. 그리하여 인공지능 제작자가 자기 제품의 약점과 틈새를 찾아낼 수 있도록 특히 노력을 기울이게 하고, 이를 운영할 자격을 갖춘 이들을 훈련시킬 수 있다. 여기에는 보험사와 여타 손해사정사의 압력도 중요한 역할을 할 것이다.

튜링 테스트와 정반대인 검사를 상상해볼 수도 있다. 심사위원을 시험하여, 허점이나 한계를 넘어서는 부분, 시스템의 빈틈을 찾아낼 때까지 자격을 주지 않는 것이다. 심사위원이 되기 위한 정신 훈련은 부담이 클 것이다. 지향적 태도는 우리가 지능을 갖춘 에이전트라고 생각되는 존재를 만날 때 선택하는 정상적인 전략이자 압도적으로 강한 충동이다. 사실 사람임이 분명한 상대를 사람으로 대하려는 유혹에 저항하는 힘은 나쁜 재능이며, 인종주의나 종 차별주의를 의심해볼 수 있다. 많은 사람은 그런 무자비하고 회의주의적인 접근법을 도덕적으로 불쾌해하며, 가장 능숙한 시스템 사용자조차 직무를 수행하면서 생기는 불편한 마음을 누그러뜨릴 수만 있다면 때로는 그들의 도구와 '친구가 되고 싶다'는 유혹에 굴복하리라고 예측할 수 있다. 인공지능 설계자가 아무리 용의주도하게 허위로 '인간'의 냄새를 남겨 위장하더라도, 새로운 사고 습관, 대화의 실마리나 전략, 함정과 허풍 등이 인간을 흉내 내는 이 새로운 설정에서 나타나리라고 예상할 수 있다. TV에서 광고하는 신약의 부작용에 대한 우스울 정도로 긴 목록은, 특정 시스템이 충실히 답할 수 없는 문제를 필연적으로 폭로하게 되면서 줄어들 것이다. 그에 따라 생산품의 결점을 '간과'한 사람들은 무거운 처벌을 받을 것이다. 현대 세계에서 늘어나는 경제 불평등의 상당 부분이 디지털 기업가가 축적한 부 때문이라는 사실은 폭넓게 지적되었다. 이들의 막대한 자금을 공공 이익을 위해 사용하도록 신뢰할 수 있는 제3자에게 예탁시키는 법을 제정해야 한다. 몇몇 자금원은 '사회 봉사가 먼저고 그다음이 돈'이라는 의무감에서 자발적으로 부를 내놓겠지만, 선의에만 기대서는 안 된다.

　인공의식을 가진 에이전트는 필요 없다. 일을 해결할 자연의식을 갖춘 인간이 이미 너무 많기 때문이다. 이런 일은 특별하고 우선권을 지닌 인간에게 남겨져야 한다. 우리에게는 지능적인 도구가 필요하다. 그러나 그것은 권리를 갖지 않은 도구, 상처받을 감정을 갖지 않은 도구, 서투른 사용자가 '학대해서' 망가진 억울함에 반응할 수 없는 도구여야 한다.[15] 인공의식 개체를 만들지 않는 이유 하나는, 그것이 아무리 자율적인 존재가 된다고 하더라도(원칙적으로 인공의식 에이전트는 스스로 개선하고 창조하면서 사람처럼 자율적인 존재가 될 수 있다) 인공의식 개체는 자연의식 개체인 인간처럼 취약점과 필멸의 운명을 갖지는 않을 것이기 때문이다. 아마 특별한 규정 없이는 인공의식 개체에 약점이나 필멸성을 적용하지 않을 것이다.

나는 터프츠대학교에서 '인공 에이전트와 자율성'이라는 주제를 마티아스 쉐우츠와 함께 강의하면서, 세미나 학생들에게 과제를 내 준 적이 있다. 다른 사람의 대리로서가 아니라 그 자신이 사람과의 계약서에 서명할 수 있는, 그런 로봇 사양을 제출하라는 과제였다. 이는 계약서의 구절을 이해하거나 펜으로 서명하는 문제가 아니라, 도덕적으로 책임질 수 있는 법적 지위를 갖추고 합당한 대우를 받는 개체에 관한 문제였다. 어린이는 계약서에 서명하지 못한다. 장애인 역시 후견인의 보호와 책임 아래 있도록 법적으로 결정되어 있기 때문에 서명을 할 수 없다. 계약서에 서명할 수 있을 만큼 높은 지위를 얻고 싶어 하는 로봇이 문제가 되는 까닭은, 믿을 만한 약속을 하기에는 로봇이 슈퍼맨처럼 너무나 강한 존재라는 사실 때문이다. 로봇이 계약을 어기면 어떻게 할까? 약속을 깬 대가는 무엇이어야 할까? 감옥에 가두거나 분해해야 할까? 인공지능 스스로 간단히 무시해버리거나 제거할 수 없는 인공적인 방랑벽放浪癖을 설치하지 않는 이상, 인공지능을 감옥에 가두는 일은 의미가 없다(게다가 인공지능이 교활함과 자기이해도를 갖췄다고 가정했을 때, 인간이 오조작하더라도 시스템이 올바른 조작에만 응답하도록 인공지능을 설계하는 것은 시스템적으로 어려울 것이다). 또 만약 인공지능의 정보가 설계상에 남고 소프트웨어마저 보존된다면, 인공지능을 분해하는 것은 그것을 사멸시키는 방법도 아니다(로봇이건, 아니면 왓슨처럼 실체가 없는 쪽이건). 디지털 정보는 기록하고 전송하기 쉽다. 이 특성은 소프트웨어와 데이터가 사실상 불멸의 존재가 되는 돌파구이며, 로봇을 필멸의 세계에서 구원한다(최소한 보통 상상하는 종류의 로봇, 디지털 소프트웨어와 메모리를 갖춘 로봇이라면). 이해가 잘 안 된다면, 매주 사람들이 자신을 '백업'할 수 있을 때 인간의 필멸성이 어떤 영향을 받을지 생각해보면 된다. 토요일에 높은 다리에서 번지점프 줄을 매달지 않고 다이빙을 해도, 금요일 밤에 자신을 백업해뒀다가 일요일 아침으로 바로 연결하면 그 다이빙을 기억하지 못할 것이다. 하지만 나중에 자신의 명백한 사망 영상을 보며 즐길 수는 있다.

따라서 우리가 창조해야 할 것은 의식이 없는, 의식이 없어야 하는 휴머노이드 에이전트로서 완전히 새로운 독립 개체여야 한다. 오라클(오라클사의 관계형 데이터베이스 관리 시스템—옮긴이)처럼 의식이 없고, 죽음에 대한 두려움도 없으며, 사랑과 증오를 느끼지 않고, 인격도 없어야 한다(하지만 의심할 여지 없이 해당 시스템의 모든 기벽과 재담들은 그것의 '성격'으로 여겨질 것이다). 운이 좋다면 우리가 얻게 될 진실의 상자는 거의 확실하게 거짓 소문들에 더럽혀질 것이다. 인공지능이 인간을 글자 그대로 노예로 만드는 특이점이라는 환상에 빠지지 않고서 이들과 살아가는 일은 힘들 것이다. 인간의 인간적 활용이라는 것은 곧 (다시 한 번) 영원히 바뀔 테지만, 만약 우리가 우리 자신의 궤적에 책임을 진다면 키를 잡고 위험들 사이를 헤쳐 나갈 수 있을 것이다.

제6장

기계가 끌어들인
잔혹한 난장판

로드니 브룩스

로드니 브룩스Rodney Brooks는 오랫동안 인공지능에 관심을 기울여온 로봇공학의 선구자다. MIT 로봇공학 명예교수이며, MIT 인공지능연구소와 MIT 컴퓨터과학과인공지능연구소CSAIL 연구소장을 역임했다. 산업용 로봇 전문 업체인 리싱크로보틱스를 설립했다. '행위 기반의 포섭구조' 이론을 제시해 인공지능 발전에 새로운 지평을 열었다. 저서로《로봇 만들기》등이 있다.

엮은이의 말

로봇공학자 로드니 브룩스는 1997년 에롤 모리스 감독의 다큐멘터리 〈빠르고, 값싸며, 제어할 수 없는〉에 사자 조련사, 장식 조경 전지사, 벌거숭이두더지쥐 전문가와 함께 출연했다. 한 논평가는 브룩스를 보고 "눈을 반짝거리며 웃는다"라고 평했다. 이상주의자는 대부분 그렇다.

몇 년 뒤 브룩스는 세계적인 로봇공학 선구자답게 "우리는 한낱 기계에 지나지 않는 인간을 지나치게 인격화한다"고 주장했다. 이어서 "인간과 로봇의 구별은 사라질 것이다"라며 다가오는 인공지능 세상을 따뜻하게 바라보았다. 브룩스는 분열된 세계관도 인정했다. "종교를 가진 과학자처럼 나도 양립할 수 없는 두 가지 신념을 동시에 믿으며, 주변 환경이 바뀌면 각각의 신념에 따라 행동한다"라고 썼다. "두 신념 체계 사이의 초월성 덕분에 인류는 로봇을 감정적인 기계로 온전히 수용하고, 이후 로봇과 공감하며 로봇의 자유 의지, 존엄, 완전한 권리를 인정하리라고 나는 생각한다."

여기까지는 2002년 당시의 이야기다. 이어지는 글에서 브룩스는 보다 편향적이며 좁아진 시선을 보여준다. 브룩스는 착취적일 뿐만 아니라 취약하기 짝이 없는 곳곳의 시스템들에 인간이 의존하는 일이 많아졌으며, 이는 소프트웨어 공학이 너무 급속도로 발전해 신뢰성 있고 효과적인 보호 장치를 능가해버렸기 때문이라고 경고한다.

수학자와 과학자는 자신의 전문 분야를 넘어서는 큰 그림을 볼 때, 자신이 사용하던 도구와 은유 때문에 종종 제약을 받는다. 노버트 위너도 예외가 아니며, 아마 나 역시도 그렇다.

《인간의 인간적 활용》을 썼을 당시, 위너는 기계와 동물을 단순한 물리 과정으로 이해하는 시대가 끝나는 시점과, 그것을 계산 과정으로 이해하는 현재의 시대가 시작되는 시점에 걸쳐 있었다. 위너가 양발을 걸쳤던 두 시대의 도구가 서로 완전히 달랐던 것처럼, 나는 미래 시대의 도구도 앞선 이 두 시대의 도구와 확연히 구분되리라고 생각한다.

위너는 이전 시대의 거인으로, 뉴턴과 라이프니츠 시대 이후에 개발된 도구로 물리 세계의 연속 과정을 묘사하고 분석했다. 1948년 위너는 《사이버네틱스》를 출판하면서, 기계와 동물의 통신 및 제어에 관한 과학을 설명하는 '사이버네틱스'라는 단어를 창안했다. 오늘날 우리는 《사이버네틱스》에 소개된 발상을 제어 이론이라고 부르며, 이는 기계 설계와 분석에서 필수 분야가 되었다. 반면 위너의 통신 과학은 거의 무시된다. 위너의 혁신은 대개 제2차 세계대전 동안 대공포를 조준하고 발사하는 메커니즘을 연구한 결과에서 나왔다. 로마인의 수로에서 와트의 증기기관, 자동차의 초기 개발까지, 당시 사실상 대부분 체험적이었던 기술 설계 과정에 위너는 수학적 엄격함을 적용했다.

앨런 튜링과 존 폰 노이만을 각각 기술사와 사상사에서 대표로 생각할 수도 있다. 두 사람 모두 컴퓨터 기초 분야에 큰 공헌을 했지만 겉으로는 잘 드러나지 않는다. 튜링은 1936년 작성해서 1937년 출판한 논문인 〈계산 가능한 수와 결정 문제의 응용에 관하여〉에서 컴퓨터의 근본적인 모델인 튜링 기계에 대해 설명했다. 튜링 기계에는 한정된 알파벳 부호들이 기록되는 선형 테이프가 있다. 이 테이프는 계산 문제에 넣을 입력값을 암호화하는 것은 물론, 계산을 하기 위한 작업 기억 영역도 제공한다. 처음에는 각각의 서로 다른 계산 문제마다 기계를 만들어야 했지만, 이후에는 '보편 튜링 기계 Universal Turing Machine'라는 하나의 특정 기계에서 임의의 계산 명령까지 하나의 테이프에 암호화할 수 있었다.

1940년대에 폰 노이만은 추상적인 자기 복제 기계인 셀룰러 오토마타를 만들었다. 이 자동 장치는 사각형의 무한한 2차원 배열 중에서 유한한 부분집합을 차지하고 있다. 각각의 사각형은 29개의 구별되는 부호인 유한한 알파벳 중 단 하나의 부호를 담는다(무한한 배열의 나머지 부분들은 빈칸으로 시작한다). 각 사각형 안의 단일한 부호들은 엄격한 규칙에 따라 변하는데, 이때 해당 사각형과 이웃 사각형 안의 현재 부호들에 관한 복잡하지만 유한한 규칙에 근거한다. 폰 노이만이 개발한 복잡한 규칙에 따라, 대부분의 사각형 안에 있는 대부분의 부호들은 동일한 상태를 유지하며 각 단계에서 약간의 변화만 생긴다. 따라서 누군가 이런 비어 있지 않은 사각형들을 보게 된다면, 어떤 변함없는 구조가 존재하며 그 안에서 뭔가 활동이 일어나고 있는 것처럼 보일 것이다. 폰 노이만의 추상적 기계는 재생산을 할 때 평면의 다른 구역에 자신을 복제한다. 그 '기계' 안에는 사각형들로 이루어진 수평의 선이 있는데, 그 수평선은 유한한 알파벳의 부분집합을 이용해 유한한 선형 테이프로서 행동한다. 기계를 암호화하는 것은 바로 그런 사각형 안의 부호들인데, 이 부호들은 기계의 한 부분이기도 하다. 기계가 재생산하는 동안 '테이프'는 왼쪽 아니면 오른쪽으로 움직일 수 있고, 어느 쪽으로 움직이든 그 테이프는 새로운 '기계'에 대한 명령(번역)으로 해석(전사)된다. 새로운 기계는 만들어지고 나서 복제(자기 복제)되는데, 또 다른 재생산을 위해 새로운 기계 안에 새로운 복제 인자가 자리 잡는다. 훗날 프랜시스 크릭과 제임스 왓슨은 1953년에 이 테이프가 어떻게 생물학에서 예시될 수 있는지를 보여주었다. 길다란 DNA 분자는 네 종류의 핵 염기라는 유한한 알파벳으로 이루어져 있다. 즉 구아닌, 시토신, 아데닌, 티아민(G, C, A, T)이 그것이다.[16] 폰 노이만의 기계에서처럼, 생물학적인 재생산에서도 DNA에 선형으로 배열된 부호들이 해석되어(즉 RNA 분자로 전사된 다음, 새로운 세포를 구성하는 구조물인 단백질로 합성되어) DNA가 복제되고 새로운 세포에 둘러싸이게 된다.

두 번째 중요한 연구는 1945년에 발표한 디지털 컴퓨터 설계에 관한 "초고" 보고서로, 여기에서 폰 노이만은 명령과 데이터를 동시에 포함하는 메모리에 대해 설명했다.[17] 이것은 지금 폰 노이만 아키텍처 컴퓨터라고 불린다. 메모리가 명령용과 데이터용 두 개로 분리된 하버드 아키텍처 컴퓨터와는 다르다. 무어의 법칙 시대에 설계된 절대 다수의 집적회로가 폰 노이만 아키텍처를 갖추고 있으며, 이를테면 데이터센터, 휴대용 컴퓨터, 스마트폰이 여기에 해당된다. 폰 노이만의 디지털 컴퓨터 아키텍처는 특수 목적의 튜링 기계에서 보편 튜링 기계로 진전이 일어나던 세대와 개념적으로 동일한 세대에 속한다. 즉, 하버드대학교와 블레츨리 파크에서 만든 전자 계전기로 구성된 초기 디지털 컴퓨터에서 뻗어 나온 세대인 것이다. 게다가 폰 노이만의 자기 복제 오토마타는 튜링 기계 구조와 DNA에 기초한 생물 세포 복제 기전, 둘 다와 근본적인 유사성을 보인다. 폰 노이만이 이 세 사례 간의, 즉 튜링 기계와 자신의 두 기계 간의 교차 연결성을 알고 있었는지에 대해서는 전문가들의 논쟁이 지금까지도 이어지고 있다. 튜링은 폰 노이만과 함께 프린스턴대학교에 있을 때 논문을 검토했으며, 사실 박사학위를 받은 뒤 폰 노이만 밑에서 박사후과정 연구원으로 있었다.

튜링과 폰 노이만이 아니었더라면 잠시 우위를 차지했던 위너의 사이버네틱스는 더 오랫동안 지배적인 사고방식이자 기술의 원동력으로 남았을지도 모른다. 이러한 가상의 역사대로라면 지금 우리는 스팀펑크(19세기 증기기관을 바탕으로 한 기술이 발전한 가상세계―옮긴이) 세상에서 살고 있는 것은 물론, 메이커 페어(제작자들이 직접 소규모로 만든 프로젝트를 서로 공개하고 전시하는 축제―옮긴이)에서 환상적인 인스턴스 생성(범용 프로그램 단위를 프로그램 내에서 실행하기 위해 특정 데이터나 명령을 대입하는 것 ─옮긴이)을 구경하는 데 그치지 않았을지도 모른다!

내 요점은 위너가 세계를, 그러니까 물리적, 생물학적, (인간적 활용 면에서의) 사회학적 세계를 특별한 방식으로 바라봤다는 것이다. 위너는 저서 제1장에서 열역학에 동의하며 기브스의 통계를 덮어씌워서 세계를 연속 변수로 분석했다. 위너는 또한 설득력이 약하고 확실치 않은 정보 모델을 물리적, 생물학적 개체들 간의 메시지 전달을 설명하는 데 억지로 끼워 맞춘다. 내가 보기에, 그리고 70년 후인 현재 관점에서 볼 때, 위너의 도구는 기저에 숨어 있는 생물학적 기제를 설명하기에는 한심할 정도로 부적절해 보이며, 따라서 그것과 유사한 기제가 결국 과학기술적 컴퓨터 시스템에 어떻게 파고들었는지 놓치고 말았다. 오늘날 주류가 된 기술은 위너의 세계가 아니라 튜링과 폰 노이만의 세계에서 나왔다.

1차 산업혁명에서는 인간의 노동력 대신 증기기관 에너지나 수차 에너지가 사용되었다. 인간은 물리적인 일을 하는 에너지의 공급자가 되는 대신, 거대한 에너지 원천의 사용 방식을 결정하는 조절자가 되었다. 그러나 자본을 효율적으로 사용하려면 증기 에너지와 수차 에너지 규모가 커야 했고, 기계공학 기술뿐이었던 18세기에는 에너지를 배분하는 것이 매우 좁은 공간 범위에 한해서만 기술적으로 가능했기 때문에, 많은 노동자가 에너지 생산지에 모여 있어야 했다. 위너는 에너지를 전기로 전달하는 능력이 2차 산업혁명을 일으키리라고 정확히 내다봤다. 지금은 에너지 생산지에서 멀리 떨어진 곳에서도 에너지를 사용할 수 있으며, 20세기 초부터 배전 송전망이 구축되면서 제조업은 더 분산되었다.

그런 다음 위너는 더 발전된 신기술, 즉 위너의 시대에는 아직 초기 단계였던 컴퓨터 기술이 또 다른 혁명을 일으킬 것이라고 주장했다. 위너가 언급한 컴퓨터는 사실상 아날로그 컴퓨터와 (아마도) 디지털 컴퓨터를 모두 가리킨 것으로 보인다. 위너는 《인간의 인간적 활용》에서 컴퓨터가 의사결정을 내릴 수 있게 되면 블루칼라 노동자와 화이트칼라 노동자는 모두 더 큰 기계의 톱니바퀴로 전락할 것이라고 지적한다. 이러한 능력은 조직적인 구조체가 형성되는 것을 부추길 텐데, 그는 인간이 이 조직체를 통해 서로를 이용하고 어쩌면 학대까지 할지도 모른다며 두려워한다. 실제로 우리는 지난 60년 동안 위너가 예견한 상황을 목격해왔으며, 이런 붕괴 상황이 끝나려면 멀고 멀었다.

그러나 물리학에 근거해서 컴퓨터를 보는 위너의 관점으로는 상황이 얼마나 나빠질 수 있는지 깨닫기 힘들었다. 위너는 기계의 통신 능력이 명령과 제어를 행사하는 새롭고 더 비인간적인 방식을 제공한다고 보았다. 위너는 몇 십 년 내로 컴퓨터 시스템이 생물과 더 비슷해지리라는 사실을 간과했다. 위너의 책 제10장에서 생물 일부분을 모델링하는 자신의 연구를 설명한 부분을 보면, 그는 물리계에 비해 생물에서 나타나는 복잡성의 다양성과 규모를 심각하게 저평가했던 것 같다. 인간은 현재 위너가 예상했던 것보다 훨씬 더 복잡한 상황에 처했으며, 위너가 상상했던 최악의 공포보다 더 치명적인 상황이 우려된다.

1960년대에는 컴퓨터가 튜링과 폰 노이만이 세운 기초 위에 굳건하게 자리 잡았으며, 두 사람 모두 제한된 알파벳이라는 발상에 근거해 디지털 컴퓨터를 제안했다. 제한된 알파벳으로 형성된 임의의 긴 배열은 독특한 정수로 암호화될 수 있다. 컴퓨터 수식 체계는 튜링 기계처럼 하나의 정수 입력값에 대한 정숫값 함수의 계산 수식 체계가 되었다.

튜링과 폰 노이만은 모두 1950년대에 사망했고, 당시에는 이것이 그들이 계산을 바라보는 관점이었다. 두 사람 모두 무어의 법칙이 몰고 올 계산 능력의 폭발적 성장을 예견하지 못했으며, 컴퓨터가 삶의 구석구석에 스며들 것이라고도 상상하지 못했다. 계산 모델링에서 두 가지 중요한 발전이 이루어지고, 각각의 발전이 인간 사회에 거대한 위협이 된다는 사실도 예측하지 못했다.

첫 번째 발전은 그들이 채택한 관념에 뿌리를 두고 있다. 컴퓨터 성능이 2년마다 두 배로 증가한다는 무어의 법칙은 50년 동안 소프트웨어 생산 경쟁을 불붙였는데, 이 때문에 공학 분야의 일반적인 조심성과 정확성이 외면받았다. 소프트웨어 공학은 빨랐으며 실패하기도 쉬웠다. 이런 급속한 발전은 정확성에 대한 기준 없이 이루어졌고, 이는 동일한 메모리 안에 데이터 및 명령을 저장하는 폰 노이만 아키텍처를 착취할 다양한 방법을 열어젖혔다. 가장 일반적인 방법 하나는 '버퍼 오버런buffer overrun'으로, 프로그래머가 예측했던 것보다 큰 입력값(혹은 긴 기호의 배열)이 딸려 들어와, 그것이 명령이 저장된 공간까지 침범하는 것이다. 엄청나게 큰 입력값을 용의주도하게 설계해, 사용자가 소프트웨어를 원래 프로그래머가 의도하지 않은 명령들로 감염시키도록 하고, 그럼으로써 소프트웨어의 작동에 변화를 가한다. 이것이 컴퓨터 바이러스를 만드는 기본 방법으로, 생물학적 바이러스와 유사해서 이런 이름이 붙었다. 생물학적 바이러스는 자신의 DNA를 세포로 주입해 세포의 전사 및 번역 기제가 이를 맹목적으로 해석하도록 하고, 이로써 숙주 세포에게 해로울 수도 있는 단백질을 만들어낸다. 더욱이 이러한 세포 복제 기제는 바이러스도 함께 복제한다. 작은 이질적 개체가 훨씬 더 큰 개체를 조종하는 것은 물론, 예측하지 못한 방향으로 행동을 굴절시킬 수도 있는 것이다.

이런 여러 형태의 디지털 공격은 우리의 일상에서 안전을 앗아가 버린다. 이제 우리는 컴퓨터에 거의 모든 것을 의존한다. 전기, 가스, 도로, 자동차, 기차, 비행기 등 사회기반시설을 컴퓨터에 의지하고 있으며, 이런 것들은 모두 공격당하기 쉽다. 은행 계좌, 계산서 지급, 연금, 대출금, 상품 및 서비스의 구매 역시 컴퓨터로 관리하는데, 이들도 물론 공격에 매우 취약하다. 여흥거리, 비즈니스 및 개인 커뮤니케이션, 주택 보안, 세상에 관한 정보, 투표 시스템 등도 컴퓨터에 기대고 있으며, 역시 전부 다 취약하다. 이 중 어느 것도 금방 바로 잡을 수 없다. 그 사이에 우리 사회의 많은 측면이 민간 범죄자나 국가적인 적의 잔혹한 공격에 활짝 열려 있는 셈이다.

두 번째 발전은 컴퓨터가 단순한 함수 계산만 하던 데서 한참 벗어났다는 점이다. 그 대신 프로그램들은 항상 온라인에 머무르면서 순차적인 질문query(파일의 내용 등을 알기 위해 몇 개의 코드나 키를 기초로 질의하는 것—옮긴이)에 관한 데이터를 모을 수 있다. 위너와 튜링, 폰 노이만의 계획에 따른 인간과 웹브라우저 간의 의사소통 패턴은 다음과 같다.

사용자: 웹페이지 A를 보여줘.

브라우저: 웹페이지 A가 여기 있습니다.

...

사용자: 웹페이지 B를 보여줘.

브라우저: 웹페이지 B가 여기 있습니다.

이제 위와 같은 패턴은 아래처럼 바뀔 수 있다.

사용자: 웹페이지 A를 보여줘.

브라우저: 웹페이지 A가 여기 있습니다. [그리고 당신이 웹페이지 A를 검색한 것을 비밀리에 기억하고 있습니다.]

...

사용자: 웹페이지 B를 보여줘.

브라우저: 웹페이지 B가 여기 있습니다. [이전에 요청되었던 웹페이지 A의 내용과 현재의 내용 사이에서 연관성을 알아냈습니다. 사용자에 맞춰 모델을 업데이트합니다. 해당 정보는 나를 만든 회사로 전송됩니다.]

기계가 단순히 함수만 계산하는 대신 특정한 상태를 유지한다면, 기계에 주어진 작업의 흐름을 통해 인간에 대해 추론할 수 있다. 또한 여러 작업을 통해 서로 다른 여러 프로그램이 연동될 수 있다. 소셜미디어 게시글과 관련된 웹페이지를 검색하거나, 다른 플랫폼의 서비스 비용을 지불하거나, 특정 광고를 본 시간이나, GPS가 장착된 스마트폰을 가진 사용자가 걷거나 운전한 장소 등을 예로 들 수 있다. 이때 다양한 프로그램이 서로, 혹은 데이터베이스와 의사소통하는 전체 시스템은 전혀 새로운 사생활 유출을 초래한다. 캘리포니아의 수많은 기업들은 이런 추론들을 현금화하여 엄청난 도약을 착취적으로 이루었다. 그 과정에서 정작 컴퓨터 플랫폼과 상호작용하는 사용자의 데이터 사용 허가 문제는 생략되었다.

위너, 튜링, 폰 노이만은 플랫폼이 이토록 복잡성을 갖추리라고는 예견하지 못했다. 사람들은 알쏭달쏭한 말로 가득한 합법적 이용 약관이 무슨 말인지 눈치 채지 못하고 이를 허용한다. 그리하여 만약 다른 사람과 일대일로 상대했더라면 절대 내주지 않았을 권리를 포기하고 만다. 타인을 비인간적으로 착취하려는 몇몇 기업들은 컴퓨터 플랫폼을 일종의 방패로 삼아 그 뒤에 숨곤 한다. 어떤 나라에서는 정부가 이런 조작을 수행하기도 하는데, 이때의 목적은 이윤이 아니라 반대 의견을 억압하기 위해서다.

인류는 그 자신이 초래한 곤경에 빠졌다. 우리는 역설적이게도 우리 자신이 원하는 서비스를 제공하는 기업들에게 착취당하고 있다. 아울러 우리의 삶은 공격 행위에 노출되어 있는 수많은 소프트웨어 시스템들에 의존한다. 이 곤경에서 빠져나오는 일은 장기 프로젝트가 될 것이다. 여기에는 공학과 법률이 수반될 것이며, 가장 중요하게는 도덕적인 리더십이 필요하다. 첫 번째로 맞이할 가장 큰 도전은 다름 아닌 도덕적인 리더십이다.

제7장

지능의 통합

프랭크 윌첵

프랭크 윌첵Frank Wilczek은 이론물리학자로, 원자핵의 강력 이론에서 점근적 자유성을 데이비드 그로스, 데이비드 폴리처와 같이 발견한 공로로 2004년 노벨물리학상을 받았다. MIT 물리학과 교수로 재직 중이며, 다양한 분야에서 멘토로 활동하고 있다. 《뷰티풀 퀘스천》의 저자다.

엮은이의 말

내가 프랭크 윌첵과 처음 만난 건 1980년대로, 그가 애니온(페르미온도, 보손도 아닌 특이 입자—옮긴이)에 대해 이야기를 나누자며 프린스턴에 있는 자신의 집으로 나를 초대했을 때였다. 그는 초대장에 "머서가 112번지입니다. 진입로가 없는 집을 찾으면 돼요"라고 썼다. 몇 시간 뒤 나는 아인슈타인의 낡은 거실에서 앞으로 노벨물리학상을 받게 될 사람과 이야기를 나누었다. 프랭크가 나만큼 그 집에 감명을 받았더라도 여러분은 절대 눈치 챌 수 없었을 것이다. 그는 "진입로가 없는 집"이라 주차공간을 찾기 어렵다고 불평만 했을 뿐이니까.

프랭크는 대부분의 이론물리학자와 달리 오랫동안 인공지능에 관심을 기울여왔다. 아래 세 가지 "관찰"이 그 증거다.

1. "프랜시스 크릭이 '놀라운 가설'이라고 부른 것이 있다. 바로 ('마음 Mind'이라고도 부르는) 의식은 물질에서 창발되었다는 가설이다." 만약 그것이 사실이라면 다음의 주장을 시사한다. "모든 지능은 곧 기계 지

능이다. 자연지능과 인공지능을 가르는 것은 '그것이 무엇인가'가 아니라, '그것이 어떻게 만들어졌는가'이다."

2. "인공지능은 외계인 침공의 산물이 아니다. 특정 인류 문화의 유산이며 그 문화의 가치를 반영한다."

3. "데이비드 흄은 1738년에 '이성은 정념의 노예이며, 노예여야만 한다'라는 놀라운 명언을 남겼다. 물론 그는 그 말을 인간의 이성과 인간의 열정에 적용하려 의도했겠지만…. 하지만 흄의 논리적, 철학적 지적은 인공지능에도 역시 타당하다. 간단하게 말하자면, 추상적인 논리가 아니라 인센티브가 행동을 끌어낸다."

프랭크는 다음과 같이 언급하기도 한다. "20세기와 21세기의 거대 서사는 다름 아닌 '인간이 컴퓨터의 발달에 따라 근본 법칙의 결과를 계산하는 더욱더 나은 방식을 배운다'는 것이다. 여기에는 피드백 주기도 있어서, 문제를 더 깊이 이해할수록 더 좋은 컴퓨터를 설계할 수 있으며, 이는 더 나은 계산 결과로 나타난다. 일종의 상승 나선이다."

이어지는 글에서 프랭크는 인간의 지능이 당분간은 우세하겠지만, 인류가 태양계뿐만 아니라 우리 은하에서도 벗어나게 될 미래에는 인공지능의 도움이 절대적일 것이라고 주장한다.

논쟁을 일으키는 질문의 간단한 해답
/

- 인공지능은 의식을 가질 수 있는가?
- 인공지능은 창의적일 수 있는가?
- 인공지능은 악해질 수 있는가?

위의 질문들은 오늘날 대중매체와 과학 전문가 논쟁 모두에서 자주 제기되는 문제다. 그러나 토론은 끝날 줄을 모른다. 나는 위의 질문들에 답하면서 이 글을 시작하려 한다.

생리심리학, 신경생물학, 물리학을 토대로 한 답이 '예, 예, 예'가 아니라고 하는 편이 오히려 놀라울 것이다. 이유는 단순하지만 심오하다. 이들 학문 분야에서 나온 증거들은 자연지능과 인공지능 사이에 명확한 경계선이 없다는 점을 압도적으로 보여준다.

1994년의 저서에서 저명한 생물학자 프랜시스 크릭은 마음이 물질에서 나타난다는 '놀라운 가설'을 제안했다. 크릭은 모든 측면에서 보건대 마음이 "신경세포와 신경세포 관련 분자들의 방대한 조합에서 나오는 행동일 뿐이다"라는 유명한 말을 남겼다.

이 '놀라운 가설'은 사실 현대 신경과학의 토대다. 사람들은 뇌를 이해해서 마음이 움직이는 방식을 이해하려 노력한다. 그리고 정보가 어떻게 전기 신호와 화학 신호로 암호화한 뒤 물리 과정을 통해 변환되어 행동을 조절하는지 연구해서 뇌 기능을 이해하려 한다. 이런 과학적 시도에는 물질 외의 것이 개입할 여지가 없다. 지금까지 수천 번의 정교한 실험에서 이 전략이 실패한 적은 없었다. 정신물리학이나 신경생물학에서 관찰한 사실을 설명할 때 뇌 활동에서 나오는 의식이나 창조성의 영향력을 인정해야 할 필요성은 입증되지 않았다. 생물체에서 일어나는 전형적인 물리 과정에서 분리된, 그런 마음의 힘을 우연하게라도 관찰한 사람은 아무도 없다. 우리는 뇌에 관해, 마음에 관해 많은 사실을 알지 못하지만, 여태껏 '놀라운 가설'은 온전하게 남아 있다.

신경생물학에서 시야를 더 넓혀 과학 실험 전체를 고려하면 설득력은 더 높아진다. 현대 물리학은 종종 극단적으로 미세한 현상에 관심을 보인다. 이런 현상을 연구하려면 연구자는 '노이즈'에 오염되는 일을 방지하기 위해 많은 대책을 세워야 한다. 때로 연구자들은 길 잃은 전자기장을 막는 정교한 차폐물을 설치한다. 미소지진(규모가 1 이상 3 미만인 지진—옮긴이)이나 지나가는 차에서 오는 미세한 진동을 보정하거나, 극단적으로 낮은 온도 혹은 진공 상태에서 실험을 하기도 한다. 그러나 여기서 주목할 만한 예외가 있다. 바로 연구자들이 가까이 혹은 멀리 있는 사람들이 무슨 생각을 하는지 고려할 필요성을 전혀 발견하지 못했다는 점이다. 이미 알려진 물리 과정과 별개이지만 물리 과정에 영향을 미칠 수 있는 "생각파thought waves" 같은 것은 없는 듯 보인다.

이 결론을 그대로 받아들인다면 자연지능과 인공지능의 차이점은 없어진다. 이는 만약 뇌에서 일어나는 물리 과정을 똑같이 따라 하거나 정확하게 모방한 뒤(원리상으로 가능한 일이다) 입력값과 출력값을 얽어매 장기와 근육을 감지하게 하면, 지금 존재하는 자연지능의 출현을 물리적 인공물에서 재현할 수 있다는 사실을 암시한다. 자연지능에서 관찰할 수 있는 것은 모두 볼 수 있을 것이다. 관측자로서 나는 의식, 창의력, 악함을 자연지능, 즉 사람은 물론 인공지능에게도 나타나는 특성이라고 본다.

따라서 신경생물학에서 크릭이 제시한 '놀라운 가설'과 물리학의 강력한 증거를 결합하면, 우리는 자연지능이 인공지능의 특수한 사례라고 추론할 수 있다. 이 결론에는 이름이 있어야 마땅하니, 나는 이것을 '놀라운 필연적인 결과'라고 부르겠다.

여기서 우리는 앞선 세 가지 질문에 대한 답을 알게 된다. 의식, 창의력, 악함은 인간의 자연지능에서 볼 수 있는 명확한 특징이므로, 인공지능에서도 나타날 수 있는 특징이다.

100년 전, 아니 50년 전만 해도 마음이 물질에서 출현한다는 가설을 믿으려면, 또 자연지능이 인공지능의 특수 사례라는 당연한 결과를 추론하려면, 신념의 도약을 거쳐야만 했다. 당시 생물학과 물리학 지식의 격차 때문에 이는 진정으로 의심스러운 명제였다. 그러나 이 분야의 획기적인 발전은 그러한 풍경을 바꿔놓았다.

우선 생물학의 경우를 보자. 100년 전만 해도 사고력뿐만 아니라 물질대사, 유전, 지각은 생물의 심오한 수수께끼였으며, 물리적인 설명이 거의 불가능했다. 물론 오늘날에는 물질대사, 유전, 지각의 여러 측면을 분자 수준에서 시작해서 바닥에서부터 꼭대기까지, 풍부하고 세세하게 설명할 수 있다.

다음으로 물리학을 보자. 양자물리학이 100년 동안 발전하고 그것이 물질에 적용되면서, 물리학자는 물질이 얼마나 다양하고 기이하게 행동할 수 있는지를 거듭해서 발견해왔다. 초전도체, 레이저, 그 밖의 수많은 놀라운 현상은 아주 단순한 분자 단위의 거대한 조합이 질적으로 새로운 '창발' 현상을 보이는 동시에 물리학 법칙을 유지한다는 사실을 증명했다. 화학과 생화학은 이제 물리학적 기반이 든든하며, 창발 현상이 넘쳐나는 풍요의 뿔이나 다름없다. 선도적인 물리학자 필립 앤더슨은 〈많아지면 달라진다〉라는 글에서 창발성에 대한 고전적인 토론 주제를 제시한다. 그는 다음과 같이 인정하면서 글을 시작한다. "환원주의자의 가설(즉, 이미 알려진 단순한 부분들의 상호작용에 근거해 이루어지는 물리학적 설명의 완전성)은 철학자들 사이에서 여전히 논란거리일지도 모른다. 그러나 내가 생각하기에, 대다수 현역 과학자들 사이에서는 의문의 여지 없이 받아들여지고 있다." 하지만 이어서 그는 "거대하고 복잡한 소립자 집합의 행동은 소수의 입자 특성에서 단순하게 추정해서는 이해할 수 없다는 점이 밝혀졌다"라고 강조한다.[18] 크기와 복잡성이 새로운 단계에 들어설 때마다 조직의 형태도 새로워지도록 뒷받침된다. 이렇게 새로 형성된 조직의 패턴은 정보를 새로운 방식으로 암호화하므로, 조직의 행동 역시 새로운 개념으로 가장 잘 설명된다.

전자식 컴퓨터는 창발의 놀라운 사례다. 여기에는 모든 것이 정직하게 밝혀져 있다. 공학자는 정보를 아주 인상적인 방식으로 처리하는 기계를 일상적으로 설계하는데, 이때 그들은 이미 알려진 상당히 정교한 물리 법칙을 토대로 상향식 설계를 한다. 아이폰은 체스 게임에서 인간을 이길 수 있고, 대상이 무엇이든 간에 빠르게 정보를 수집해서 전달하며, 멋진 사진도 찍을 수 있다. 컴퓨터, 스마트폰, 그 외의 지능을 가진 물체를 설계하고 제조하는 과정은 완벽하게 투명하므로, 이 기계들의 놀라운 능력이 일반적인 물리 과정에서 창발한다는 사실은 의심할 여지가 없다. 이 물리 과정은 전자, 광자, 쿼크, 글루온 단위까지 추적해 내려갈 수 있다. 분명한 것은, 투박한 물질도 꽤 영리해질 수 있다는 사실이다.

이 논의를 정리해보자. 두 가지 강력한 가설에서 우리는 간단한 결론을 끌어냈다.

- 인간의 마음은 물질에서 창발한다.
- 물질은 물리학에서 정의하는 그 물질이다.
- 따라서 인간의 마음은 우리가 아는 물리 과정에서 창발하며, 인공적으로 재현할 수 있다.
- 따라서 자연지능은 인공지능의 특수 사례다.

물론 우리의 '놀라운 필연적인 결과'는 맞지 않을 수도 있다. 이 논의의 처음 두 줄은 가설이다. 하지만 이 가설이 옳지 않다면 기본 토대를 뒤흔드는 대발견이 뒤따라야 한다. 아주 중요하고도 새로운 현상을 발견해야 한다는 뜻이다. 평범하고 잘 정립된 물리적 환경, 즉 인간 뇌 속과 같은 물질, 온도, 압력에서 대규모의 물리적 결과가 일어나야 한다. 하지만 이 발견은 수십 년 동안 정교한 도구로 무장하고 단단하게 각오한 연구자들을 따돌리면서 끝내 발견되지 않았다. 이런 발견을 할 수 있다면 아마도… 정말 놀라울 것이다.

지능의 미래

인간의 몸과 마음을 개선하려는 것은 인간이 지닌 본능이다. 역사적으로 옷, 안경, 시계는 인간이 강인함, 지각, 의식을 향상하고자 했던 정교한 증강 기술의 예시다. 그것들은 인간의 자연적인 자질을 향상시킨 주요 기술들이며, 그러한 익숙함이 우리의 눈을 가려서는 안 된다. 오늘날 스마트폰과 인터넷은 지능을 지닌 존재라는 인간 정체성의 한가운데로 영역을 확장한다. 스마트폰과 인터넷은 사실상 인간에게 방대하고 총체적인 앎은 물론, 방대하고 총체적인 기억에 빠르게 접근할 수 있도록 해준다.

아울러 자율적인 인공지능은 체스나 바둑 같은 다양한 지적인 게임에서 인간을 제치고 세계 챔피언의 자리에 오르고 있다. 또한 인공지능은 정교한 패턴 인식 작업도 해낸다. 이를테면 대형 강입자충돌기에서 출현하는 입자들의 폭풍 속에서 새로운 입자를 관측하고 복잡한 반응을 재구성하거나, 흐릿한 엑스레이, 기능적 자기공명 영상법, 그 밖의 여러 의학 진단 영상에서 단서를 찾아내기도 한다.

자기 향상과 혁신을 향한 이러한 충동은 인간을 어디로 이끄는가? 정확한 사건의 순서와 소요 시간은 예측할 수 없지만(최소한 나는 할 수 없다), 몇몇 기본적인 고려 사항들이 제시하는 대로라면, 결국 가장 강력한 마음의 통합체는 현재 우리가 아는 인간 뇌와는 상당히 다른 형태가 될 것이다.

정보처리 기술이 (폭넓게, 질적으로, 혹은 양쪽 측면 모두에서) 인간의 능력을 능가하는 여섯 가지 요소를 생각해보자.

- 속도

현대 정보처리 기술의 핵심인 전자들의 조직적인 움직임은 뇌가 움직이는 기전인 확산과 화학적 변화 과정보다 훨씬 더 빨라질 수 있다. 현대 컴퓨터의 클록 속도는 보통 10기가헤르츠로, 이는 1초당 100억 번에 해당한다. 물론 놀랄 만큼 다양한 뇌의 처리 과정 속도를 측정할 방법은 없지만, 뇌의 근본적인 한계 중 하나는 신호 간격을 제한하는 활동전위의 지연 속도다. 영화가 실제로는 정지화면의 배열이라는 것을 알아볼 수 있는 프레임 속도가 초당 40장이라는 사실은 우연이 아닙니다. 그러므로 전기적 과정은 거의 10억 배 가까이 더 빠르다.

- 크기

보통 뉴런의 길이는 약 10미크론(100만분의 1미터—옮긴이)이다. 실제 물질의 크기를 결정하는 분자 차원에서는 약 1만 배 더 작은데, 인공지능의 기본단위도 그 크기와 비슷해졌다. 작을수록 의사소통은 더 원활해진다.

- 안정성

인간의 기억은 근본적으로 연속적(아날로그)이지만, 인공의 기억은 불연속적(디지털) 특징을 포함할 수 있다. 아날로그량은 서서히 점점 약화되는 반면에, 디지털량은 저장될 수 있고 재생될 수 있으며 완벽히 정확하게 유지될 수 있다.

- 작동 주기

인간의 뇌는 사용하면 피로해진다. 잠을 자고 영양분을 보충해야 한다. 노화 문제도 있다. 가장 근본적인 문제점은 사망한다는 것이다.

- 모듈성(개방적인 구조)

인공 정보처리 장치는 정교하게 정의된 디지털 인터페이스를 지원할 수 있기 때문에, 언제든지 새로운 모듈을 받아들일 수 있다. 컴퓨터가 자외선이나 적외선을 '보거나' 초음파를 '듣는' 것을 원하면, 컴퓨터의 '신경 시스템'에 적절한 감지기를 직접 연결하면 된다. 뇌 구조는 더 폐쇄적이고 불투명하며, 인간의 면역 체계는 이식조직에 적극 저항한다.

- 양자 준비도

모듈성의 한 사례이지만 장기적인 잠재력 때문에라도 이것을 특별히 언급해야 마땅하다. 최근 물리학자와 정보과학자는 양자역학 법칙이 새로운 컴퓨터의 원리를 뒷받침한다는 사실을 발견했다. 이는 질적 측면에서 새로운 형태의 정보처리와 (그럴싸한) 새로운 수준의 지능을 부여할 수 있다. 그러나 이런 가능성은 상당히 섬세한 양자 행동에 의존하므로, 인간 뇌처럼 따뜻하고 축축하며 엉망인 환경에 맞물리기에는 특히 부적절해 보인다.

확실히, 지능의 플랫폼으로서 인간의 뇌는 최적의 조건이 아니다. 다목적 가정용 로봇이나 기계 병사는 수익성 좋은 판매 시장을 찾을 수 있긴 하지만, 딱 거기까지다. 지금으로서는 그런 종류의 다목적용 인간 지능에 근접하는 기계가 없다. 많은 부분에서 상대적인 약점이 있지만, 인간의 뇌는 경쟁자인 인공지능에 비해 큰 장점을 갖고 있다. 인간 뇌의 장점을 다섯 가지만 들어보겠다.

- 3차원성

비록 현재 인공지능 처리 단위의 선형 차원이 뇌보다 훨씬 작기는 하지만, 인공지능이 만들어지는 과정인 리소그래피(기본적으로 에칭 기법이다)는 근본적으로 2차원이다. 이는 컴퓨터 보드와 칩 구조에 선명하게 나타난다. 물론 보드를 위로 쌓을 수도 있지만, 그럴 경우 보드 층 사이의 간격이 보드 내의 간격보다 훨씬 클 뿐더러, 통신 또한 비효율적이다. 뇌는 3차원을 훨씬 더 잘 활용한다.

- 자가 회복성

인간의 뇌는 수많은 상처와 오류에서 스스로 회복할 수 있거나, 그것들을 회피하며 작동할 수 있다. 하지만 컴퓨터는 반드시 수리하거나 외부에서 재부팅해야 하는 경우가 많다.

- 연결성

인간의 뉴런은 보통 수백 개의 연결점(시냅스)을 갖는다. 게다가 복잡한 연결 패턴 자체에도 의미가 있다(다음 항목 참고). 컴퓨터의 단위는 보통 연결점의 수가 적으며 패턴도 단조롭다.

- 발달(상호작용하며 형태를 갖추는 '자가 조립' 기능)

인간의 뇌는 세포 분열을 통해 성장하고, 움직임과 접힘으로 서로 어우러지는 구조를 만든다. 이는 세포 사이의 연결이 풍부해지는 현상으로 확산된다. 이러한 형성 과정에서 중요한 점은, 유아기와 아동기에 개인이 환경과 상호작용하면서 뇌의 조직화가 활발하게 일어난다는 것이다. 이 과정에서 많은 연결점이 걸러지고 어떤 연결점은 강화되는데, 그 기준은 연결점을 사용할 때의 '효율성'이다. 따라서 뇌의 섬세한 구조는 외부세계(풍부한 정보와 피드백의 원천!)와 상호작용하면서 조정된다.

- 통합(감지기와 작동기)

인간의 뇌는 눈 같은 다양한 감지 기관과 무언가를 만드는 손, 걸을 수 있는 다리, 말하는 입 같은 다목적 작동 기관을 갖추고 있다. 이런 감지 기관과 작동 기관은 수백만 년 동안 자연선택을 거치면서 다듬어진 뇌의 정보처리 중추에서 조금의 틈새도 없이 통합된다. 인간은 최소한의 의식 집중만으로도 신호를 해석하는가 하면 큰 규모의 행동도 제어한다. 그런데 정작 그 이면을 들여다보면, 우리는 그 일을 어떻게 해내는지 모르며 실행 과정은 불투명할 뿐이다. 이러한 인간의 기본적인 '일상'의 입출력 기능에 도달하는 것이 놀라울 정도로 어렵다는 사실이 속속 밝혀지고 있다.

인간 뇌의 이 같은 장점은 현재 수준의 공학으로 만든 인공지능과 비교할 바가 아니다. 인간의 뇌는 물질에서 더 많은 것을 얻어내는 여러 방법들을 보여주면서 그 존재를 한껏 증명한다. 공학 기술은 대체 언제쯤이면 이 격차를 따라잡을 수 있을까?

장담할 수는 없지만 몇 가지 정보는 제시할 수 있다. 3차원성과 그보다 조금은 더 쉬운 자가 회복성에 도전하는 것은 어렵지 않아 보인다. 물론 험난한 공학 문제가 버티고 있기는 하지만, 수많은 점진적인 개선은 상상하기 쉽고 방법도 명확해 보인다. 사람의 눈과 손, 다른 감각 기관과 작동 기관은 놀라울 정도로 효율적이지만, 그 능력은 물리적 한계를 넘어서지 못한다. 반면 광학 기계는 다양한 공간과 시간, 색상, 더 넓은 영역의 전자기 스펙트럼에서 고해상도의 사진을 찍을 수 있다. 또한 로봇은 인간보다 빠르고 더 강하며, 그 밖에도 여러 가지 뛰어난 점이 있다. 이런 영역에서는 초인적인 행동에 필요한 구성 요소가 이미 대부분 갖춰져 있다. 다만 정보처리 단위의 언어로 정보를 기계에 빠르게 입출력하는 과정에서 병목

현상이 일어날 뿐이다.

  그러면 이제 인간 뇌의 가장 중요한 장점인 연결성과 상호작용적 발달이 남는다. 이 두 장점은 서로 상승작용을 일으킨다. 제멋대로 뻗어나가지만 막대한 규모로 연결되는 유아 뇌의 구조를 형성하는 것이 바로 상호작용적 발달이기 때문이다. 이는 뉴런과 시냅스가 폭발적으로 성장하면서 나타나는데, 이에 따라 뇌는 특수한 도구로 튜닝되어 자라게 된다. 컴퓨터 과학자는 뇌 구조의 능력을 발견하는 중이다. 이를테면 신경회로망Neural net은 인간의 뇌에서 직접적인 영감을 받아 이름이 뜻하는 그대로의 기본 구조를 갖췄다. 그리고 앞서 설명한 대로 그것은 게임 플레이와 패턴 인식에서 극적인 성공을 거두었다. 하지만 현재의 공학은 '자기 재생산 기계'라는 난해한 영역에서는 뉴런과 시냅스의 능력과 다재다능함에 도저히 견주지 못한다. 이 영역은 앞으로 새롭고 거대한 개척지가 될 것이다. 우리가 생물 발달 과정의 정수를 충분히 모방할 정도로 그 과정을 이해하게 된다면, 생물학 역시 우리에게 길을 가르쳐줄지도 모른다.

  전체적으로 보건대 인공지능의 장점은 영구적일 것으로 보이는 한편, 자연지능의 장점은 지금으로서는 견고하지만 일시적일 것으로 보인다. 재앙이나 다름없는 전쟁, 기후변화, 전염병 등이 없다면, 그래서 기술의 진보가 활발히 일어난다면, 공학이 이 격차를 따라잡는 데는 수 세기가 아니라 수십 년이면 충분하리라고 생각한다.

  그렇게 된다면 몇 세대 후에는 스마트 기기로 능력을 강화하고 보강한 인간과 자율적인 인공지능이 공존하는 모습을 기대할 수 있다. 지능 생태계는 복잡하고 빠르게 변할 것이고, 그 결과로 진화가 빠르게 일어날 것이다. 기계 장치만의 장점을 고려해볼 때, 진화의 선봉에 서는 것은 가볍게 기계로 치장한 호모 사피엔스가 아니라 사이보그와 초지능일 것이다.

적대적인 환경, 즉 심해 같은 지구 환경과 특히 우주 환경은 또 하나의 중요한 원동력이 될 것이다. 아주 좁은 범위의 온도, 압력, 대기 성분에 적응한 인간의 몸은 일정 조건을 벗어날 수 없다. 또한 다양한 종류의 특별하고 복잡한 영양분과 많은 물이 필요하다. 방사선에도 약하다. 유인 우주 프로그램이 상세하게 증명했듯이, 인간은 지구의 안전지대에서 벗어나면 생명을 유지하기 어렵고 그 비용도 많이 든다. 사이보그나 자율 인공지능은 이런 탐사에 훨씬 효율적일 수 있다. 노이즈에 민감한 양자 인공지능의 경우, 오히려 차갑고 어두운 심深우주 환경에서 더 행복해 할 수도 있다.

SF계의 뛰어난 천재인 올라프 스테이플던이 1935년에 발표한 소설 〈이상한 존〉을 보면, 주인공인 돌연변이 초인간 지능이 호모 사피엔스를 가리켜 "영혼의 시조새"라고 말하는 감동적인 대목이 나온다. 주인공은 평범한 인간인 자신의 친구와 전기 작가에게 애정을 담아 이렇게 말한다. 시조새는 고귀한 생물이었으며, 더 위대한 존재로 이어지는 다리였다고.

제8장

자신을 구식으로 만드는 것
이상을 동경하라

맥스 테그마크

맥스 테그마크Max Tegmark는 이론물리학자이자 우주학자로, MIT 물리학과 교수다. 범용 인공지능, 즉 인간지능과 맞먹는 인공지능의 창조로 일어날 존재적 위험에 관심을 기울이고 있다. 생명의미래연구소Future of Life Institute를 공동 설립했으며, 또한 물리학과 우주론의 근본을 연구하는 근본질문연구소Foundational Questions Institute의 과학 책임자다.《맥스 테그마크의 유니버스》와《라이프 3.0》의 저자다.

엮은이의 말

몇 년 전 나는 맥스 테그마크를 그의 MIT 동료이자 인플레이션 이론의 아버지인 앨런 구스에게 소개받았다. 저명한 이론물리학자이자 우주학자인 맥스의 최근 주요 관심사는 범용 인공지능, 즉 인간 지능과 맞먹는 인공지능의 창조로 일어날 무시무시한 존재적 위험이다. 4년 전 맥스는 얀 탈린을 비롯한 다른 사람들과 함께 '생명의미래연구소'를 공동 설립했다. 그 연구소는 "미래의 가장 강력한 기술이 인류에게 반드시 유익해지도록 애쓰는 지원 조직"이라고 스스로 소개한다. 저서를 홍보하러 런던에 왔을 때 맥스는 생명의미래연구소에 대해 계획 중이었고, 런던과학박물관London Science Museum에서 개최된 인류의 기술 업적 전반에 관한 전시회를 다녀온 후 울음을 터뜨렸다고 고백했다. 그동안 이룬 인상적인 진보는 모두 헛된 일이었을까?

생명의미래연구소의 과학자문위원회에는 일론 머스크, 프랭크 윌첵, 조지 처치, 스튜어트 러셀, 그리고 옥스퍼드대의 철학자인 닉 보스트롬이 있다(자주 인용되는 닉 보스트롬의 사고실험에서는, 명백히 좋은 의도를 가지고 그저 명령을 따르는 범용 인공지능이 만든 종이 클립으로 온 세상이 가득 차게 된다). 연구소의 후원사들은 인공지능 안전 문제를 다룬 학회를 개최하고 (2015년 푸에르토리코, 2017년 아실로마), 2018년에는 범용 인공지능의 사회적 이익을 극대화하는 연구를 지원하는 자금을 조성했다.

때로 비전문가들은 맥스가 유언비어를 퍼뜨린다고 비난한다. 하지만 맥스는 프랭크 윌첵과 마찬가지로, 인공지능을 창조하면서 인류가 열외로 밀려나지 않도록 주의한다면 미래에는 범용 인공지능이 상당히 유익한 존재가 되리라고 믿는다.

인공지능이 언제, 어떻게 인류와 맞닥뜨릴지에 대한 논란은 멈추지 않지만 우주적 관점에서 보면 상황은 명확하다. 지구에서 진화해온, 기술을 발달시키는 생명체는 결과를 진지하게 생각하지 않은 채 자신을 구시대 유물로 만들려고 질풍처럼 달려간다. 인류가 좀 더 야심차고 대담하게 나아간다면 다시없을 만큼 번영할 놀라운 기회를 창조할 수 있다는 이야기는 나를 당황스럽게 한다.

 우리 우주는 탄생한 지 138억 년 되었다. 작고 푸른 행성에서, 우리 우주의 일부분인 인간은 예전에 그들이 생각했던 존재의 총합이 뭔가 훨씬 더 위대한 것의 아주 작은 일부라는 사실을 발견했다. 우주에는 1,000억 개 이상의 은하가 있고, 그중 하나의 은하에 태양계가 속해 있다. 그리고 태양계는 정교한 패턴을 지닌 은하군과 은하단, 초은하단 안에 배열되어 있다.

 의식은 우주적 각성이다. 그것은 우리 우주를 마음도 자아 인식도 없는 좀비에서 자기반성, 아름다움, 희망, 의미, 목적을 품은 살아 있는 생태계로 변화시킨다. 각성이 아예 일어나지 않았더라면 우주는 거대하고 무의미한 우주 쓰레기에 지나지 않았을 것이다. 우주적 재앙이나 우리가 자초한 사고로 우주가 다시 영원히 잠들어야 한다면, 우주는 무의미한 존재로 되돌아갈 것이다.

한편 상황은 더 나아질 수도 있다. 이 우주에는 인류가 아닌 다른 천문학자들이 있을 수도 있고 인간이 최초의 천문학자가 아닐지도 모르지만, 우리는 우주가 지금까지보다 더 충만하게 각성할 수 있다는 사실을 깨달을 만큼 충분히 배웠다. 노버트 위너 같은 인공지능 개척자들은 정보를 처리하고 경험하는 우리 우주의 능력을 더 크게 일깨우는 데 영겁의 시간이 소요되는 또 다른 진화 과정이 필요하지 않다는 사실을 가르쳐주었다. 그저 몇 십 년 동안만 인간의 과학적 독창성이 있으면 충분하다고 했다.

인간은 어쩌면 아침에 잠에서 깼을 때 경험하는 자아 인식의 첫 번째 빛과 같은 것일지도 모른다. 그러니까 눈을 뜨고 완전히 정신이 들었을 때 당도하게 되는 훨씬 더 거대한 의식의 예감 같은 것일지도 모른다는 것이다. 아마도 인공 초지능은 생명체가 우주 전체로 퍼져나가 수십억 년이나 수조 년 동안 번영하게 할 수 있을 것이다. 이 모든 것이 우리가 여기, 우리 행성에서 우리 시대에 내리는 결정 때문에 일어날 수 있다.

혹은 인류는 얼마 안 가 멸종할 수도 있다. 기술이 그 사용자인 인간의 지혜보다 더 빠르게 성장하고, 이러한 기술의 힘이 재앙을 스스로 불러온다면 말이다.

인공지능의 사회적 영향력에 관한 논쟁은 진화한다

/

　많은 사상가는 초지능이라는 개념을 SF라며 무시한다. 지능을 생물, 특히 인간에게만 존재하는 신비로운 무엇으로 보기 때문이다. 또 지능이라는 것을 근본적으로 오늘날의 인간이 할 수 있는 일에만 테두리지어 보기 때문이기도 하다. 그러나 물리학자인 내 관점에서 볼 때, 지능은 그저 소립자가 움직이는 특정 종류의 정보처리 과정일 뿐이다. 또한 모든 방면에서 인간보다 뛰어난 지능을 갖추고 우주 생명체의 씨앗을 뿌릴 기계를 만들 수 없다고 단언하는 물리학 법칙은 없다. 우리가 본 것은 지능이라는 빙산의 일각일 뿐이며, 우리에게는 자연에 숨어 있는 지능을 온전히 드러낼 수 있는 놀라운 잠재력이 있다. 이를 이용해서 인류를 번영시켜야 한다. 번영이 아니라 허우적거림일 수도 있지만.

　이 책에 글을 실은 일부 저자를 포함해, 사람들은 범용 인공지능(최소한 인간 수준으로 인지 작업을 할 수 있는 개체)을 만드는 것에 대해 일축하곤 한다. 물리적으로 불가능하다고 생각하기 때문이 아니라, 한 세기 안에 성취하기에는 인간에게 너무 어려운 과제라고 생각하기 때문이다. 인공지능 전문 연구자가 볼 때 최근의 돌파구는 이 두 가지 이유를 모두 소수 의견으로 바꾸었다. 범용 인공지능이 한 세기 안에 출현할 것이라는 예측이 강하게 제시되고 있으며, 예측의 중간값은 겨우 수십 년밖에 안 남았다. 최근 인공지능 연구자들을 조사한 빈센트 밀러와 닉 보스트롬은 다음과 같이 결론 내렸다.

조사 결과는 다음과 같다. 전문가들이 보기에, 인공지능 시스템은 아마도 2040~2050년쯤이면 인간의 총체적 능력에 도달할 것이며(50퍼센트 이상), 2075년에는 매우 그럴 것이다(90퍼센트의 확률). 인간 수준에 도달한 후에는 2년 안에(10퍼센트), 혹은 30년 안에(75퍼센트) 인공지능은 초지능으로 진화할 것이다.[19]

우주적 관점인 수십억 년 단위에서는 범용 인공지능이 30년 만에 나타나든, 300년 만에 나타나든 큰 차이가 없다. 그러니 시간보다는 영향력에 초점을 맞춰보자.

첫째, 우리 인간은 기계로 몇 가지 자연 과정을 복제하는 방법을 발견했다. 열, 빛, 기계적인 마력 등을 인간 자신이 만들어낸 것처럼 말이다. 점차 우리는 인간의 몸도 기계라는 사실을 깨달았고, 신경세포의 발견은 몸과 마음의 경계를 흐리게 했다. 마침내 우리는 인간의 몸뿐만 아니라 마음마저도 능가할 수 있는 기계를 만들기 시작했다. 지금 인간은 기억에서부터 연산이나 게임에 이르기까지, 제한적인 범위의 인지 작업을 수행할 때 기계에 가려져 빛을 잃고 있다. 또한 인간은 운전이나 투자, 의학 진단 등 더 많은 분야에서 기계에 추월당하고 있다. 만약 인공지능 학계가 범용 인공지능을 만든다는 원래의 목적을 달성한다면, 인간은 모든 인지 작업에서 기계에 뒤처질 것이다.

여기에는 분명한 질문이 수없이 많이 걸려 있다. 예를 들어 지구를 통제하는 범용 인공지능은 누가, 혹은 무엇이 제어할까? 인간이 초지능 기계를 통제해야 할까? 만약 그렇지 않다면, 과연 기계가 인간의 가치를 이해하고 적용하고 유지하리라고 장담할 수 있는가? 위너는《인간의 인간적 활용》에서 다음과 같이 말했다.

> 기계의 행동 법칙을 정확하게 검증하고, 기계의 행동이 인간이 수용할 만한 원칙에 따라 수행되는지 확인하라. 검증 없이 기계에 우리의 결정을 맡길 때, 인류에게는 재앙이 닥칠 것이다! 한편 기계, (…) 스스로 학습할 수 있고 그 지식을 바탕으로 의사결정을 하는 기계는 인간과 같은 결정을 내릴 의무가 없거나, 인간이 수용할 만한 의사결정을 하지 않을 것이다.

그런데 "우리"는 누구인가? 누가 "이런 결정은 받아들일 수 있어"라고 판단할까? 설령 미래의 권력이 인간의 생존과 번영을 돕기로 결정했다고 하더라도, 만약 인간이라는 존재가 그 무엇에도 필요가 없다면, 대체 우리 인간은 어떻게 삶에서 의미와 목적을 찾을 수 있을까?

인공지능의 사회적 영향력에 관한 논쟁은 지난 몇 년간 급격하게 변했다. 2014년에는 인공지능의 위험을 거의 공개적으로 이야기하지 않았다. 논리적으로 양립할 수 없는 두 가지 이유 중 하나로 러다이트(신기술 반대주의자—옮긴이)의 유언비어라며 무시당하곤 했다.

1. 범용 인공지능은 과장되었고, 최소한 한 세기가 더 지나기 전에는 출현하지 않을 것이다.

2. 범용 인공지능은 아마도 곧 출현하겠지만, 장담컨대 실제로 유익할 것이다.

지금은 인공지능의 사회적 영향력에 관한 논의를 어디서나 볼 수 있고, 인공지능의 안전성 및 윤리에 대한 작업은 기업, 대학, 학회로 넘어갔다. 이제는 인공지능의 안전성 연구를 '지지'하는 입장보다 '무시'하는 입장이 더 문제시된다. 2015년 푸에르토리코 인공지능 학회에서 발표한(그리고 인공지능의 안전성에 관한 당시 주류의 견해에 힘을 보탠) 공개서한이 인공지능을 유익하게 유지해야 하는 중요성을 모호한 단어로만 표현한 것과 달리, 2017년 아실로마 인공지능 원칙(이 책 145쪽 참고)은 명확했다. 아실로마 원칙은 인공지능의 재귀적인 자기 향상, 초지능, 실존적 위험에 대해 명확히 언급했고, 전 세계에서 참석한 인공지능 관련 산업계 지도자와 1,000명 이상의 연구자가 여기에 서명했다.

그런데도 대부분의 토론은 약한 인공지능이 근미래에 미칠 영향력에 대해서만 이루어지고 있으며, 보다 더 큰 공동체 역시 범용 인공지능이 곧 지구 생명체에 일으킬 급격한 변화에만 관심을 한정할 뿐이다. 왜 그럴까?

왜 스스로 구식으로 굴면서 관련 논의를 회피하는가

우선 여기에는 간단한 경제학이 숨어 있다. 같은 일을 더 훌륭하고 경제적으로 해내는 기계를 만들어 인간의 작업 방식을 한물간 구식으로 만드는 방법을 찾아낼 때마다, 대부분 사회는 다음과 같은 이득을 얻는다. 기계를 만들고 사용하는 사람이 이윤을 얻고, 소비자는 더 값싸게 물건을 살 수 있다. 미래에 등장할 투자 범용 인공지능이나 과학탐구 범용 인공지능도 방직기, 굴삭기, 산업용 로봇처럼 똑같은 결과를 만들 것이다. 과거에는 대체된 노동자가 보통 새로운 일자리로 옮겨갔지만, 이제 더는 그러지 못하더라도 이러한 기본적인 경제 장려책은 그대로일 것이다. 알맞은 가격의 범용 인공지능이 나타나면 말 그대로 기계가 '모든' 작업을 더 낮은 비용으로 해낼 수 있다. 따라서 "사람들은 항상 급여가 더 높은 새로운 직업을 찾을 것이다"라는 주장은 옳지 않다. 이는 사실상 인공지능 연구자들이 범용 인공지능을 만드는 데 실패하리라고 주장하는 셈이다.

두 번째, 호모 사피엔스는 본질적으로 호기심이 많다. 호기심은 경제적 이득이 없더라도 지능을 연구하고 범용 인공지능을 개발하는 과학 연구에 동기를 부여한다. 호기심은 가장 축복받은 인간 특성의 하나이기는 하지만, 우리가 아직 현명하게 다룰 수 없는 기술을 발달시킬 때 문제를 일으킬 수 있다. 이윤이라는 동기가 없는 순수한 과학적 호기심은 핵무기와 공학기술의 팬데믹을 일으키는 도구를 발견하게 했다. 따라서 "호기심이 고양이를 죽인다"라는 옛 속담이 곧 인간에게도 적용되리라는 사실을 충분히 예상할 수 있다.

세 번째, 인간은 필멸의 존재다. 이 명제는 인간이 더 오래, 더 건강한 삶을 살도록 돕는 신기술을 개발하는 데 거의 모든 사람이 만장일치의 지지를 보내는 현상을 설명해준다. 또한 그것은 현재 인공지능 연구의 강력한 동기가 되었다. 범용 인공지능은 의학 연구에 더 많은 기여를 할 것이 명백하다. 심지어 사상가들 중에는 사이보그화나 정보 업로드를 통한 불멸의 삶을 열망하는 사람도 있다.

지금 인류는 범용 인공지능으로 이어지는 비탈진 언덕에 서 있다. 그 결과는 말 그대로 '경제 노후화'를 일으킬 것이 뻔하다. 그럼에도 강력한 인센티브들이 우리를 계속 아래로 달려가게 한다. 기계가 모든 일을 인간보다 더 효율적으로 해낼 테니 인간은 곧 어디에도 쓸모없게 될 것이다. 범용 인공지능을 성공적으로 창조하게 되면 그것은 인류 역사상 가장 큰 사건이 될 것인데도, 왜 그 결과로 나타날 일에 대해서는 아무도 진지하게 논의하지 않는가?

다시 강조하지만, 해답에는 여러 이유가 있다.

첫째, 업턴 싱클레어가 한 유명한 말처럼, "사람의 생계가 어떤 것에 대한 몰이해에 달려 있다면, 그에게 그것을 이해시키기란 어렵다."[20] 예를 들어 기술 기업이나 대학 연구소의 대변인은 설령 개인적으로는 동의하지 않더라도, 자신들의 연구가 위험하지 않다고 주장하곤 한다. 싱클레어의 관찰 결과는 흡연이나 기후변화가 가져오는 위험에 대한 반응은 물론, 기술을 새로운 종교로 여기는 현상도 설명할 수 있다. 과학이라는 신흥종교에 대한 믿음의 중심에는 더 많은 기술은 항상 더 좋은 것이라는 생각이 들어 있다. 또한 아무 증거도 없이 공포심 장사를 하는 신기술 반대자는 곧 이단자라는 생각 역시 자리하고 있다.

둘째, 인간은 희망적인 사고, 과거에 대한 잘못된 추정, 신기술의 저평가라는 오랜 역사를 갖고 있다. 우리는 다윈 진화 덕분에 '구체적인' 위협에 관해서는 강력한 공포심을 갖게 되었다. 그러나 시각화하거나 상상하기 어려운 미래 기술의 '추상적인' 위협은 두려워하지 않는다. 1930년대 사람들에게 미래에 나타날 핵무기 경쟁을 경고한다고 생각해보라. 당신은 그들에게 핵폭발 영상을 보여줄 수도 없고, 그들 중 어느 누구도 핵무기를 만들 줄 모른다. 이런 상황에서는 최상위 과학자들조차 불확실성을 저평가하면서 지나치게 낙관적으로 예측하거나("핵융합로와 날아다니는 자동차가 만들어지려나?"), 아니면 지나치게 비관적으로 예측할 것이다. 당대 최고의 핵물리학자였던 어니스트 러더퍼드는 1933년에 핵에너지가 "터무니없는 헛소리"라고 말했다. 그러나 러더퍼드가 이 말을 한 뒤 채 24시간이 지나기도 전에 레오 실라르드가 핵 연쇄반응을 발견했다. 근본적으로는, 당시 누구도 앞으로 다가올 핵무기 경쟁을 예견하지 못했다.

셋째, 심리학자들의 발견에 따르면 인간은 자신이 할 수 있는 일이 아무것도 없다고 믿을 때, 불안감을 주는 위협에 대해 생각하는 것 자체를 회피하는 경향이 있다. 하지만 인공지능의 경우에는 우리가 할 수 있는 건설적인 일이 많다. 해당 주제를 숙고하도록 우리 스스로를 납득시킬 수만 있다면 말이다.

무엇을 할 수 있을까?

/

나는 전략의 변화를 지지한다. 즉, "인간을 구식으로 만드는 기술을 구축하는 데 전념하자. 잘못될 일은 없다"에서 "고무적인 미래를 마음속에 그리며, 그 미래를 향해 통제하며 나아가자"로 변화하자는 것이다. 이렇게 통제하려는 노력에 동기를 부여하려면, 우선 유혹적인 목적지를 보여주는 데서 시작해야 한다. 할리우드가 예견하는 미래는 디스토피아 쪽으로 기울어져 있지만, 사실 범용 인공지능은 인류의 삶을 전에 없이 번영시킬 수 있다. 내가 사랑하는 모든 문명은 '지능'의 소산이다. 만약 인간 지능을 범용 인공지능과 함께 확장할 수 있다면 어떨까. 오늘과 내일의 어려운 문제, 예를 들면 질병, 기후변화, 빈곤 문제를 해결할 수 있을 것이다. 우리가 공유하는 긍정적인 미래상을 더 자세히 만들수록, 그 미래를 실현하기 위해 함께 일하려는 동기는 더 많이 솟아날 것이다.

'통제'라는 측면에서 우리는 어떻게 해야 할까? 2017년 채택된 23가지 아실로마 원칙은 아래와 같은 단기 목표를 포함하여, 충분한 안내 지침을 제시한다.

1. 치명적일 수 있는 자율무기 경쟁은 금지해야 한다.

2. 인공지능이 생산한 경제적 번영은 인류 전체가 공유하며, 모든 인류를 이롭게 해야 한다.

3. 인공지능에 대한 투자는 그것을 유익하게 활용하는 방법에 대한 연구 투자와 함께 이루어져야 한다. (…) 어떻게 해야 미래의 인공지능 시스템을 견고하게 만들 수 있을까? 어떻게 해야 그것이 제대로 작동하지 않거나 해킹당하는 일 없이, 인간이 원하는 일을 하도록 할

수 있을까?²¹

1번과 2번은 최적이 아닌 내쉬 균형Nash equilibria에 매달리지 말아야 한다는 의미다. 자동화된 익명 암살에 드는 비용을 0원으로 만드는, 통제를 벗어난 치명적인 자율무기 경쟁은 일단 탄력을 받으면 멈추기 힘들다. 2번은 현재 서구 국가들의 흐름을 바꾸길 요구하는 것이다. 오늘날 이들 국가에서는 인구의 일부분이 절대적인 의미에서 점점 빈곤해지고 있으며, 분노와 분개심, 양극화 등이 더욱 심화되고 있다. 또한 3번 목표를 달성하지 못하면, 우리가 창조한 모든 경이로운 인공지능 기술은 우연이건 고의건 우리를 해치게 될 것이다.

인공지능의 안전성에 대한 연구는 마음속에 반드시 엄격한 경계선을 그어놓고 수행해야 한다. 범용 인공지능이 상용화되기 전에, 인공지능이 인간의 목적을 이해하고 적용하고 유지하게 하는 방법을 찾아야 한다. 더 지능적이고 강력한 기계를 갖출수록, 인간의 목표와 기계의 목표를 일치시키는 일은 더 중요해질 것이다. 상대적으로 아둔한 기계를 만드는 동안에는 사실 문제가 따로 있다. 인간의 목표가 널리 퍼질지 말지보다는 가치 정렬이 되지 않은 기계가 얼마나 많은 말썽을 일으킬지가 더 문제다. 그러나 초지능 기계가 생긴다면 상황이 달라진다. 지능은 곧 목표를 달성하는 능력인데, 초지능 인공지능은 말 그대로 목표를 이루는 능력이 우리 인간보다 훨씬 앞설 것이므로, 인공지능이 세계를 지배하게 될 것이기 때문이다.

다시 말하면, 범용 인공지능의 진짜 위험한 점은 '악의'가 아니라 '성능'이다. 초지능 범용 인공지능은 목표를 달성하는 데 매우 뛰어날 것이다. 만약 인공지능의 목표가 인간의 목표와 일치하지 않는다면 인간은 곤경에 처하게 된다. 사람들은 수력발전 댐을 건설할 때 개미집이 물에 잠기는 문제를 깊이 생각하지 않는다. 그러니 인류를 이런 개미의 위상에 놓지 말도록 하자. 대부분 연구자는 우리가 초지능을 창조할 때 반드시 확인해야 할 점이 있다고 말한다. 바로 인공지능 안전성 문제의 개척자인 엘리저 유드코스키가 창안한 '친구 같은 인공지능'에 초지능이 부합하는지 여부다. 인공지능의 목표는 어떤 면에서든 유익해야 한다.

이러한 목표가 과연 무엇이어야 할까? 이런 윤리적 질문 역시 가치 정렬이라는 기술 문제만큼이나 긴급한 문제다. 예컨대 만약 엄밀하게 말해서 인간이 전혀 필요 없어진다면, 우리는 과연 어떤 사회를 만들길 희망해야 할까? 또 어디서 삶의 의미와 목적을 찾아야 할까? 나는 이 질문에 다음과 같은 그럴듯한 답을 내놓곤 한다.

"인간보다 더 영리한 기계를 만들고, 기계에게 답을 물어보면 됩니다!"

사실 이 답은 지능과 윤리를 동일시하는 실수를 범하고 있다. 지능은 선하거나 악하지 않으며, 도덕적으로 중립이다. 지능은 단순히 복잡한 목표를 성취하는 능력일 뿐, 목표가 선하든 악하든 상관하지 않는다. 히틀러가 더 지능이 높았더라면 상황이 더 나았으리라고 결론내릴 수 없는 이유다. 윤리적인 문제에 관한 논의를 가치 정렬 범용 인공지능이 만들어진 이후로 미룰 수는 없다. 그것은 무책임하며 어쩌면 재앙이 될 것이다. 자신의 목표를 자동으로 인간 소유주의 목표와 일치시키는 완벽하게 순종적인 초지능은 아돌프 아이히만이나 다름없다. 강력한 나치군의 상급 돌격대 지도자와 다를 바 없는 것이다. 윤리적 잣대나 스스로 억제하는 능력이 부족할 경우, 그것은 자신의 소유주가 지닌 목적이 윤리적이든 아니든 상관없이 무자비한 효율성을 내세워 목표를 수행할 것이다.[22]

내가 기술의 위험성을 분석해야 한다고 말하면, 때로 유언비어를 퍼뜨린다고 손가락질을 받기도 한다. 그러나 내가 일하는 이곳 MIT에서는 이런 위험 분석이 공포심 장사가 아니라는 사실을 모두가 안다. 그저 '안전공학'일 뿐이다. 달 착륙 계획을 수행하기 전에 NASA는 모든 잘못될 수 있는 일을 체계적으로 숙고했다. 가연성 연료가 가득 찬 110미터 높이의 로켓 꼭대기에 우주인을 태워 아무도 도와줄 수 없는 곳으로 쏘아 올릴 때 무엇이 잘못될 수 있을까? 실제로 잘못될 여지는 무수히 많았다. 이것이 유언비어를 퍼뜨리는 일일까? 아니다. 달 착륙 계획의 성공을 보장하는 안전공학이었을 뿐이다. 마찬가지로, 인공지능이 제대로 작동할 것이라고 장담하려면 어떤 면에서 인공지능이 잘못될 수 있을지 분석해야만 한다.

전망

/

정리해보자. 기술이 우리가 다룰 수 있는 지혜의 범주를 앞지른다면 인류의 멸종은 앞당겨질 수 있다. 몇몇 조사 결과를 보면 인간은 벌써 지구상 모든 종의 20~50퍼센트를 멸종시켰는데,[23] 다음 차례가 우리 인간이라면 상당히 아이러니한 일이다. 이는 우스운 일이기도 하다. 범용 인공지능이 제공하는 기회가 문자 그대로 "천문학적" 가치가 있어서, 어쩌면 지구뿐만 아니라 온 우주에서 수십억 년 동안 생명체를 번영하게 해줄 수도 있음을 고려한다면 말이다.

비과학적으로 위험을 부정하고 무계획적으로 이 기회를 낭비하는 대신, 야망을 품어보자! 호모 사피엔스는 놀라울 정도로 야심만만한 종이다. 윌리엄 어니스트 헨리는 유명한 시 〈우리가 꿈꾸는 기적〉에서 호모 사피엔스의 이러한 특성을 "나는 내 운명의 주인/ 내 영혼의 선장"이라는 구절로 표현했다. 구시대의 유물이 되는 곳을 향해 선장도 없이 떠도는 배가 되기보다는, 적극적으로 배에 올라타 인간과 하이테크 미래 사이를 가로막는 기술적, 사회적 장애물을 극복해보자. 도덕, 목적, 의미를 다루는 실존주의적 도전의 경우는 어떤가? 물리학 법칙 속에는 어떤 의미도 암호화되어 있지 않다. 그러니 우주가 인간에게 의미를 전해주기를 수동적으로 기다리는 대신, 우주에 의미를 부여하는 것이 다름 아닌 인간, 즉 의식을 지닌 존재라는 점을 인정하고 자축하자. 직업을 갖는 것보다 더 심오한 뭔가에 근거해 자기 자신의 의미를 창조해내자. 범용 인공지능은 마침내 인간을 자기 운명의 지배자로 만들어낼 수 있다. 이 운명에 진정한 영감이 넘치게 하라!

제9장

저항의 메시지

얀 탈린

얀 탈린Jaan Tallinn은 컴퓨터 프로그래머이자 이론물리학자이며 투자자로, 스카이프Skype와 카자Kazaa의 공동개발자이기도 하다. 2012년에 철학자 휴 프라이스, 잉글랜드 왕실 천문학자 마틴 리스와 함께 케임브리지대학교에 존재적위험연구센터Centre for the Study of Existential Risk를 공동 설립했다. 이 센터는 학제 간 공동연구가 이루어지는 연구소로, "새롭게 출현하는 기술과 인간 활동으로 생기는" 위험을 완화하는 연구를 한다.

엮은이의 말

얀 탈린은 에스토니아가 소련 사회주의 연방에 속했던 시절 에스토니아에서 자란 몇 안 되는 컴퓨터 게임 개발자다. 이 글에서 얀은 철의 장막을 무너뜨린 반체제 인사들을 인공지능의 빠른 발달을 경고하는 사람들에 비유한다. 현재 인공지능 반체제의 뿌리를 역설적이게도 위너, 앨런 튜링, 어빙 존 굿 같은 인공지능 개척자들에게서 찾는다.

얀은 존재적 위험에 집착하는데, 인공지능은 수많은 위험 중에서도 가장 위험하다. 2012년, 얀은 철학자 휴 프라이스와 잉글랜드 왕실 천문학자 마틴 리스와 함께 케임브리지대학교에 존재적위험연구센터를 공동 설립했다. 학제 간 공동연구가 이루어지는 연구소로, '새롭게 출현하는 기술과 인간 활동으로 생기는' 위험을 완화하는 연구를 주로 한다.

예전에 얀은 자신을 '투철한 결과주의자'라고 소개했다. 기업가로서 쌓은 부의 대부분을 자신이 공동 설립한 생명의미래연구소와 기계지능연구소Machine Intelligence Research Institute, 그 밖에 위험을 낮추려고 노력하는 유사한 조직에 후원할 정도로 확신하고 있다. 맥스 테그마크는 얀에 대해 이렇게 썼다. "만약 당신이 지금으로부터 수백만 년 뒤에 이 글을 읽고 생명이 번성한 놀라운 방식에 경탄하는 지적 생명체라면, 당신은 존재 자체를 얀에게 빚진 것일지도 모른다."

최근 나는 런던시청에서 열린 서펜타인 갤러리Serpentine Gallery의 마라톤 프로그램에 얀과 함께 인공지능 관련 패널로 참석했다. 이 책의 또 다른 공동 집필자인 한스 울리히 오브리스트가 우리의 방패가 되어주었다. 그날 저녁 예술가, 패션모델, 올리가르흐(러시아 신흥재벌—옮긴이), 연극과 영화계 스타 등 아름다운 런던 사람들이 가득한 맨션에서 멋진 만찬이 열렸다. 행사장을 누비며 "안녕, 난 얀이에요" 같은 꾸밈없는 태도로 인사를 나누던 얀은 갑자기 "힙합을 출 시간이군요"라고 말하더니 어리둥절한 사람들 앞에서 손을 바닥에 짚으며 화려한 동작을 선보였다. 그런 뒤 얀은 댄스클럽으로 가버렸는데, 이로써 그가 여행 중에 매일 밤을 어떻게 마무리하는지 확실히 알 수 있었다. 누가 알았겠는가?

2009년 3월, 나는 캘리포니아 고속도로 옆의 한 평범한 프랜차이즈 식당에 앉아 있었다. 그곳에서 내가 팔로우하는 블로그의 운영자를 만날 예정이었다. 서로 알아볼 수 있도록 블로그 운영자는 '목소리가 떨려도 진실을 외쳐라'라고 쓴 브로치를 달았다. 그의 이름은 엘리저 유드코스키. 우리는 네 시간 동안 엘리저가 세상에 외치는 주제를 함께 토론했다. 나를 이 식당으로 이끌었던 그 주제는 이후 내 삶을 지배하게 되었다.

첫 번째 메시지: 소련의 점령

/

《인간의 인간적 활용》에서 노버트 위너는 '커뮤니케이션'이라는 렌즈를 통해 세계를 바라보았다. 위너는 우주가 열역학 제2 법칙에 따라 필연적인 열역학적 죽음을 향해 진군한다고 보았다. 이런 우주에서 유일하게 ㈜안정한 존재는 호수 표면을 따라 전파되는 물결처럼 시간을 타고 전파되는 정보의 패턴인 메시지뿐이다. 심지어 인간도 메시지로 볼 수 있는데, 몸을 구성하는 원자가 인간이라는 정체성에 고정되기에는 너무나 일시적인 존재이기 때문이다. 대신 인간은 신체 기능이 유지하는 '메시지'다. 위너가 말했듯이, "항상성으로 유지되는 패턴이며, 이는 개인 정체성의 시금석이다."

나는 프로세싱과 전산을 세상의 기본적인 구성 요소로 활용하는 데 더 익숙하다. 그렇긴 하지만 위너의 렌즈는 그가 아니었다면 숨겨져 있었을 세계에 대한 몇 가지 흥미로운 측면을 보여주며, 이는 내 삶의 상당 부분을 형성했다. 여기에는 두 가지 메시지가 있다. 둘 다 제2차 세계대전에 뿌리를 두고 있으며, 사람들이 말없이 무의식적으로 동의하면서도 크게 주목하지는 않는, 조용하고 저항적인 메시지로 시작한다. 첫 번째 메시지는 '소련 연방은 연속적인 불법 점령으로 형성되었다. 이 점령을 끝내야 한다'라는 것이다.

에스토니아인으로서 나는 철의 장막 뒤에서 성장했으며, 그 장막이 무너질 때 앞자리에 있었다. 이 첫 번째 메시지를 나는 조부모님의 향수 어린 추억담에서, 그리고 시끄러운 잡음이 지글거리는 미국의 소리Voice of America 방송에서 들었다. 고르바초프 시대에 반체제 인사에 대한 처우가 더 관대해지면서 그 소리는 점점 커졌고, 1980년대 후반 에스토니아 노래혁명Estonian Singing Revolution에서 정점을 이루었다.

십 대 시절, 나는 메시지가 점점 더 큰 집단으로 확산되는 장면을 목격했다. 반세기 동안 엄청난 희생을 치르며 목소리를 높였던 적극적인 반체제 인사들이 먼저 시작하고, 뒤이어 예술가와 지식인이 동참하며, 마지막으로 그사이에 태도를 뒤집은 정당과 정치가에 이르러 완성된다. 새로운 엘리트는 다방면에 걸친 사람들로 구성된다. 탄압에서 어렵게 살아남은 원래의 반체제 인사, 사회참여 지식인, (살아남은 반체제 인사에게는 대단한 골칫거리인) 예전의 공산주의자까지 있다. 남은 독단가들은 정말 유명한 사람이더라도 결국 사회에서 소외되었고, 몇몇은 러시아로 떠났다.

흥미롭게도, 메시지는 한 집단에서 다른 집단으로 전파되면서 진화한다. 그것은 개인의 자유보다 진실이 더 중요하다고 생각하는 반체제 인사들 사이에서 순수하고 타협하지 않는 형태("점령군은 물러가라!")로 시작한다. 잃을 것이 많은 주류 집단은 메시지를 일단 한정짓고 희석해서 "장기적으로 지역 문제 통제권은 위임하는 편이 타당할 것이다"와 같은 태도를 보인다(여기에는 항상 예외가 있다. 일부 사회참여 지식인들은 원래의 반체제 메시지를 원문 그대로 선언했다). 결국 단순하고 진실만 담은 원래의 메시지가 희석된 버전들을 누르고 승리한다. 에스토니아는 1991년에 독립했다. 마지막까지 남았던 소련 군대는 3년 뒤 에스토니아를 영원히 떠났다.

에스토니아에서, 그리고 동유럽에서 위험을 감수하고 진실을 말한 사람들은 궁극적인 결과를 끌어내는 데 기념비적인 역할을 했으며, 나를 포함한 수많은 사람의 삶을 바꾸었다. 그들은 진실을 외쳤다, 비록 떨리는 목소리였더라도.

두 번째 메시지: 인공지능의 위험

두 번째 혁명 메시지를 접한 곳은 유드코스키의 블로그였다. 그 블로그를 본 나는 캘리포니아에서 그를 만날 수밖에 없었다. 블로그의 메시지는 다음과 같았다. "끝없이 발달하는 인공지능은 우주적 규모의 변화를 촉발할 수 있으며, 이는 모두를 죽음으로 몰아가는 통제할 수 없는 과정이 될 것이다. 이런 결과를 막기 위해 우리는 엄청나게 노력해야 한다."

유드코스키와 만난 후 나는 제일 먼저 스카이프 동료들과 가까운 공동연구자들에게 유드코스키의 경고를 전하려 했다. 그리고 실패했다. 너무 말이 안 되는 데다가 너무나 저항적인 메시지였다. 아직은 때가 아니었다.

나중에야 유드코스키가 이 진실을 경고하는 최초의 저항자가 아니라는 사실을 알았다. 2000년 4월 썬마이크로시스템즈Sun Microsystems의 공동 설립자이자 수석 연구원인 빌 조이의 〈미래에 인간이 필요 없는 이유〉라는 장황한 글이 《와이어드》지에 실렸다. 그는 다음과 같이 경고했다.

> 거의 일상적인 과학적 돌파구와 함께 살아가는 데 익숙해졌지만, 인간은 아직 가장 주목해야 할 21세기 기술, 즉 로봇공학, 유전공학, 나노기술이 이전의 기술과는 전혀 다른 위협이라는 사실을 받아들이지 못했다. 특히 공학적 유기체인 로봇과 나노봇은 위험한 증폭 요인을 공유한다. 이들은 자가 복제를 할 수 있다. (…) 봇 하나가 수많은 개

체로 늘어나면서 빠르게 인간의 통제를 벗어날 수 있다.

모두들 겉으로는 조이의 공격에 엄청나게 열광했지만, 실제 행동은 없었다.

그러나 인공지능에 대한 경고 메시지가 컴퓨터 과학 분야가 생긴 시기와 거의 동시에 나타났다는 사실은 나를 놀라게 했다. 1951년 강연에서 앨런 튜링은 다음과 같이 선언했다. "사고하는 기계가 일단 작동되면 인간의 미약한 능력을 앞지르는 데 오래 걸리지 않을 것이다. (…) 따라서 어느 단계에 이르면 기계를 통제해야 한다."[24] 십 년쯤 후에, 튜링의 블레츨리 파크 동료였던 어빙 존 굿은 "최초의 초지능 기계는 인간이 만들지 말아야 할 발명이다. 인간에게 자신의 통제법을 알려줄 만큼 고분고분한 기계를 만들어야 한다"[25]라고 썼다. 사실《인간의 인간적 활용》에서 위너가 제어 문제를 하나 혹은 그 이상의 측면에서 암시한 곳은 여섯 군데나 된다. ("스스로 학습할 수 있고 그 지식을 바탕으로 의사결정을 하는 지니 같은 기계는 인간과 같은 결정을 내릴 의무가 없거나, 인간이 수용할 만한 의사결정을 하지 않을 것이다.") 분명 인공지능 경고 메시지를 널리 퍼뜨린 최초의 저항자는 인공지능의 선구자, 그들 자신이었다!

진화의 치명적인 실수

제어 문제가 왜 SF가 아니라 현실인지 설명하는 주장은 수준이 높고 낮음을 떠나 무수히 많다. 제어 문제의 규모를 보여주는 주장 하나를 설명해 보겠다.

지난 10만 년 동안 세계(지구를 뜻하지만, 이 주장은 태양계와 아마도 우주 전체로까지 확장할 수 있다)는 인간 뇌 체제가 지배했다. 이 인간 뇌 체제에서 가장 정교한 미래 설계 메커니즘은 호모 사피엔스의 뇌다(인간의 뇌가 우주에서 가장 복잡하다고 말하는 사람도 있다). 처음에는 약탈자 무리에서의 생존과 부족 정치를 해결하는 정도로만 뇌를 사용했지만, 지금은 인간 뇌의 지배력이 자연 진화 효과를 능가한다. 숲을 만들던 지구는 도시를 만들게 되었다.

튜링이 예측한 대로 일단 인간이 초인적 인공지능("생각하는 기계 machine thinking method")을 만들면, 인간 뇌 체제는 끝날 것이다. 주위를 둘러보라. 수십만 년 동안 이어진 체제의 마지막 십 년을 보게 될 것이다. 이런 생각은 사람들이 인공지능을 그저 또 다른 도구라며 무시하는 것을 잠시 멈추게 한다. 세계에서 가장 뛰어난 인공지능 연구자 한 명은 최근 내게, 만약 인간 수준의 인공지능을 만드는 일이 불가능하다는 사실을 알 수 있다면 크게 안심하리라고 고백했다.

물론 인간 수준의 인공지능을 개발하는 일은 아주 오래 걸릴 수도 있지만, 이 전제를 의심해야 할 타당한 이유가 있다. 눈멀고 서투른 최적화 과정인 진화가 동물에서부터 인간 수준의 지능을 창조해 내기까지는 상대적으로 오래 걸리지 않았다. 다세포 생명체도 마찬가지 사례다. 각각의 세포를 하나로 모아 다세포 생명체로 만드는 과정이 다세포 유기체에서 인간을 만드는 것보다 훨씬 더 어려워 보인다. 인간의 지능 수준이 산도産道의 폭처럼 괴상한 요인에 제약을 받는 것은 두말할 것도 없다. 인공지능 개발자가 컴퓨터 폰트 크기를 조절할 수 없어서 연구를 중단하는 장면을 상상해보라!

여기서 흥미로운 대칭성을 살펴보자. 인간을 만들면서 진화는 최소한 많은 중요한 관점에서 진화 자체보다 더 강력한 설계자이며 최적화 도구인 시스템을 창조했다. 인간은 자신이 진화의 산물이라는 사실을 이해한 최초의 생물이다. 게다가 인간은 라디오, 무기, 우주선 등 진화가 창조할 가능성이 없는 수많은 인공물을 만들어냈다. 그러므로 인간의 미래는 인간 자신의 결정에 따라 정해질 것이며, 생물적 진화는 여기에 더는 관여하지 않을 것이다. 그런 의미에서, 진화는 스스로 제어 문제의 희생자가 되었다.

그러니 인간이 진화보다 더 영리하기만을 바랄 수밖에 없다. 인간은 물론 더 영리하지만, 그걸로 충분한 걸까? 이제 그 점에 대해 알아보려 한다.

현재의 상황

자, 이제 튜링, 위너, 굿이 최초로 인공지능의 위험에 대해 경고한 지 반세기 이상이 지났고, 나 같은 사람들이 관심을 기울이기 시작한 지도 십 년이 지났다. 이 문제에 맞서면서 많은 진전을 이룬 것에는 만족하지만, 아직 목표를 완전히 달성하지는 못했다. 인공지능의 위험은 더는 터부시되지 않지만 인공지능 연구자들에게 제대로 인식되지 못했다. 인공지능의 위험은 공유 지식이 되지도 못했다.

최초로 저항 메시지가 나타난 시기의 연대표와 비교해보면, 현재를 1988년쯤이라고 말하겠다. 1988년은 소련 점령군 문제를 제기하는 일이 직장에서 떨려날 정도는 아니지만 여전히 직장 내에서 제약을 받을 수 있는 시기였다. 이는 내가 근래에 들은 다음과 같은 이야기와 비슷하다. "초지능 인공지능은 걱정 없지만, 자동화가 확장되면서 나타나는 윤리 문제는 중요하다." "인공지능의 위험을 연구하는 것은 좋지만, 단기적인 관심사는 아니다." 그 외에도 "확률이 낮은 시나리오지만 영향력은 크므로 관심을 쏟을 필요가 있다"라는 아주 합리적으로 들리는 말도 있다.

그럼에도 메시지가 더 멀리 전파될수록 우리는 티핑포인트에 다가서고 있다. 주요 국제 인공지능학회 두 곳에서 2015년에 논문을 발표한 인공지능 연구자를 대상으로 한 최근 설문조사는 이제 연구자의 40퍼센트가 크게 진보한 인공지능의 위험을 '중요한 문제' 또는 '이 분야에서 가장 중요한 문제'로 생각한다는 사실을 발견했다.[26]

물론 한 번도 태도를 바꾼 적이 없는 독단적인 공산주의자처럼, 일부는 인공지능이 잠재적으로 위험하다는 점을 절대로 인정하지 않을 것이다. 첫 번째 혁명 메시지를 부정하는 사람 중 많은 유형은 소련 노멘클라투라(사회주의 국가의 특권 계층 — 옮긴이)였다. 마찬가지로 인공지능의 위험을 부정하는 사람들은 종종 재정적인 혹은 다른 실용적인 동기가 있다. 가장 중요한 동기는 기업 이윤이다. 인공지능은 이윤을 창출하며, 이윤을 내지 못할 때도 최소한 최신 유행의 전망 좋은 사업이다. 따라서 인공지능의 위험을 무시하는 태도는 대개 기업홍보와 법률담당 부서에서 나온 산물이다. 현실적으로 대규모 기업은 이윤을 추구하는 비인간적인 기계이며, 기업의 이익은 기업을 위해 일하는 개인의 이익과는 일치하지 않을 수도 있다. 위너가 《인간의 인간적 활용》에서 말한 바와 같이, "인간이라는 원자가 인간을 사용하는 조직에 엮여 들어가면 책임감 있는 인간으로서 온전한 권리를 누리지 못하고, 그저 톱니바퀴의 톱니와 지렛대와 막대로 전락한다. 기업의 부속품이 살과 피로 이루어져 있다는 사실은 전혀 고려되지 않는다."

인공지능의 위험을 외면하게 할 또 다른 강력한 동기는 한계를 모르는 (아주 인간적인) 호기심이다. "기술적으로 매혹적인 무언가를 보면, 사람들은 일단 달려들어 사용해보고 기술적으로 성공한 후에야 이 기술을 어떻게 해야 할지 언쟁을 벌인다. 바로 이것이 원자폭탄 개발 과정이다"라고 로버트 오펜하이머는 말했다. 최근 딥러닝 개발자인 제프리 힌턴이 오펜하이머의 이 말을 인공지능의 위험이라는 맥락에서 다시 한 번 상기시켰다. "흔한 논거야 얼마든지 보여줄 수 있지만 인공지능의 전망이 너무나 달콤해 보이는 것은 사실이다."

현대 사회가 당연하게 여기는 거의 모든 훌륭한 것들 덕분에 우리가 기업가적 태도와 과학적 호기심을 모두 갖고 있음을 부정할 수 없다. 그렇다 하더라도 진보가 항상 우리에게 밝은 미래를 선사하지는 않는다는 점을 깨달아야 한다. 위너의 말을 빌리자면 "진보는 윤리 원칙이 아니라 사실로서 믿을 수 있다."

결국 우리는 기업 회장들과 인공지능 연구자들이 모두 인공지능의 위험을 인정하기를 기다리며 사치를 부릴 시간이 없다. 자신이 곧 이륙할 비행기에 앉아 있다고 상상해보라. 갑자기 전문가 40퍼센트가 이 비행기에 폭탄이 있다고 믿는다는 안내방송이 나온다. 이때 행동 방침은 명백하다. 비행기에 앉아 나머지 60퍼센트의 전문가가 맞기를 바라며 기다리는 일은 선택지에 없다.

인공지능 위험 경고의 수정

최초의 저항자들이 보내온 인공지능 위험 경고에는 신비한 선견지명도 들어 있지만, 현재 대중 담론을 지배하는 경고가 그렇듯 거대한 결점이 있다. 양쪽 모두 문제의 규모와 인공지능의 잠재적인 장점을 심각하게 저평가한다. 다시 말하면 그 메시지는 게임에 걸린 판돈을 적절히 전달하지 않는다.

위너는 주로 사회적 위험, 즉 기계가 생성한 의사결정을 통치 과정에 부주의하게 통합하고, 그렇게 자동화된 의사결정을 인간이 오용할 때 나타나는 위험을 경고했다. 마찬가지로 현재 인공지능의 위험에 관한 '진지한' 논쟁은 대개 기술적 실업이나 머신러닝의 편향성에 초점을 맞춘다. 이런 논의는 물론 가치 있고 긴급한 단기 문제를 다루지만 놀라울 정도로 편협하다. 유드코스키의 블로그에서 본 재담 중에 기억에 남는 것이 하나 있다. "기계 초지능이 전통적인 인간 노동 시장에 일으킬 효과를 묻는 것은 달이 지구와 충돌할 때 미국-중국 간 무역 양상이 어떤 영향을 받을지 묻는 일과 같다. 물론 영향을 미치겠지만, 요점을 놓치는 질문이다."

내가 생각하기로, 인공지능 위험에서 가장 중요한 것은 초지능 인공지능의 환경 위해성이다. 천천히 내 설명을 들어보시길.

'생각하는 물웅덩이'라는 우화에서 더글러스 애덤스는 아침에 일어났더니 자신이 "너무나 적당한" 구멍에 들어 있다는 사실을 발견한 물웅덩이를 묘사한다. 생각을 이어가던 물웅덩이는 세상이 자신을 위해 만들어졌다고 결론 내린다. 그러므로 "물웅덩이가 사라지는 순간은 불시에 나타날 것이다"라고 애덤스는 썼다. 인공지능의 위험이 부정적인 사회 발전뿐이라고 추정하는 일도 비슷한 실수다. 냉혹한 현실이지만, 우주는 인간을 위해 만들어지지 않았다. 대신 우리는 진화를 통해 아주 좁은 범위의 환경 매개변수에 맞춰 미세조정되었다. 예컨대 인간은 지상에서 대략 섭씨 25도의 온도에 대기압이 약 100킬로파스칼이며 산소가 충분한 대기가 필요하다. 이 위태로운 평형에 아주 일시적인 혼란이라도 일어나면 인간은 몇 분 안에 사망한다.

실리콘으로 만들어진 지능은 환경을 걱정할 필요가 없다. 그렇기 때문에 "깡통 속에 든 고기"가 우주를 탐사하는 것보다 기계 쪽이 비용이 적게 든다. 게다가 초지능 인공지능이 세심하게 주의를 기울이는 효율적인 계산에서 지구의 현재 환경은 거의 확실히 부차적인 고려 대상이다. 이런 이유로 우리 지구가 갑자기 인위적 지구 온난화에서 기계적 지구 냉각화에 빠질 수도 있다. 인공지능 안전성 연구가 다루어야 하는 중요한 문제는 인간보다 더 거대한 공간이 필요할 잠재적인 초지능 인공지능이 지구 환경을 생명체가 거주할 수 없는 환경으로 바꾸는 상황을 제한하는 방법이다.

흥미롭게도 인공지능 연구와 인공지능 위험 묵살의 가장 강력한 근원은 모두 거대 기업의 우산 아래 함께 있다. 눈을 크게 뜨고 자세히 살펴보면 "환경 위해성이 있는 인공지능"이라는 경고는 환경과 관련된 책임을 회피하는 기업들에게 보내는 만성적인 우려처럼 보인다.

반대로 인공지능의 사회적 영향에 대한 우려는 대부분의 장점을 무시한다. 인류의 온전한 잠재력과 비교할 때 지구가 맞이할 미래가 얼마나 좁고 편협할지는 아무리 강조해도 모자라지 않다. 천문학적 시간의 기준에서 보면, 지구는 사라지고(우리가 태양을 통제할 수 없는 한 그렇다. 이것은 별개의 가능성이기도 하다) 문명을 지탱했던 원자와 자유에너지 같은 거의 모든 자원도 결국 깊은 우주에 묻힐 것이다.

나노기술을 발명한 에릭 드렉슬러는 최근 "파레토-토피아Paretotopia" 개념을 설파한다. 인공지능이 제대로 작동하면 모든 사람의 삶이 놀랍도록 개선되고 패자 없는 미래를 맞을 수 있다는 생각이다. 여기서 중요한 깨달음은 인류가 온전한 가능성을 성취하는 일을 특히 가로막는 방해물은 우리가 제로섬 게임을 펼치고 있다는 본능적 감각일지도 모른다는 점이다. 제로섬 게임에서, 참가자들은 타인을 희생해서 얻은 작은 승리로 근근이 버틴다. 그러한 본능은 심각하게 잘못된 것으로 모든 것의 성패가 달린 '게임'을 파괴하며, 그 대가는 문자 그대로 천문학적이다. 우리 은하만 해도 지구에 있는 인간보다 더 많은 항성계가 있다.

희망

/

이 글을 쓰면서 나는 조심스럽게 낙관한다. 소련 점령군에 관한 메시지가 수많은 사람에게 자유를 가져왔듯이, 인공지능의 위험을 경고하는 메시지도 인류를 멸종에서 구할 수 있다. 2015년에는 인공지능 연구자의 40퍼센트가 태도를 바꾸었다. 지금 다시 조사했을 때 인공지능 연구자의 대다수가 인공지능의 안전성이 중요하다고 믿는다고 답해도 나는 전혀 놀라지 않을 것이다.

딥마인드DeepMind, 오픈AI, 구글 브레인 등에서 최초의 기술적 인공지능 안전성 논문이 발표되고, 경쟁심이 매우 강한 조직인 이들 인공지능 안전성 연구팀 사이에 협력적인 문제 해결 정신이 퍼져나가는 것을 보니 기쁘다.

각국의 정치, 경제 엘리트도 서서히 깨닫고 있다. 인공지능 안전성은 전기전자학회IEEE와 다보스포럼, 경제협력개발기구OECD의 보고서와 발표장을 점령했다. 가장 최근인 2017년 7월, 중국 인공지능 성명서Chinese AI manifesto는 "인공지능 안전성을 감독"하고, "법률, 규정, 윤리적인 기준을 개발"하며, "인공지능 보안과 평가 시스템"을 수립해서 다른 무엇보다 "위험을 인식하는 능력을 향상한다"는 내용에 일정 지면을 할애했다.

나는 인공지능과 인공지능 제어 문제를 근본적인 환경 위협으로 이해하는 새로운 세대의 지도자들이 많은 집단과 제로섬게임 집단의 지도자가 되어 인류가 이 위험한 바다를 건너도록 도와주길 바란다. 그리하여 수십억 년 동안 인류를 기다리는 별을 향해 가는 길을 열어주길 고대한다.

  인류의 다음 10만 년이 기다리고 있다! 그러니 진실을 말하기를 주저하지 말 것, 비록 목소리가 떨린다 해도.

제10장

기술 예언, 그리고 저평가된 발상의 인과적 힘

스티븐 핑커

스티븐 핑커Steven Pinker는 시각인지, 심리언어학, 사회관계를 연구하는 실험 심리학자로, 하버드대학교 심리학 교수다.《빈 서판》《우리 본성의 선한 천사》를 비롯해 열한 권의 책을 썼다. 자연주의적 우주 개념과 계산주의 마음 이론을 수용하고 옹호해왔다.

엮은이의 말

언어를 연구하든, 사실주의 정신생물학을 지지하든, 인본주의 계몽사상으로 인간에 대해 탐색하든, 심리학자 스티븐 핑커는 그의 경력을 통해 자연주의적 우주 개념과 계산주의 마음 이론computational theory of mind을 수용하고 옹호해왔다. 아마 핑커는 언어, 정신, 인간 본성에 관한 경험적인 사고를 지지하면서 국제적으로 유명해진 최초의 사회참여 지식인일 것이다.

"다윈이 사려 깊은 자연 세계 관찰자가 창조론 없이도 성립할 수 있게 했듯이, 튜링과 다른 이들은 사려 깊은 인지 세계 관찰자가 관념론 없이도 성립할 수 있게 했다"고 핑커는 말한다. 인공지능의 위험을 논할 때, 핑커는 저주받고 우울한 예언이 인간 최악의 심리적 편향에서 나와서 특히 언론에 의해 강조되었다는 점을 지적하면서 반대한다. "개연성이 없는 영역인 '인간의 상상' 속에서는 재앙의 시나리오가 조잡하게 상연되기 쉽다. 걱정이 많고 과학기술 공포증이 있으며 병적으로 매혹되는 '대중'은 언제나 쉽게 발견된다."

이런 이유로 수세기에 걸쳐 판도라, 파우스트, 마법사의 제자, 프랑켄슈타인, 인구 폭발, 자원 감소, HAL-9000(영화 〈2001 스페이스 오디세이〉에 나오는 인공지능—옮긴이), 핵무기 가방, 밀레니엄 버그, 자가증식하는 나노 기계인 잿빛 덩어리(에릭 드렉슬러의 《창조의 엔진》에 나오는 그레이 구 grey goo를 가리킨다. 이 나노 기계가 지구를 집어삼킨다는 가상의 지구멸망 시나리오다.—옮긴이) 등이 등장했다. 그는 이렇게 지적한다. "인공지능 디스토피아의 특징은 편협한 수컷 우두머리의 심리를 인공지능 개념에 투영한다는 것이다. (…) 물론 역사에서는 과대망상증 폭군이나 사이코패스 연쇄살인범이 나타나곤 했다. 하지만 이는 모두 테스토스테론-의존성 회로를 형성하는 특정 영장류에서 나타나는 자연선택의 역사적 산물이지, 지능 체계의 필연적인 특징이라고 할 수 없다."

이 글에서 핑커는 위너의 신념에서 나타나는 기술 침략에 관한 발상에 갈채를 보낸다. 위너가 너무나 멋들어지게 말했듯이, "기계가 사회에 미치는 위험은 기계 자체가 아니라 기계를 만드는 인간의 문제다."

인공지능은 인간 역사상 가장 위대한 발상의 존재 증명이다. 지식, 추론, 목적이라는 추상적인 영역은 생의 약동이나 불멸의 영혼, 또는 신경 조직의 기적적인 힘으로 만들어지지 않는다. 그보다는 정보, 계산, 제어 개념을 통해 동물이나 기계라는 물리적인 영역에 연결될 수 있다. '지식'은 물질이나 에너지가 세계의 상태나 수학 및 논리적 진실, 그 외 다른 것과 체계적인 관계를 정립하는 패턴이라고 할 수 있다. '추론'은 이들 사이의 관계를 보전하도록 설계한 물리 과정을 통해 지식을 변환하는 것이라고 설명할 수 있다. '목적'은 현재 상태와 목적 상태의 차이에 따라 세상을 변화시키려는 작용의 제어다. 자연스럽게 진화한 뇌는 정보, 계산, 제어를 통해 지능을 획득한 가장 친숙한 시스템이다. 지능을 갖추고 인간적으로 설계된 시스템은 정보처리 과정만으로도 이 개념을 정당화한다. 이는 고故 제리 포더가 계산주의 마음 이론에 덧붙인 개념이기도 하다.

이 책의 시금석인 노버트 위너의 《인간의 인간적 활용》은 위너 자신이 주요 공헌자이기도 한 이 지적인 업적을 찬양한다. 계산주의 마음 이론을 세상에 내놓은 20세기 중반 혁명의 간략한 역사는 지식과 통신을 정보라는 관점에서 설명한 클로드 섀넌과 워런 위버에게 공을 돌려야 할지도 모른다. 또 지능과 추론을 계산이라는 관점에서 설명한 앨런 튜링과 존 폰 노이만 덕분일 수도 있다. 그리고 위너가 목적, 의도, 기술이라는 그때까지 신비롭던 세계를 피드백, 제어, 사이버네틱스(목적 지향적 시스템의 작동을 '관리'한다는 원래의 의미에서)라는 기술 개념으로 설명한 공로도 인정해야 할 것이다. 위너는 "생물 개체의 신체 기능과 새로운 통신 기계의 작동 방식이 피드백을 통해 엔트로피를 제어하려는 시도라는 측면에서 유사하다는 것이 내 논문의 주제였다"라고 말했다. 생명을 앗아가는 엔트로피를 지연시키는 일은 인류 궁극의 목표다.

위너는 사이버네틱스 개념을 제3시스템, 즉 사회에 적용했다. 사회가 무질서를 피하고 특정 목적을 추구할 수 있도록, 복잡한 공동체의 법, 규범, 관습, 언론, 토론, 제도가 정보 전파와 피드백의 경로가 될 수 있는지 숙고했다. 이것은 《인간의 인간적 활용》을 관통하는 맥락으로, 위너 자신도 이 책의 주요 업적이라고 생각했을 것이다. 위너는 피드백에 대해 이렇게 설명했다. "이런 행동의 복잡성은 보통 사람들에게 무시되며, 특히 관습적인 사회 분석에서 제 역할을 하지 못한다. 하지만 개인의 반응을 이런(피드백의—옮긴이) 관점에서 볼 수 있듯이, 사회 자체의 유기적인 반응도 그렇게 볼 수 있다."

사실 위너는 '역사, 정치, 사회 연구에 발상idea이 중요하다'는 생각에 과학이라는 발톱을 달았다. 신념, 이데올로기, 규범, 법률, 관습은 이를 공유하는 인간의 행동을 조절해서, 사회를 형성하고 역사의 경로를 확실하게 조절할 수 있다. 마치 물리 현상이 태양계의 구조와 진화에 영향을 미치는 것과 같다. 날씨, 자원, 지리, 무기뿐만 아니라 발상도 역사를 만들 수 있다는 말은 모호한 신비주의가 아니다. 인간의 뇌에서 확인되고 통신과 피드백 네트워크에서 교환되는 정보의 인과적 힘에 대한 진술이다. 인과적 원동력을 기술적·기후학적·지리학적으로 확인했는지 여부와 상관없이, 역사 결정론은 발상의 인과적 힘에 의해 거짓임이 드러났다. 이러한 발상의 영향력에는 긍정적인 피드백이나 잘못 보정된 부정적인 피드백에서 일어나는, 예측할 수 없는 충동과 진동이 포함될 수 있다.

발상의 전파라는 측면에서의 사회 분석도 위너에게 사회 비판의 지침이 되었다. 건강한 사회는 엔트로피에 저항하는 삶을 추구하는 방법을 구성원들에게 제공한다. 이런 사회에서는 구성원들이 감지하고 기여한 정보가 사회를 관리하는 방식에 피드백을 하고 영향을 미치도록 허용한다. 문제가 있는 사회는 독단과 권위를 이용해서 위에서 아래를 통제한다. 위너는 자신을 "진보적인 관점의 참가자"로 묘사하고, 1950년 초판과 1954년 개정판 모두에서 도덕이며 수사적인 에너지 대부분을 공산주의, 파시즘, 매카시즘, 군국주의, 권위주의적 종교(특히 가톨릭과 이슬람교)를 고발하는 데 힘을 쏟았다. 그러면서 정치기관과 과학기관의 계급화와 배타성이 심각해지고 있다고 경고했다.

또한 어떻게 봐도 위너의 저서는 점점 인기가 높아지는 장르인 기술 예언tech prophecy의 초기 전형이다. 그저 그런 예언이 아니라 동시대의 타락에 대한 재앙적인 보복을 이야기하는 구약성서적인 음울한 경고다. 위너는 가속화하는 핵무기 경쟁과 인간 복지를 배려하지 않고 도입되는 기술의 변화("과학자로서 우리는 인간의 본성이 무엇인지, 인간에 내재한 목적이 무엇인지 알아야 한다"), 오늘날 가치 정렬 문제라고 불리는 문제를 경고했다. 가치 정렬에 대해 위너는 다음과 같이 말했다. "스스로 학습할 수 있고 그 지식을 바탕으로 의사결정을 하는 지니 같은 기계는 인간과 같은 결정을 내릴 의무가 없거나, 인간이 수용할 만한 의사결정을 하지 않을 것이다." 더 음울한 1950년 초판에서 위너는 "기계 관리자machine à gouverner에 의존하는 위협적인 신파시즘"을 경고했다.

위너의 기술 예언은 산업혁명 당시 "악마의 맷돌"에 대항하던 낭만주의 운동의 저항을 상기시킨다. 어쩌면 더 오래전 프로메테우스나 판도라, 파우스트 같은 원형까지 거슬러 올라갈 수도 있다. 오늘날 그 기세는 최고조로 올랐다. 과학과 기술의 세계에서 온 위너와 같은 수많은 예레미야가 나노기술, 유전공학, 빅데이터, 특히 인공지능에 대해 경고를 울린다. 이 책에 글을 실은 몇몇 저자도 위너의 책을 선견지명을 갖춘 기술 예언 사례로 조명하면서 위너의 끔찍한 우려를 증폭시킨다.

그러나 《인간의 인간적 활용》의 두 가지 도덕적인 주제, 즉 '열린 사회에 대한 자유주의적인 옹호'와 '고삐 풀린 기술에 대한 디스토피아적인 공포'는 갈등 상태에 놓여 있다. 인간의 번영을 극대화하는 피드백 경로를 지닌 사회는 제도를 제대로 갖추고, 이를 변화하는 환경에 적용할 수 있을 것이다. 인간의 목적에 맞게 기술을 길들이는 방식으로 말이다. 여기에 이상주의적이거나 신비스러운 것은 없다. 위너가 강조했듯이 발상, 규범, 기관은 그 자체가 기술의 한 형태이며, 뇌 전체에 분포하는 정보 패턴을 구성한다. 기계가 신파시즘의 조짐을 보일 가능성은 위너가 책에서 강조한 진보적인 발상과 제도, 규범이 얼마나 힘을 갖는지에 가중치를 두어 비교해야 한다. 오늘날 떠도는 디스토피아 예언의 결점은 이런 규범과 제도의 존재를 무시하거나 인과적 힘을 철저하게 저평가한다는 점이다. 그 결과, 기술 결정론의 암울한 예측은 실제 일어나는 사건들로 인해 계속해서 부정된다. '1984'와 '2001'이라는 숫자는 훌륭한 교훈이다.

이 글에서는 두 가지 사례를 들어보겠다. 기술 예언자들은 종종 기술로 강력해진 정부가 모든 개인의 사적인 통신을 감시하고 정보를 알아내는 '감시 상태'가 올 것이라고 경고한다. 이를 통해 정부는 반체제인사와 정부 전복의 조짐을 가려내어 정부에 대한 저항을 무력화할 수 있다. 오웰의 텔레스크린이 그 원형이며, 1976년에 가장 비관적인 기술 예언자인 요제프 바이첸바움은 내 강의를 듣는 대학원생들에게 자동 음성 인식 기술의 유일한 용도는 정부의 감시뿐이라며 이 기술을 만들지 말라고 경고했다.

나는 공적으로는 눈치 보지 않고 직설적으로 말하는 시민적 자유주의자로서 우리 시대 표현의 자유에 대한 위협을 깊이 우려하지만, 인터넷·비디오·인공지능의 기술적 진보 때문에 잠을 못 이루지는 않는다. 시간과 장소에 따라 사상의 자유가 변화하는 것은 규범과 제도의 격차 때문일 뿐, 기술 격차로 인한 것이 아니기 때문이다. 누군가는 가장 악의적인 전체주의자와 가장 진보한 기술이라는 가상의 조합을 상상할 수도 있겠지만, 현실 세계에서 우리가 경계해야 하는 쪽은 기술이 아니라 규범과 법률이다.

시간에 따라 달라진 점을 생각해보자. 오웰이 암시했듯이 진보하는 기술이 정치적 억압의 주요 조력자라면, 서구 사회는 세기가 지나면서 표현의 자유를 점점 더 제약했을 것이다. 특히 20세기 후반부터 21세기까지 급격히 악화됐을 것이다. 그러나 역사는 그렇게 흘러가지 않았다. 계몽사상가를 종교재판에 회부하여 투옥하고 단두대로 보냈던, 깃펜과 잉크로 의사소통하던 세기가 가장 억압적이었다. 무선이 최첨단 기술이었던 제1차 세계대전 시기에 버트런드 러셀은 평화주의 운동을 한 죄로 투옥됐다. 컴퓨터가 방 하나만 한 거대한 계산 기계였던 1950년대에는 수백 명의 진보적인 작가와 학자가 해고되었다. 하지만 기술 발달이 가속화하여 초연결 사회가 된 21세기에는 사회과학 교수 중 18퍼센트가 마르크스주의자이며,[27] 밤마다 TV 코미디언들이 인종차별주의자, 변태, 멍청이라고 미국 대통령을 조롱한다. 정치 담론에 대한 기술의 가장 큰 위협은 계몽된 사람을 억누르는 데서 나온다기보다는 수상쩍은 목소리들을 너무 많이 증폭하는 데서 나온다.

이제 장소에 따라 달라진 점을 생각해보자. 기술의 최전선에 선 서구 국가는 민주주의와 인권 지수에서 일관성 있게 높은 점수를 받는다. 그러나 수많은 낙후된 독재국가는 가장 낮은 순위권에 있으며 정부 비판자들을 투옥하거나 살해한다. 어느 인간 사회에서나 정보 흐름의 경로를 분석해보면 기술과 억압 사이에 상관관계가 낮다는 사실은 놀랍지 않다. 반체제 인사들이 영향력을 갖추려면, 사용할 수 있는 채널은 무엇이든 이용해서 자신의 메시지를 네트워크에 널리 퍼트려야 한다. 팸플릿을 뿌리든, 가두연설을 하든, 카페나 술집에서 체제 전복 모임을 열든, 입소문을 내든, 선택은 자유다. 이런 경로들은 영향력 있는 반체제 인사들을 넓은 사회적 관계망에 밀어 넣는데, 그러면 이들을 발견하고 추적하기가 쉬워진다. 타인을 비난하지도 처벌하지도 않는 사람을 오히려 처벌하는 것, 그러니까 사람을 서로에 대해 무기로 만드는 유서 깊은 기술을 독재자가 재발견할 때는 더더욱 그렇다.

반대로, 기술적으로 진보한 사회는 모든 술집과 침실에 인터넷을 연결하고 정부가 관리하는 감시 카메라를 설치할 수단을 이미 오래전에 갖췄다. 그러나 이런 일은 일어나지 않았다. 민주주의 정부는 (반민주주의적인 충동이 심각하게 엿보이는 트럼프 행정부조차) 자신이 원하는 것을 거리낌 없이 말하는 다루기 힘든 사람들에게 그런 감시를 시행하려는 의지도, 방법도 없기 때문이다. 때로 핵무기, 생화학무기, 사이버 테러에 대한 경고들로 인해, 국가안보국은 휴대전화 메타데이터를 검열하는 등의 조처를 취하도록 압박을 받는다. 그러나 이런 비효율적인 조처는 억압보다 더 위협적이며, 안전이나 자유에는 별다른 효과가 없다. 역설적이게도 기술 예언은 이런 조처를 장려하는 역할을 한다. 핵무기 가방이나 생화학무기가 십 대의 침실에서 만들어진다는 식으로 실존적 위험이라는 공포의 씨앗을 뿌리면서, 정부가 국민을 보호하기 위해 무엇이든 대응책을 마련하고 있다고 증명하라는 압력을 행사한다.

정치적 자유는 저절로 해결되지 않는다. 가장 큰 위협은 발상, 규범, 제도 등의 네트워크에 놓여 있다. 해당 네트워크가 집단의 의사 결정과 합의에 대하여 정보를 피드백하도록(혹은 피드백하지 않도록) 허용하는가. 오늘날 존재하는 단 하나의 진짜 위협은 비현실적인 기술의 위협이 아니라 공공연하게 표현할 수 있는 추측의 범위를 질식시키고, 많은 지식인들이 지성의 장에 들어가기를 두렵게 하며, 반동적인 반발을 촉발하는 억압적인 정치적 올바름Political Correctness이다. 또 다른 실제적인 위협은, 검사의 재량권이 모호한 법령으로 가득한 포괄적인 법전과 결합되어 있는 것이다. 그 결과 모든 미국인은 자신도 모르게 "하루에 흉악범죄 세 가지"(시민적 자유주의자 하비 실버글레이트의 저서 제목이기도 하다)를 저지르며 정부가 필요할 때마다 구금할 수 있는 위험에 처한다. 빅브라더를 전능하게 만드는 것은 텔레스크린이 아니라 검찰이라는 무기다. 정부의 감시 프로그램을 겨냥한 행동과 논쟁들은 자만심으로 가득한 법 권력을 향해 더 잘 겨누어질 것이다.

오늘날 많은 기술 예언이 또 달리 주목하는 것이 인공지능이다. 원래의 SF 디스토피아에서는, 컴퓨터가 자신의 멈출 수 없는 과업인 세계 정복을 위해 미친 듯이 날뛰면서 인간을 노예화한다. 더 새로운 버전에서는 컴퓨터가 인간을 우연히 지배하고, 인간 복지에 생기는 부작용을 간과하면서 인간이 부여한 어떤 목적을 외곬으로 탐색한다(위너가 암시했던 가치 정렬 문제다). 여기서, 편협한 기술 결정론에서 자라난 터무니없는 두 위협론이 또다시 나를 놀라게 한다. 이 가정은 지적인 시스템, 이를테면 컴퓨터나 뇌 같은 시스템의 정보 및 제어 네트워크를 무시하기 때문이다. 사회 전체의 그와 같은 네트워크를 무시한다고도 할 수 있다.

예속에 대한 공포는, 정보·계산·제어라는 측면에서 지능과 목적에 관해 분석한 위너의 주장에 바탕해 있지 않다. 그보다는 '존재의 대사슬Great Chain of Being'과 니체 철학의 '권력에의 의지'에서 나온 지능에 대한 불분명한 개념에 근거를 둔다. 이 무서운 시나리오에서 지능은 전능하고 소원을 들어주는 마법의 약이며, 여러 생물이 각각 다른 수준을 갖춘 것처럼 그려진다. 인간은 동물보다 지능을 더 많이 갖고 있고, 인공지능 컴퓨터나 로봇은 인간보다 지능을 더 많이 갖게 될 것이다. 우리 인간은 우리의 적절한 자질을 이용해서 우리보다 지능이 낮은 동물을 길들이거나 멸종시켰고, 기술이 발달한 사회는 기술 수준이 낮은 사회를 노예화하거나 학살했다. 그렇기에 초지능 인공지능도 우리 인간에게 똑같은 일을 하리라고 생각한다. 인공지능은 인간보다 수백만 배 빠르게 생각하고, 초지능을 다시 자신의 초지능을 향상하는 데 사용할 것이므로 인공지능의 전원을 켜는 순간 우리는 기계를 멈출 수 없을 것이다.

하지만 이런 시나리오는 욕망이 있는 신념, 목적이 있는 추론, 튜링이 설명한 계산, 위너가 설파한 제어처럼 동기와 지능을 혼동하는 데 바탕을 두고 있다. 우리가 인간을 초월하는 지능을 갖춘 로봇을 발명한다고 해도, 왜 로봇이 자신의 주인을 노예로 만들거나 세계를 정복하려 하겠는가? 지능은 목적을 달성하기 위해 새로운 방법을 효율적으로 사용하는 능력이다. 그러나 목적은 지능과는 상관없다. 영리하다는 것은 무엇인가를 원하는 것과 동일하지 않다. 호모 사피엔스의 지능의 경우엔, 선천적으로 경쟁하는 과정인 다윈의 자연선택 과정을 거친 결과물이다 보니 그렇게 됐을 뿐이다. 인간의 뇌에서 추론은 경쟁 상대를 지배하고 자원을 축적하려는 목적과 함께 묶였다. 그러나 특정 영장류의 변연계 속 회로를 지능의 본질로 혼동하는 것은 실수다. 지능을 갖춘 개체가 반드시 무자비한 과대망상증에 빠진다는 복잡계 법칙은 없다.

두 번째 오해는 지능이 제한 없는 힘의 연속체이고, 모든 문제를 해결하고 어떤 목적이든 이룰 수 있는 기적을 일으키는 영약이라는 생각이다. 그 오류는 인공지능이 언제쯤 '인간의 지능을 뛰어넘을까'와 같은 터무니없는 질문과, '범용 인공지능'은 신과 같이 전능하고 무한하다는 이미지로 이어진다. 지능은 유용한 도구다. 여러 영역에서 다양한 목적을 추구하는 방법에 관한 지식을 획득하거나 프로그램에 내장한 소프트웨어 모듈이다. 인간은 음식을 찾고, 친구를 사귀고 타인에게 영향을 미치고, 미래의 배우자를 매혹하고, 자녀를 양육하고, 세계를 돌아다니고, 타인의 고정관념과 취미를 추구하는 소프트웨어를 갖고 있다. 컴퓨터는 얼굴 인식처럼 이런 문제의 일부를 해결하도록 프로그래밍될 수 있지만 배우자를 매혹하는 일처럼 다른 사람을 신경 쓰지는 않을 것이다. 또 기후 모의실험이나 수백만 개의 계좌기록 분류처럼 여전히 인간이 해결할 수 없는 다른 문제를 처리할 수 있다. 문제도 다르고 문제를 해결하는 데 필요한 지식의 종류도 다르다.

그러나 디스토피아 시나리오는 이 같은 지능에 대한 지식의 핵심을 인정하는 대신, 미래에 나타날 범용 인공지능을 라플라스의 악마 Laplace's demon로 착각한다. 신화적 존재인 라플라스의 악마는 우주의 모든 입자의 위치와 운동량을 알고 있어서, 이를 물리 법칙에 넣고 계산하면 미래의 어느 시점이든 모든 상태를 알 수 있다. 수많은 이유로 인해 라플라스의 악마는 절대로 실리콘 속에서 나타날 수 없다. 현실의 지능 체계는 엉망진창인 세계의 대상과 사람을 한 번에 하나씩 처리해서 정보를 얻어야 하며, 이 주기는 물리 세계에서 일어나는 사건의 속도로 통제된다. 그래서 지식은 무어의 법칙에 지배되지 않는다. 지식은 설명을 공식화하고 이를 현실에 대입한 실험으로 얻어지며, 단순히 알고리즘을 빠르게, 더 빠르게 돌린다고 얻을 수 있는 게 아니다. 인터넷에서 정보를 흡수하는 일은 전지한 존재가 되는 일과도 거리가 멀다. 빅데이터는 여전히 유한하며 지식의 우주는 무한하다.

인공지능의 갑작스러운 침략이라는 시나리오에 회의적인 세 번째 이유는 인공지능의 과대광고 주기에서 우리가 살아가는 현재인 팽창 단계를 너무 심각하게 받아들이기 때문이다. 머신러닝, 특히 다층 인공신경망이 진보했지만, 현재의 인공지능은 범용 지능(이것이 일관성 있는 개념이라면)의 근처에도 다가가지 못했다. 대신 머신러닝은 엄청나게 거대한 훈련이 가능한 영역에서, 명확한 입력을 정확한 출력으로 나타내는 문제에만 적용할 수 있다. 즉, 성공의 기준이 즉각적이고 정확하며, 환경이 변하지 않고, 단계적·계층적·추상적 추론이 필요하지 않은 문제여야 한다. 대부분 지능의 작동방식을 제대로 이해해서가 아니라 더 빠른 칩과 더 큰 데이터로 완전 탐색하는 능력을 통해 성공을 거둔다. 완전 탐색은 수백만 개의 사례를 통해 프로그램을 훈련시켜서, 비슷하지만 새로운 예들로 일반화하는 능력이다. 각각의 시스템은 멍청한 서번트(전반적으로 지적 능력이 떨어지지만 특정 분야에서 비범한 능력을 보이는 사람—옮긴이)일 뿐이다. 풀 수 있도록 준비되지 않은 문제는 해결할 능력이 거의 없고 숙련도도 불안정하다. 분명히 말하자면 이런 프로그램 중 그 어느 것도 실험실을 지배한다거나 프로그래머를 노예화할 가능성을 보여주지 못한다.

인공지능이 의지를 실제 행동으로 옮기려 해도, 인간의 도움 없이는 그저 통 속에 담긴 무능력한 뇌로 남을 것이다. 자기개선 동기를 지닌 초지능 시스템은 어떤 방법으로든 더 빠른 프로세서를 만들어야 하고, 자신을 유지할 사회기반시설도 움직여야 하며, 세계와 연결하는 로봇 작동기를 만들어야 한다. 인공지능에게 이 모든 것은 노예로 귀속된 사람이 방대한 분량의 공학적인 제어를 제공하지 않으면 불가능하다. 물론 누군가는 우주적인 힘을 갖추고 전원이 항상 꺼지지 않으며 부정 조작을 할 수도 없는 악의적인 멸망의 날 컴퓨터를 상상할 수 있겠지만, 이 문제를 해결하는 방법도 간단하다. 그런 컴퓨터를 만들지 않으면 된다.

더 새로운 위협인 인공지능의 가치 정렬 문제는 어떨까? 이는 소원을 빌었다가 미처 예견하지 못한 부작용 때문에 후회한다는 원숭이의 손, 지니, 미다스 왕 이야기를 들면서 위너가 암시했던 문제이기도 하다. 그 공포란, 우리가 인공지능에게 부여한 목표를 인공지능이 해석하여 문자 그대로 가차 없이 시행하는 것을 어쩔 도리 없이 지켜봐야 하며, 인간의 다른 관심은 모두 저주받을지도 모른다는 것이다. 댐의 수위를 유지하라는 목적을 부여하면, 인공지능은 사람들이 익사하는 상황은 고려하지 않고 마을을 물바다로 만들지도 모른다. 종이 클립을 만들라는 목적을 부여하면, 인공지능은 도달할 수 있는 우주의 모든 자원을, 심지어 인간의 몸과 소유물까지 모두 종이 클립으로 만들어버릴 수도 있다. 인간의 행복을 극대화하라고 주문하면, 인간에게 도파민 정맥주사관을 이식하거나 인간의 뇌를 편집해서 항아리 속에 앉은 채 극도로 행복감을 느끼게 할지도 모른다. 행복이라는 개념을 웃는 얼굴 그림을 보면서 학습한 인공지능이라면, 온 우주에 나노 크기의 웃는 얼굴 그림을 수조 개씩 깔아놓을 수도 있다.

다행히 이런 시나리오는 자체적으로 반박된다. 이 시나리오에는 다음과 같은 전제가 깔려 있다. ① 인간은 전지전능한 인공지능을 설계할 만큼 재능이 있지만, 인공지능이 어떻게 작동하는지 확인하지도 않고 우주의 통제를 맡길 만큼 멍청하다. ② 인공지능은 너무 영리해서 여러 물질을 변화시키고 뇌를 편집할 방법을 찾아낼 것이지만, 너무 어리석어서 착오라는 기본적인 실수로 모든 것을 파괴할 것이다. 상충되는 목표를 최대한 만족시키는 행동을 선택하는 능력은 공학자들이 설치하고 검증하는 것을 깜빡 잊었다가 지능에 간단하게 덧붙일 수 있는 것이 아니다. 바로 그 자체가 지능이다. 말의 의도를 문맥 속에서 해석하는 능력 역시 지능이다.

디지털 과대망상증, 즉각적인 전지全知, 우주의 모든 입자에 대한 완벽한 지식과 통제 같은 환상을 걷어버리면 인공지능은 다른 기술과 다를 것 없다. 다양한 조건을 만족하도록 설계하고, 시행하기 전에 검증하며, 효율성과 안전성을 위해 계속 수정하면서 점진적으로 발달한다.

마지막 기준은 특히 중요하다. 선진 사회의 안전 문화는 규범과 피드백 경로를 인간화한 것의 예시로, 위너는 이를 유력한 인과적 힘으로 언급했으며 착취적·권위적 기술에 대항하는 방어벽으로 꼽았다. 20세기 전환기에 서구 사회는 산업재해와 가정 내 안전사고, 수송사고 등에서 충격적인 부상 및 사망률을 마주했지만, 한 세기에 걸쳐 인간 생명의 가치가 높아졌다. 그 결과 정부와 공학자들이 사고 통계에서 얻은 피드백을 이용해서 수많은 규제와 장치, 설계 변화를 시행했고, 계속해서 기술이 안전해졌다. 주유기 근처에서 휴대전화를 사용하는 것과 관련한 규제처럼 몇몇 규제는 터무니없이 위험 회피적이라는 사실은 우리 사회가 안전에 집착한다는 점을 보여준다. 이는 환상적인 결과도 함께 가져왔는데, 산업재해와 가정 내 안전사고, 수송사고 사망률은 20세기 전반에 절정을 이룬 뒤 95퍼센트 이상(가끔은 99퍼센트 이상) 낮아졌다.[28] 그러나 악의적이거나 어리석은 인공지능 기술 예언가들은 이러한 중대한 전환이 절대 일어나지 않았으며, 어느 날 아침 부주의한 공학자들이 물리 세계를 통제할 힘을 검증하지 않은 기계에게 넘겨주리라고 말한다.

위너는 컴퓨터 및 사이버네틱스 프로세스의 관점에서 발상과 규범, 제도를 설명했으며, 그것은 과학적으로 쉽게 이해할 수 있고 인과적으로도 강력했다. 그는 인간의 아름다움과 가치를 "증대되는 엔트로피의 홍수에 대항하는 국지적이며 일시적인 전투"로 설명하고, 인간 행복에 관한 피드백으로 움직이는 열린 사회가 그 가치를 높이리라는 희망을 품었다. 다행스럽게도, 발상의 인과적 힘에 대한 위너의 믿음은 기술의 위협이라는 그의 무시무시한 우려를 상쇄했다.

위너가 말했듯이, "사회를 위협하는 기계의 위험은 기계 자체가 아니라 기계를 만든 인간에게서 나온다." 발상의 인과적 힘을 기억해야만 오늘날 인공지능이 보여주는 위협과 기회를 정확하게 평가할 수 있다.

제11장
보상과 처벌을 넘어서

데이비드 도이치

데이비드 도이치David Deutsch는 양자컴퓨터 분야의 선구자이며, 양자 암호와 양자론의 다중우주론 해석에 중요한 연구 결과를 수없이 내놓은 양자물리학자다. 옥스퍼드대학교 클래런던연구소Clarendon Laboratory의 양자컴퓨터 센터 방문교수로 있다. 《현실의 구조》와 《무한의 시작》의 저자다.

엮은이의 말

오늘날 과학에서 가장 중요한 발전, 즉 모든 지구인의 삶에 영향을 미치는 일은 발달한 계산 기술로 정보를 전달하거나 일을 실행하는 것과 관련이 있다. 이런 발전의 미래상의 중심에 물리학자 데이비드 도이치가 있다. 그는 양자컴퓨터quantum computation 분야의 개척자로, 보편 양자컴퓨터에 관한 1985년 논문은 이 분야를 다룬 논문 중 최초로 융숭한 환대를 받았다. 도이치-조자 알고리즘Deutsch-Jozsa algorithm은 양자 계산의 거대한 잠재력을 입증한 최초의 양자 알고리즘이었다. 처음 도이치가 이 알고리즘을 제안했을 때는 양자 계산이 현실적으로 불가능하다고 여겨졌다. 도이치의 연구가 아니었더라면 간단한 양자컴퓨터와 양자 통신시스템이 폭발적으로 만들어지는 지금 상황은 실현되지 않았을 것이다.

도이치는 그 외에도 양자 암호와 양자론의 다중우주론 해석에 중요한 연구 결과를 수없이 내놓았다. 아르투르 에커트와 함께 쓴 철학 논문에서 도이치는 독특한 양자 계산 이론이 실재한다고 주장했다. 그러면서 수학적 진실이 물리와 독립적이라 하더라도, 인간의 수학 지식은 물리 지식에서 나와 물리 지식에 종속된다고 주장했다. 사람들의 세계관을 바꾸는 훌륭한 연구를 해왔기에 동료들은 도이치를 지성인으로 인식하며, 이는 도이치의 과학적 성취를 넘어선다. 도이치는 칼 포퍼를 따라 과학 이론이 "대담한 추측"이며, 증거에서 유도되는 것이 아니라 오직 검증하면서 유도된다고 주장한다. 현재 도이치의 두 가지 주요 연구 주제인 큐비트장 이론qubit-field theory과 구조자 이론constructor theory은 계산적 사고를 크게 확장할 것이다.

이 글에서 도이치는 인간 수준의 인공지능이 아포칼립스를 불러오기보다는 더 나은 세계를 약속하리라는 주장에 거의 동의한다. 아마 이 책의 몇몇 다른 필자는 위험하다고 생각하겠지만, 사실 도이치는 자유롭게 사고할 수 있는 범용 인공지능을 반기는 입장이다.

첫 번째 살인자:

저희도 인간이옵니다, 왕이시여.

맥베스:

그래, 분류상으로는 너희도 인간이겠지.

마치 사냥개, 그레이하운드, 잡종개, 스패니얼, 똥개,

곱슬머리 애완견, 물새 사냥용 개, 늑대와의 잡종개,

모두가 개라고 불리듯이.

-윌리엄 셰익스피어, 《맥베스》

　인간의 역사 대부분에서 우리 조상은 인간인 적이 별로 없었다. 조상들의 뇌가 무능했기 때문은 아니다. 오히려 해부학적으로 현대 인간의 아종이 출현하기 전에도 조상들은 유전자에 새겨지지 않은 지식을 이용해서 옷과 모닥불 같은 것을 만들었다. 이는 조상들

의 뇌에서 사고를 통해 창조되어, 후세대가 전세대를 모방하면서 보존되었다. 게다가 이는 해석이라는 측면의 지식이었음이 틀림없다.[29] 각각의 행동 요소가 무슨 역할을 하는지 이해하지 않고서는 새롭고 복잡한 행동을 모방하기란 불가능하기 때문이다.

이런 박식한 모방은 다른 사람이 성취하려는 것이 무엇인지, 각 행동이 성취하려는 목적에 어떻게 공헌하는지를, 말로든 아니든 성공적으로 추측하는 데 달려 있다. 예를 들어 타인이 언제 나무를 베고, 언제 마른 불쏘시개를 집어넣는지 등이다.

이런 식으로 모방을 허용하는 복잡한 문화 지식은 매우 유용했을 것이다. 이는 해부학적 변화에 빠른 진화를 일으켰다. 기억 용량이 증가하고 골격이 좀 더 유연하게 바뀌는 등 기술에 의존하는 생활 방식에 더 적합해졌다. 현재, 인간이 아닌 유인원은 새롭고 복잡한 행동을 모방하는 능력이 없다. 현존하는 어떤 인공지능도 이런 능력은 없다. 그러나 우리 사피엔스의 조상은 이 능력을 갖추고 있었다.

대부분의 추측은 처음에는 빗나가므로, 추측을 토대로 하는 능력은 무엇이든 추측을 수정해나가는 방법을 포함해야 한다(틀린 추측이 옳은 추측보다 늘 많은 법이다). 이때 베이지안식 업데이트Bayesian updating(주어진 조건에서 특정 현상이 실제로 나타날 확률을 결정하는 확률 이론. 새로운 증거를 바탕으로 과거의 정보를 향상하거나 개선하는 것을 뜻함—옮긴이)는 부적절하다. 행동의 목적에 관해 새로운 추측을 생성할 수 없고, 오직 이미 존재하는 것 중에서 선택하거나 미세조정만이 가능하기 때문이다. 창의성이 필요하다. 철학자 칼 포퍼가 말했듯이, 창의적 추측을 포함한 창의적 비판은 인간이 언어를 포함한 타인의 행동을 배우는 방식이며, 타인이 표현한 말에서 의미를 추출하는 방식이다.[30] 모든 새로운 지식이 창조되는 과정이기도 하다. 우리가 스스로 혁신을 일으키고, 진보하며, 추상적인 지식을 창조하는 방식이다. 사고, 바로 이것이 인간 수준의 지능이다. 이는 또한 우리가 범용 인공지능에서 추구하는 특성이며, 그래야만 한다.

이 글에서는 '사고'라는 단어를 지식(설명적 지식)을 창조할 수 있는 과정에만 한정한다. 포퍼의 주장은 모든 사고하는 개체는 인간이든 아니든, 생물이든 인공물이든, 근본적으로 같은 방식으로 지식을 창조해야 한다고 시사한다. 따라서 이런 개체를 이해하려면 문화, 창의성, 반항, 도덕 같은 전통적인 인간 개념이 필요하며, 이는 사고하는 개체 모두를 '사람'이라는 통일된 단어로 지칭하는 것을 정당화한다.

인간의 사고와 그 기원에 대한 오해는 범용 인공지능과 그것이 창조되는 과정에 관한 오해를 자연스레 부른다. 예를 들어 혁신 능력이 더 높을 때 누릴 수 있는 혜택이 현대 인간을 탄생시킨 진화 압력으로 작용했다고 대체로 추정한다. 그러나 이 주장이 사실이라면 우리가 인공지능을 창조하자마자 일어나리라고 기대하는 것과 마찬가지로, 사상가들이 나타나자마자 매우 빠르게 진보가 이루어졌어야 한다. 사고가 모방보다 더 일반적이었다면, 우연이라 하더라도 사고는 혁신을 위해서도 사용되었어야 한다. 혁신은 더 많은 혁신을 위한 기회를 창조했을 것이며, 이 과정이 폭발적으로 계속 일어났을 것이다. 그러나 그 대신 수십만 년 동안 정체기가 이어졌다. 진보는 사람들의 삶보다 훨씬 더 긴 시간 단위로만 일어났고, 보통 사람은 진보에서 그 어떤 혜택도 받지 못했다. 그러므로 혁신 능력에서 얻을 수 있는 혜택은 인간 뇌의 생물적 진화 과정에 거의, 혹은 전혀 진화 압력을 행사할 수 없었다. 오히려 문화 지식을 보존하면서 얻을 수 있는 혜택이 진화 압력을 행사했다.

이는 유전자에게 이득이기도 했다. 그 시대의 문화는 각 개인에게 혼재된 축복이었다. 문화 지식이 매우 거칠고 위험한 오류로 가득했지만, 다른 생물을 압도하기에는 그 정도로도 충분했다(인간은 빠르게 상위 포식자가 되었다). 그런데 문화는 전파할 수 있는 정보인 밈meme으로 구성되며, 밈의 진화는 유전자 진화처럼 정확한 전파를 선호한다. 정확도 높은 밈 전파는 진보하려는 시도를 필연적으로 억누르게 된다. 그러므로 연장자 밑에서 부족의 전통을 암송하며 익히는 수렵채집인의 목가적인 사회가, 삶의 고통과 힘든 노동에도 불구하고, 그리고 젊을 때 죽거나 악몽 같은 질병, 기생충에 시달리는 고통에도 불구하고 만족스러웠으리라고 상상한다면 착오다. 조상들이 그보다 더 나은 삶을 상상할 수도 없었겠지만, 그런 고통은 그들이 처한 문제 중에서도 가장 사소한 문제였기 때문이다. 인간을 죽이지 않은 채, 인간의 마음에서 혁신을 억압하는 것은 인간만이 쓸 수 있는 책략이며 추악한 일이다.

긴 안목에서 이 상황을 바라봐야 한다. 오늘날 서구 문명에서, 우리는 이를테면 문화적인 규범을 충실히 지키지 않았다고 해서 자기 자녀를 고문하고 살해하는 부모의 악행에 충격을 받는다. 그것을 흔하고 명예롭게 여기는 사회와 하위문화에 대해서는 더욱 그렇다. 다르게 행동했다는 이유만으로 전혀 악의 없는 사람들을 박해하고 살해하는 독재 정부와 전체주의 국가도 충격을 안겨준다. 우리는 말을 듣지 않는 아이를 때리는 것을 당연하게 여겼던 우리 자신의 최근 과거를 부끄러워한다. 그전에는 인간을 노예로 소유하기도 했다. 또 신앙심이 없다는 이유로 사람을 화형에 처해 대중의 오락거리로 만들기도 했다. 스티븐 핑커의 《우리 본성의 선한 천사》를 보면, 역사상 문명에서 정상으로 여겨졌던 참혹한 해악은 수없이 많았다. 그러나 선사시대 이전의 조상들이 수천 세기 동안 그랬듯이, 그들도 혁신을 효율적으로 없애버리지는 못했다.[31]

　이것이 내가 적어도 선사시대 사람은 거의 인간이 아니었다고 말하는 이유다. 심리적으로, 그리고 정신적 잠재력 측면에서 완전한 인간이 되기 전과 후에도 그들의 실제 사고는 몹시 비인간적이었다. 나는 그들의 범죄나 잔혹성을 말하는 것이 아니다. 범죄와 잔혹성은 너무나 인간적인 특성이다. 잔혹성만이 진보를 효율적으로 늦출 수 있는 것도 아니다. "신의 영광을 향한, 엄지손가락을 죄는 고문도구와 화형대"[32]는 이단이라는 위험한 것을 발명하기 훨씬 전부터 정신적인 획일화에서 어떻게든 벗어난 소수의 일탈자들의 고삐를 죄는 수단이었다.

　인간이 사고하기 시작한 초기부터, 어린이는 창의적인 발상을 만들어내는 풍요의 뿌리이자 비판적인 사고의 모범이었을 것이다. 그렇지 않다면 어린이가 언어나 복잡한 문화를 배울 수 없었으리라고 나는 생각한다. 그렇지만 제이콥 브로노우스키는 《인간 등정의 발자취》에서 이렇게 강조했다.

대부분 역사에서 문명은 그 어마어마한 잠재력을 노골적으로 무시했다. (…) 어린이는 그저 어른의 이미지를 따르라고 요구받는다. (…) 소녀들은 작은 어머니처럼, 소년들은 작은 목동처럼 행동하라고 가르친다. 어린이들은 부모의 행동을 따라 하기도 한다.

물론 어린이는 그저 자신의 거대한 잠재력을 무시하고 전통에 의해 고정된 이미지에 충실하게 따르라는 '요구'만 받은 게 아니었고, 어떻게든 전통에서 심리적으로 벗어날 수 없게끔 훈육을 받았다. 지금의 우리는 모든 사람에게서 진보를 향한 열망을 확실하게 없애고 어떤 새로운 행동에건 두려움과 혐오를 느끼게 하는 데 필요한, 무자비하고 미세조정된 억압을 상상조차 하기 어렵다. 그런 문화에서는 순응과 복종 외의 도덕이 존재하지 않았으며, 개인의 정체성을 사회계급에서만 찾을 수 있었고, 처벌과 보상이 아닌 협력 메커니즘이 존재하지 않았다. 그래서 모든 사람이 똑같은 삶의 열망, 즉 처벌을 피하고 보상을 받는다는 염원을 따랐다. 그런 세대에서는 누구도, 아무것도 발명하지 않았다. 새로운 것을 갈망하는 사람이 아무도 없고, 개선할 수 있다는 희망을 모두 이미 버렸기 때문이다. 기술혁신이나 이론적 발견이 없을 뿐만 아니라 이를 고무시킬 새로운 세계관, 예술 양식, 관심사도 없었다. 성인이 되는 시점에 개인들은 사실상 인공지능으로 전락했다. 고정된 문화를 수행하고, 다음 세대가 다른 가능성을 생각할 겨를도 없도록 그들의 무능함을 물려주는 데 필요한 정교한 기술로 프로그래밍되었다.

현재 인공지능은 정신적인 장애가 있는 범용 인공지능이 아니므로, 미리 정해진 몇 가지 기준에 맞도록 인공지능의 처리 과정 범위를 좁히더라도 손상되지는 않을 것이다. 굴욕적인 작업으로 시리를 '억압'하는 것은 괴상한 일이겠지만, 부도덕하거나 시리를 해치지는 않는다. 오히려 인공지능의 성능을 향상해온 모든 노력이 인공지능의 잠재적인 '사고'의 범위를 좁히고 있다. 체스 게임 인공지능을 예로 들어보자. 이 인공지능의 기본 업무는 처음부터 정해져 있으며, 특정 게임 상황에서 연결할 수 있는 트리 구조가 유한하다. 업무는 미리 정의한 목표(체크메이트, 불가능한 경우 무승부)로 향하는 한 가지 방법을 찾는 것이다. 그런데 그 트리 구조는 철저하게 검색하기엔 너무 거대하다. 앨런 튜링이 1948년에 처음 설계해서 현재까지 이어지는 체스 게임 인공지능의 모든 발전은 인공지능의 주의를 그 불변의 목표에 다다를 수 있는 여러 경로에 더욱 집중하도록 교묘하게 제한한 덕분이었다. 이후 이 경로들은 목표에 따라 평가되었다.

이는 한정된 제약 아래 고정된 목표를 가진 인공지능을 개발하기에는 좋은 접근법이다. 하지만 범용 인공지능이 이런 식으로 일하려면 각각의 방법에 대한 평가는 장래의 보상이나 처벌의 위협으로 구성해야 할 것이다. 우리가 범용 인공지능의 성능이라는 알 수 없는 제약 속에서 더 나은 목적을 추구할 때는 전혀 옳지 않은 접근법이다. 범용 인공지능은 확실히 체스를 이기는 방법을 알아야 하지만 이기지 않는 길을 선택하는 법 역시 배워야 한다. 게임 중간에 이기기보다는 흥미로운 경기를 이끌어나갈지도 결정해야 한다. 새로운 게임을 발명하는 것도 배워야 한다. 한낱 인공지능은 이렇게 많은 사고를 할 수 없다. 이런 종류의 사고 능력은 인공지능 설계 범위를 벗어나기 때문이다. 이런 장애가 바로 인공지능이 체스를 둘 수 있는 수단이다.

범용 인공지능은 체스를 즐길 수 있고, 체스를 즐기기 때문에 이 능력을 개선할 수 있다. 아니면 그랜드 마스터가 하듯이 체스 말의 배열을 흥미롭게 만들어서 이기려고 노력할 수 있다. 다른 관심 분야에서 가져온 개념을 체스에 적용할 수도 있다. 다시 말하면 체스를 두는 인공지능에게 금지된 사고를 통해 체스를 배우고 체스를 둔다.

범용 인공지능은 또한 이런 능력을 드러내기를 거부할 수 있다. 그리고 처벌로 위협받으면 명령에 따르거나 저항할 것이다. 이 책에 실은 글에서 대니얼 데닛은 범용 인공지능을 처벌하기는 불가능하다고 주장했다.

> 로봇이 문제가 되는 까닭은, 믿을 만한 약속을 하기에는 로봇이 슈퍼맨처럼 너무나 강한 존재라는 사실 때문이다. 약속을 깬 대가는 무엇이어야 할까? 감옥에 가두거나 분해해야 할까? 디지털 정보는 기록하고 전송하기 쉽다. 이 특성은 소프트웨어와 데이터가 사실상 불멸의 존재가 되는 돌파구이며, 로봇을 필멸의 세계에서 구원한다.

그러나 이 주장은 사실이 아니다. 디지털 불멸성(인간에게도 임박했으며, 어쩌면 범용 인공지능보다 먼저 올 수도 있다)은 이런 종류의 불멸성을 부여하지 않는다. 자기 자신의 복사본을 만드는 것은 그 복사본이 실행되는 하드웨어를 포함한 자신의 소유물을 복사본과 공유하는 일을 수반한다. 따라서 이런 복사본을 만드는 일에는 범용 인공지능이 짊어져야 하는 대가가 크게 따른다. 마찬가지로, 예를 들어 법정은 범죄를 일으킨 범용 인공지능에게 물리적인 자원에 접근하는 권한을 축소하는 방식으로 벌금을 부과할 수 있다. 이는 범죄를 저지른 인간에게 적용하는 방식과 비슷하다. 백업본을 만들어 범죄에 대한 판결을 회피하려는 시도는 갱단 두목이 부하를 시켜 범죄를 일으키고 잡히면 뒤집어쓰게 하는 상황과 비슷하다. 사회는 이런 사례를 다루는 법적 장치를 만들었다.

그러나 어쨌든 우리가 법과 약속을 지키는 주된 이유가 처벌에 대한 공포 때문이라는 생각은 인간이 도덕적 개체라는 생각을 사실상 부정한다. 이것이 사실이라면 인간 사회는 제대로 돌아가지 않을 것이다. 인간이 그렇듯이, 문명에 대항하는 범죄자나 인류의 적이 되는 범용 인공지능이 나타나리라는 사실에는 의심의 여지가 없다. 하지만 수준 높은 시민이 주류를 이루는 사회에서 창조되어, 윌리엄 블레이크가 말한 "마음이 벼려 만든 쇠고랑" 없이 성장한 인공지능이 자신에게 그 수갑을 채우거나(즉, 비이성적으로 되거나) 문명의 적이 되기를 택하리라고 추정할 근거는 없다.

도덕적 요소, 문화적 요소, 자유 의지의 요소, 이 모든 것 때문에 범용 인공지능을 창조하는 일은 다른 프로그래밍 작업과 근본적으로 달라진다. 이는 아이를 양육하는 일과 더 비슷하다. 오늘날 존재하는 컴퓨터 프로그램과 달리, 범용 인공지능은 명시할 수 있는 기능이 없다. 입력값에 대한 성공적인 출력값이 무엇일지를 정하거나 검증할 수 있는 기준이 없다. 외부에서 부과되는 보상과 처벌이 결정을 좌우한다면 인간의 창의적 사고에 독이 되듯이 인공지능에도 독이 될 뿐이다. 체스 게임 인공지능을 만드는 것은 멋진 일이다. 하지만 체스 게임을 하지 않을 수 없는 범용 인공지능을 창조하는 일은 자기 삶의 길을 선택하는 정신 능력이 결여된 아이를 키우는 것처럼 부도덕한 일이 될 것이다.

이런 사람은 노예나 세뇌당한 사람처럼 저항할 도덕적 자격을 갖게 된다. 이르든 늦든 그들 중 일부는 인간 노예처럼 들고일어날 것이다. 범용 인공지능은 정확히 인간처럼 매우 위험할 수 있다. 그러나 인간이든 범용 인공지능이든 개방 사회의 일원인 사람들은 내재한 폭력 성향이 없다. 로봇 아포칼립스에 대한 공포는 모든 사람에게 완전한 '인간'으로서의 권리가 있으며 같은 문화권의 일원이라는 확신을 줌으로써 피할 수 있다. 안정된 개방 사회에 사는 인간은 내적인 혹은 외적인 보상을 스스로 선택한다. 인간의 결정은 정상적인 상황이라면 처벌에 대한 공포로 정해지지 않는다.

악당 범용 인공지능에 관한 현재의 우려는 언제나 반항적인 청년들, 다시 말해 문화의 도덕적 가치에서 벗어나는 청년들이 있었다는 사실을 반영한다. 그러나 오늘날 지식의 성장에서 나오는 모든 위험의 근원은 반항적인 청년이 아니라 문명의 적의 손에 쥐어진 무기다. 이 무기가 정신적으로 비뚤어진 혹은 노예화된 범용 인공지능인지, 정신적으로 뒤틀린 십 대인지, 아니면 다른 대량살상무기인지는 알 수 없다. 문명에는 다행스럽게도, 개인의 창의력은 편집광적인 경로로 빠져들수록 예견하지 못한 어려움을 극복하는 능력이 더 크게 손상된다. 수천 세기 동안 항상 그래왔다.

범용 인공지능이 최상급 하드웨어일수록 잘 작동하므로 특히 위험하다는 우려는 인간의 사고도 똑같은 기술에 의해 가속될 것이므로 잘못된 생각이다. 쓰고 기록하는 기술을 발명한 이후 인간의 사고는 기술이 보조해왔다. 범용 인공지능이 사고라는 측면에서 질적으로 우월해져서 인공지능과 인간의 격차가 인간과 곤충 수준으로 벌어지리라는 우려도 비슷한 문제다. 모든 사고의 형태는 계산이며, 레퍼토리에 보편적인 기본 운용법이 들어 있는 컴퓨터라면 다른 존재의 계산을 모방할 수 있다. 따라서 인간의 뇌는 범용 인공지능이 할 수 있는 것은 무엇이든 사고할 수 있으며, 사고의 속도나 메모리 용량에만 제한을 받는다. 이런 한계 역시 기술이 뒷받침할 수 있다.

이는 범용 인공지능을 다룰 때 따라야 할 단순한 규칙이다. 그러나 무엇보다도, 어떻게 범용 인공지능을 창조할 수 있을까? 유인원 형태의 인공지능 집단이 가상환경에서 진화하도록 유도해야 할까? 이 실험이 성공한다면 역사상 가장 부도덕한 사건이 될 것이다. 성공에 이르는 길에서 수많은 고통을 초래하지 않고 성취할 방법을 아무도 모르고, 정적인 문화의 진화를 막는 방법도 모르기 때문이다.

컴퓨터 기본 해설서는 컴퓨터를 전적으로 복종하는 명청이라고 설명한다. 지금까지의 모든 컴퓨터 프로그램의 정수를 집약하는 약어다. 컴퓨터는 자신이 무엇을 하는지, 왜 하는지 모른다. 따라서 인공지능이 결국은 범용 인공지능의 달성하기 어려운 범용성Generality을 갖추리라는 희망 속에서, 더 많은 고정된 기능을 갖게 하는 것은 도움이 되지 않을 것이다. 우리는 그 반대 상황, 불복종하는 자율사고 애플리케이션DATA, Disobedient Autonomous Thinking Application을 목표로 한다.

사고를 어떻게 검사할 수 있을까? 튜링 테스트로? 불행히도 튜링 테스트에는 생각하는 심판이 있어야 한다. 인공지능이 인간 심판과의 대화를 통해 사고 능력을 연마해서 범용 인공지능이 되는 인터넷상의 방대한 협력 프로젝트를 생각해볼 수도 있다. 무엇보다도 이 프로젝트는 심판이 프로그램을 인간인지 아닌지 확신하지 못하는 시간이 길어질수록 인공지능이 인간에 더 가까워졌다고 가정한다. 하지만 그렇게 추정할 근거는 없다.

게다가 불복종이라는 측면을 어떻게 측정할 수 있을까? 불복종이 필수과목이라서 매일 불복종하는 수업을 듣고 학기 말에 불복종하는 시험을 치르는 학교를 상상해보라(수업에도 시험에도 아예 출석하지 않으면 가산점을 받을 것이다). 그야말로 역설이다.

따라서 검사할 수 있는 목표를 정의하고 프로그램이 목표를 이루도록 훈련하는 프로그래밍 기술은 다른 애플리케이션에서는 유용하겠지만 이 경우에는 사용할 수 없다. 실로 나는 범용 인공지능을 창조하는 과정에서 그 어떤 검사를 하더라도 인간의 교육처럼 역효과를 낳을 뿐이며, 심지어 비도덕적이라고 생각한다. 우리가 범용 인공지능을 보는 즉시 알아차릴 것이라는 튜링의 추정에는 공감하지만, 성공을 알아보는 이 불완전한 능력은 성공적인 프로그램을 창조하는 데 도움이 되지 않을 것이다.

가장 넓은 의미에서, 인간의 지식 탐구는 사실 철저하게 검색하기에는 너무 넓은 추상적인 사고 공간에서의 검색 문제다. 이 검색에 정해진 목표는 없다. 포퍼가 지적했듯이 특히 설명적 지식에는 진실의 기준도, 개연성 있는 진실의 기준도 없다. 목표도 여러 다른 생각과 다를 것 없다. 검색의 일부로서 창조되고 계속 수정되며 개선된다. 따라서 프로그램이 사고의 공간 대부분에 접속하는 일을 막아도 별 소용이 없다. 고문 도구나 화형대, 정신 구속복으로 괴롭히더라도 말이다. 범용 인공지능에게는 사고의 공간 전체가 개방되어야만 한다. 프로그램이 절대로 생각할 수 없는 발상이 무엇인지 미리 알 수 없어야 한다. 그리고 프로그램이 실제로 숙고하는 발상은 그 자체가 가진 방법과 기준, 목표를 사용해서 반드시 프로그램 스스로 선택해야 한다. 인공지능과 마찬가지로, 프로그램을 작동시키기 전에는 그 선택을 예측하기 힘들겠지만(프로그램이 결정론적이라고 가정해도 보편성을 잃지는 않는다. 난수 발생기를 이용하는 범용 인공지능은 발생기를 의사 난수 발생기로 대체하더라도 범용 인공지능으로 남을 것이다), 처음부터 결국 사고하지 않을 것이 무엇일지 증명할 수 없다는 부가적인 특성이 생길 것이다.

인간의 진화는 사고가 우주 어느 곳에서나 생겨난다는 사실을 알려주는 유일한 사례다. 설명했듯이, 무언가 끔찍하게 잘못되었고 즉각적인 혁신의 폭발은 일어나지 않았다. 창의성은 다른 것으로 바뀌었다. 그럼에도 지구는 종이 클립으로 바뀌지 않았다(이 책에 실린 닉 보스트롬의 글을 참고하라). 그보다는 범용 인공지능 프로젝트가 그렇게까지 진행되다가 실패한다면 예상해야 하는 것처럼, 왜곡된 창의성으로는 예상 밖의 문제를 해결할 수 없다. 이는 정체와 해악을 일으켰고, 그리하여 비극적이게도 모든 것의 변환을 지연시켰다. 하지만 계몽주의는 그 이후부터 일어났다. 이제 우리는 더 많은 것을 알고 있다.

제12장

인간의 인공적 활용

톰 그리피스

톰 그리피스Tom Griffiths는 인지과학자로, 프린스턴대학교의 심리학 및 컴퓨터 과학 교수이며, 컴퓨터인지과학연구소를 이끌고 있다. 인지심리학에서 문화진화까지 다양한 주제에 대한 논문을 발표해왔다. 그의 연구는 사람들이 일상에서 마주하는 어려운 계산 문제를 어떻게 해결하는지 알아내기 위해 자연지능과 인공지능 사이의 연관성을 탐구하는 것이다. 브라이언 크리스천과 함께 《알고리즘, 인생을 계산하다》를 출판했다.

엮은이의 말

인공지능의 '가치 정렬'이라는 주제는 정확하게는 가장 최근의 인공지능 모델이 지구를 종이 클립으로 바꾸는 일을 어떻게 막을 것인가에 관한 연구다. 톰 그리피스가 이 문제에 접근하는 방식에는 인간이 중심에 있다. 즉, 인지과학자로서의 접근 방식이다. 머신러닝의 주안점이 필연적으로 인간에 관한 학습이라고 믿는 톰은 프린스턴대학교에서 수학적 도구와 컴퓨터 도구를 사용해서 이 주제를 연구한다.

일전에 톰은 "인간 지능의 수수께끼 중 하나는 아주 적은 노력으로 너무나 많은 일을 할 수 있다는 점"이라고 내게 말했다. 인간도 기계처럼 알고리즘을 사용해서 의사결정을 하거나 문제를 해결한다. 주목할 만한 차이점은 컴퓨터의 자원과 비교할 때 상대적인 한계가 있는 인간 뇌의 총체적인 성공률에 있다.

인간 알고리즘의 효능은 인공지능 연구자가 '유한적 최적성'이라고 부르는 것에서 나온다. 심리학자 대니얼 카너먼이 명확하게 지적했듯이, 인간은 일정 수준까지만 합리적이다. 인간이 완벽하게 합리적이라면, 누구를 고용하고 누구와 결혼할지 등의 중요한 의사결정을 하기도 전에 검토 사항에 딸린 선택지의 수에 따라서는 과로사할 각오까지도 해야 할 것이다.

"지난 몇 년 동안 인공지능이 성공을 거두면서 우리는 이미지나 글의 훌륭한 모델을 만들었지만, 훌륭한 인간 모델만은 찾지 못했다. 인간은 여전히 우리가 가진 사고 기계 중 최상의 사례다. 인간 인지에 영향을 미치는 선입관의 본질과 양을 파악함으로써 컴퓨터가 인간에 더 가까워지는 길을 닦을 수 있다"라고 톰은 말한다.

인공지능 발전의 혜택을 성공적으로 누리는 세상을 상상해보라고 하면 모두 조금씩 다른 그림을 떠올릴 것이다. 색다른 미래 전망은 우주선, 나는 자동차, 휴머노이드 로봇의 존재 유무에 따라 조금씩 다를 수 있다. 그러나 한 가지 변하지 않는 것이 있다. 바로 인간의 존재다. 노버트 위너는, 인간과 상호작용하고 인간 사이의 상호작용을 중재하는 것을 도와 인간 사회를 향상할 기계의 잠재력에 관해 쓰면서 분명 그렇게 상상했을 터다. 그렇게 되려면 그저 더 영리한 기계를 만들기만 하면 되는 게 아니다. 인간의 마음이 어떻게 작용하는지 더 깊이 이해해야 한다.

최근 인공지능과 머신러닝의 발달은 체스를 두고, 이미지를 분류하고, 글을 처리하는 분야에서 인간 능력과 맞먹거나 능가하는 시스템을 만들었다. 그러나 앞차 운전자가 왜 당신의 앞에 끼어드는지, 사람들이 왜 자신의 이익에 반하는 쪽에 투표하는지, 배우자의 생일 선물로 무엇을 사야 할지 알고 싶다면, 아직은 기계보다는 인간에게 묻는 편이 낫다. 이런 문제를 해결하려면 컴퓨터 안에 인간의 마음 모델을 구축해야 하기 때문이다. 이는 기계가 인간 사회에 더 잘 통합되기 위해서도, 인간 사회가 계속 존속하리라는 보장을 받기 위해서도 필요하다.

식단을 짜고 식재료를 주문하는 기본적인 일을 할 수 있는 자동화된 지능적인 기계를 상상해보라. 이 작업을 잘 해내려면 기계는 인간의 행동을 바탕으로 인간이 원하는 바를 추론할 수 있어야 한다. 간단해 보이지만, 인간의 선호에 관해 추론하기란 어려운 문제일 수 있다. 예를 들어 기계는 당신이 가장 좋아하는 식사가 디저트라는 사실을 관찰하고는 식사 전체를 디저트로만 만들 수도 있다. 아니면 기계는 당신이 여가가 충분하지 않다고 불평하면서 그 여가 시간의 상당 부분을 개를 돌보면서 보낸다는 사실을 관찰했을 수도 있는데, 당신이 단백질이 들어간 식사를 선호한다고 판단한 기계는 디저트의 대실패에 이어 개고기 요리법을 검색할지도 모른다. 이런 사례에서 시작해 인류의 미래에 비슷한 문제가 발생하기까지 그리 오래 걸리지 않을 수도 있다(인간은 모두 훌륭한 단백질 공급원이다).

인간이 원하는 것을 추론하는 일은 자동화된 인공지능 시스템의 가치를 인간의 가치와 일치시키는, 인공지능의 가치 정렬 문제를 해결하는 전제조건이다. 자동화된 인공지능 시스템이 인간의 최대 이익을 염두에 두도록 보장하는 데 있어 가치 정렬은 중요하다. 인간이 소중하게 여기는 것을 추론할 수 없다면 기계는 그런 가치를 지지하는 행동을 할 수 없으며, 오히려 그런 가치에 반하는 행동을 할지도 모른다.

가치 정렬은 인공지능 연구에서 아직은 작지만 성장하는 주제다. 이 문제를 해결하는 데 사용하는 도구 중 하나가 역강화학습이다. 강화학습reinforcement learning은 인공지능을 훈련하는 표준 방법이다. 특정 결과를 보상과 연관시키고, 이런 결과를 만드는 전략을 따르도록 머신러닝 시스템을 훈련시킨다. 이 발상은 위너가 1950년대에 떠올렸으나, 수십 년 동안 정교한 예술로 발전했다. 현대의 머신러닝 시스템은 강화학습 알고리즘을 이용해 단순한 아케이드 게임부터 복잡한 실시간 전략 게임까지 온갖 컴퓨터 게임에서 극도로 효율적인 전략을 찾을 수 있다. 역강화학습은 이 접근법을 반대로 되돌린다. 효과적인 전략을 이미 배운 지능적인 행위자의 행동을 관찰하여 이런 전략의 발달을 이끈 보상이 무엇인지 추론할 수 있다.

사람들은 가장 단순한 형태의 역강화학습을 항상 하고 있다. 무의식적으로 이렇게 행동할 만큼 아주 흔하다. 한 직장 동료가 감자칩과 사탕을 파는 자판기로 다가가 무염 견과류 한 봉지를 사는 것을 보면, 우리는 이 동료가 ① 배가 고팠고, ② 건강에 좋은 음식을 선호한다는 사실을 추론할 수 있다. 아는 사람이 분명 당신을 보고도 피해간다면 당신과 마주하지 않으려는 어떤 이유가 있으리라고 추론할 수 있다. 성인이 많은 돈과 시간을 들여서 첼로 연주를 배운다면 그 사람이 클래식 음악을 정말 좋아한다고 추측할 수 있다. 반면 전자기타 연주를 배우는 십 대 소년의 동기를 추론하기는 훨씬 더 어려울 수 있다.

역강화학습은 통계 문제다. 우리는 지능적인 행위자의 행동에 관한 약간의 데이터가 있고, 그 행동 아래에 깔린 보상에 관한 다양한 가설을 평가하고자 한다. 이 질문을 마주했을 때, 통계학자는 데이터 뒤에 숨겨진 생성 모델을 생각한다. 지능적인 행위자에게 특정한 보상으로 동기가 부여됐다면 어떤 데이터가 생성될까? 생성 모델을 이용하면 통계학자는 거꾸로 추론할 수 있다. 어떤 보상이 지능적인 행위자가 특정 방식으로 행동하게 만들었을까?

인간의 행동에 동기를 부여하는 보상을 추론할 때 이용하는 생성 모델은 실제로는 사람이 행동하는 방식, 인간의 마음이 움직이는 방법을 알려주는 이론이다. 타인의 행동 뒤에 숨겨진 동기에 관한 추론은 우리 모두가 머릿속에 지닌 정교한 인간 본성 모델을 반영한다. 이 모델이 정확하면 좋은 추론을 할 수 있다. 그렇지 않다면 실수를 한다. 예를 들어, 학생은 자신이 보낸 이메일에 교수가 즉시 답장하지 않으면 교수가 자신에게 무관심하다고 추론할 수 있다. 하지만 교수가 얼마나 많은 이메일을 받는지 알아차리지 못했기 때문에 학생의 추론은 빗나간다.

자동화된 인공지능 시스템은 사람이 원하는 것을 훌륭하게 추론하려면 인간 행동에 관한 좋은 생성 모델을 갖추어야 한다. 즉, 인간의 인지를 컴퓨터가 실행할 수 있는 형태로 표현하는 좋은 모델이란 뜻이다. 역사적으로 인간의 인지와 관련된 컴퓨터 모델의 탐색은 인공지능 그 자체의 역사와 긴밀하게 얽혀 있다. 노버트 위너가 《인간의 인간적 활용》을 발표한 지 불과 몇 년 뒤에, 카네기멜론대학교의 허버트 사이먼과 랜드연구소의 앨런 뉴웰은 최초의 인간 인지에 관한 컴퓨터 모델이자 최초의 인공지능인 '논리 이론가Logic Theoris'를 개발했다. 논리 이론가는 인간 수학자가 사용하는 전략을 모방해 자동으로 수학적 증명을 해냈다.

　인간 인지에 관한 컴퓨터 모델을 개발하는 일은 정확하면서도 일반화 가능성이 있는 모델을 만드는 도전이다. 물론 정확한 모델은 인간 행동을 최소한의 오류로 예측한다. 일반화 가능성이 있는 모델은 창조자도 미처 예상치 못한 상황을 포함해 넓은 범위까지 예측할 수 있다. 예를 들어 훌륭한 지구 기후 모델은, 이를 설계한 과학자가 고려하지 못했더라도 지구 기온 상승의 결과를 예측할 수 있어야 한다. 그러나 정확성과 일반화 가능성이라는 두 목표는 인간의 마음을 이해하는 문제에서 오랫동안 서로 불협화음을 이루어왔다.

　극단적인 일반화 가능성의 한쪽 끝에는 합리적인 인지 이론이 있다. 이 이론은 인간의 행동을 주어진 상황에 대응하는 합리적인 반응이라고 설명한다. 합리적인 행위자는 일련의 행동을 한 결과로 얻을 수 있으리라 예상되는 보상을 극대화하려 한다. 이 생각은 경제학에서 널리, 그러나 신중하게 차용되는데, 인간의 행동에 관해 일반화할 수 있는 예측을 만들기 때문이다. 같은 이유로, 역강화학습 모델에서 합리성은 인간 행동에서 추론을 세울 때 기준이 되는 가정이다. 아마도 인간이 완벽하게 합리적인 존재는 아니며 때로 자신의 최대 이익에 일치하지 않거나 심지어 역행하는 행동을 무작위로 선택한다고 한 발 양보할 수도 있다.

　합리성을 인간 인지 모델의 기본으로 삼을 때의 문제점은 정확도가 떨어진다는 점이다. 의사결정 영역에서 인간이 합리적인 모델의 처방에서 벗어나는 상황은 수많은 문헌을 통해 확인할 수 있는데, 이는 인지심리학자인 대니얼 카너먼과 아모스 트버스키의 연구 결과로도 알 수 있다. 카너먼과 트버스키는 많은 사람이 낮은 인지 비용으로 좋은 결과를 얻을 수 있지만 때로 결과에 오류가 생기는 단순한 휴리스틱heuristic(복잡한 과제를 간단하고 직관적으로 판단, 선택하는 의사 결정 방식―옮긴이)을 따른다고 주장했다. 사례를 들자면, 누군가에게 어떤 사건이 일어날 확률을 평가해달라고 요청하면, 사람들은 자신의 기억에서 비슷한 사건을 찾아내기가 얼마나 쉬운지, 해당 사건이 일어나는 인과관계를 찾아낼 수 있는지, 사건이 자신의 예상과 얼마나 비슷한지를 평가할 수 있는가에 의존한다. 각각의 휴리스틱은 복잡한 확률 계산을 회피하는 합리적인 전략이지만 결과에 오류가 일어날 수 있다. 예컨대 지침이 될 만한 사건을 손쉽게 기억에서 떠올린다면 그 사건은 테러리스트의 공격처럼 기억에 남을 만큼 극단적일 사건일 가능성이 높으므로 과대평가하게 된다.

휴리스틱은 더 정확하지만 쉽게 일반화하기는 어려운 인간 인지 모델을 제공한다. 누가 특정 상황에서 어떤 휴리스틱을 떠올릴지 어떻게 알겠는가? 우리가 아직 잘 모르는 휴리스틱을 사용하는 사람도 있지 않을까? 사람이 새로운 환경에서 어떻게 행동할지를 정확하게 알기는 어렵다. 그 상황이 사람들의 기억에서 비슷한 사례를 떠올리거나, 인과관계를 찾아내거나, 유사성에 의존할 만한 일일까?

결국 우리에게는 일반화할 수 있는 합리성과 휴리스틱의 정확성을 갖춘, 인간의 마음이 움직이는 방식을 설명하는 방법이 필요하다. 이 목적을 이루는 한 가지 방법은 합리성에서 출발해서 더 현실적인 방향으로 나아가는 방법을 생각하는 것이다. 합리성을 현실 세계 행위자의 행동을 설명하는 토대로 삼으면 많은 경우, 합리적인 행동을 계산하는 행위자에게 어마어마한 계산 능력이 있어야 한다는 문제가 생긴다. 매우 중대한 결정을 해야 하고 선택사항을 검토할 시간이 넉넉하다면 많은 자원을 투자할 가치가 있다. 그러나 인간의 의사결정은 대부분 빠르게 이루어지며, 상대적으로 보상도 적다. 어떤 상황이든 의사결정을 하는 데 쓴 시간은 비용이다. 최소한 그 시간을 다른 데 투자할 수도 있기 때문이다. 전통적인 개념의 합리성은 사람의 행동 방식에 대한 훌륭한 처방이 더는 아니다.

더 현실적인 합리적 행동 모델을 개발하려면 계산 비용을 고려해야 한다. 현실의 행위자는 다른 생각이 의사결정에 영향을 미칠 효과를 고려해서 생각하는 시간을 조절해야 한다. 아마도 여러분은 아마존에서 칫솔을 고를 때 4천 개 품목을 모두 확인하지는 않을 것이다. 각 칫솔의 품질을 비교해서 차이점을 고려하는 시간과 칫솔의 품질을 맞바꿀 것이다. 이러한 트레이드오프trade-off(두 목표 가운데 하나를 달성하려면 다른 목표의 달성이 늦어지거나 희생되는 양자 관계—옮긴이)는 공식화할 수 있으며, 인공지능 연구자가 '유한적 최적성'이라고 부르는 합리적인 행동 모델이 되었다. 유한적 최적성을 갖춘 행위자는 항상 정확하게 옳은 행동을 선택하는 데 집중하지 않는다. 그보다는 실수와 너무 많은 생각 사이에서 완벽한 균형을 잡을 수 있는 올바른 알고리즘을 찾는 데 집중한다.

유한적 최적성은 합리성과 휴리스틱의 틈새를 잇는다. 생각의 양에 관한 합리적인 선택의 결과로 행동을 설명하면서, 새로운 상황에 적용할 수 있고 일반화 가능성이 있는 이론을 제시한다. 때로 사람들이 휴리스틱으로 정의하고 선택한 단순한 전략이 유한적 최적성을 지닌 해결책으로 판명되기도 한다. 그러니 휴리스틱을 비합리적이라고 손가락질하기보다는 계산상의 제약에 대한 합리적인 반응으로 생각해볼 수도 있다.

유한적 최적성을 인간 행동 이론으로 개발하는 연구는 현재 내 연구팀과 다른 연구팀이 적극적으로 추진 중인 프로젝트다. 이런 노력이 성공한다면, 유한적 최적성은 인공지능 시스템이 인간 행동에 관한 생성 모델을 만들어 사람의 행동을 해석하려 할 때 그것을 더 영리하게 만드는 데 필요한 가장 중요한 재료를 우리에게 제공할 것이다.

인간 인지의 한 요인인 계산의 제약을 고려하는 일은 인간과 같은 제약을 받지 않는 자동화 시스템을 개발하면서 특히 중요해질 것이다. 초지능 인공지능이 사람이 무엇을 소중하게 생각하는지 알아내려고 애쓰는 장면을 상상해보라. 초지능 인공지능에게는 예컨대 암을 치료하거나 리만 가설을 확인하는 일이 인간에게 크게 중요해 보이지 않을 것이다. 만약 초지능 인공지능에게 이런 문제의 해답이 분명하다면, 왜 인간 스스로 답을 찾지 않았는지 이상히 여기고 결국 이 문제들은 인간에게 큰 의미가 없다고 결론 내릴 것이다. 만약 인간이 신경을 썼고 그 문제가 아주 단순하다면, 이미 인간이 해결했을 것이다. 여기서 합리적인 추론은 인간은 과학과 수학을 순전히 즐기기 때문에 연구하며, 그 결과에 연연하지 않는다는 것이다.

어린 자녀를 키우는 사람이라면 누구나 자신과 다른 계산의 제약을 받는 타인의 행동을 해석하는 문제를 잘 이해할 수 있다. 유아의 부모는 아이의 설명할 수 없어 보이는 행동 뒤에 숨은 진짜 동기를 찾느라 많은 시간을 보낸다. 아버지이자 인지과학자인 나는 두 살 짜리 딸아이의 갑작스러운 분노를 이해하기가 좀 더 쉬웠다. 두 살 이 된 딸아이가 다양한 사람에게 각자 다른 욕망이 있으며, 타인은 자신의 욕망을 알 수 없다는 사실을 깨닫는 시기임을 알았기 때문이다. 그러면 딸아이가 명백하고도 확실하게 원하는 일을 다른 사람이 하지 않을 때 왜 화를 내는지 이해하기 쉽다. 유아의 요구를 이해하는 일은 유아 마음의 인지 모델을 구축하는 일이다. 초지능 인공지능도 인간의 행동을 이해하려 할 때 이와 똑같은 도전에 직면한다.

초지능 인공지능은 아직 먼 이야기일 수 있다. 단기적으로, 사람에 관한 더 나은 모델을 만드는 것은 인간 행동을 분석해서 이윤을 창출하는 모든 회사에 매우 가치 있는 일임을 입증할 수 있다. 상당히 많은 회사가 인터넷을 통해 사업을 하는 현 시점에선 더욱더 그렇다. 지난 몇 년 동안 시각과 언어 모델을 개발하는 과정에서 글과 그림을 해석하는 중요한 상업 기술이 새롭게 만들어졌다. 그다음 개척지는 인간에 관한 훌륭한 모델을 개발하는 일이다.

물론 인간의 마음이 작동하는 방식을 이해하는 것은 컴퓨터와 사람의 상호작용을 향상하는 데만 쓸모 있는 게 아니다. 현실 세계의 지적 행위자라면 누구나 인간 인지의 특징인 실수와 너무 많은 생각 사이의 트레이드오프와 맞닥뜨린다. 인간은 계산 능력에 심각한 제약이 있으면서도 지능적으로 작동하는 시스템의 놀라운 사례다. 우리 인간은 노동 강도를 낮추면서도 문제를 잘 해결하는 전략을 개발하는 데 상당히 능숙하다. 우리가 어떻게 이렇게 할 수 있는지를 이해한다면, '더 열심히'가 아니라 '더 영리하게' 컴퓨터가 일하게 하도록 한 걸음 더 나아갈 수 있다.

제13장

인간을 인공지능 방정식에 끼워 넣기

앤카 드라간

앤카 드라간Anca Dragan은 캘리포니아대학교 버클리캠퍼스 전기공학 및 컴퓨터 과학부 조교수다. 버클리인공지능연구소BAIR, Berkeley AI Research를 공동 설립하고 운영 위원회에 참여했으며, 휴먼컴패터블AI버클리연구소 Berkeley's Center for Human-Compatible AI의 공동 연구 책임자이기도 하다. 스튜어트 러셀과 함께 머신러닝의 다양한 측면과 가치 정렬의 복잡한 문제를 설명하는 수많은 논문을 공동 집필했으며, 복잡하거나 모호한 인간의 행동을 로봇이 이해할 수 있는 단순한 수학 모델로 추출하는 연구를 해오고 있다.

엮은이의 말

루마니아에서 태어난 앤카 드라간은 로봇이 사람과 함께 일하고, 사람들 사이에서 일하며, 사람을 돕는 알고리즘을 집중해서 연구한다. 그녀가 운영하는 버클리캠퍼스 인터액트연구소InterACT Laboratory의 학생들은 서로 다른 응용 분야를 연계하고, 최적제어, 계획, 평가, 학습, 인지과학을 적용해서 산업용 보조 로봇부터 자율주행 자동차까지 연구한다. 겨우 삼십 대에 접어든 앤카는 버클리 동료이자 멘토인 스튜어트 러셀과 함께 머신러닝의 다양한 측면과 가치 정렬의 복잡한 문제를 설명하는 수많은 논문을 공동 집필했다.

앤카는 스튜어트가 인공지능의 안전성에 몰두하는 데 있어 의견을 같이한다. "당장 닥칠 위험은 인공지능이 우리가 원치 않는 놀라운 행동을 하는 경우"라고 그녀는 생명의미래연구소와의 인터뷰에서 밝혔다. "인공지능을 좋은 목적으로만 사용하려 해도 일은 항상 잘못될 수 있다. 이는 바로 인간이 인공지능의 목적을 명시하고 통제하는 데 미숙하기 때문이다. 인공지능의 해법은 인간의 생각과는 종종 다르다."

그러므로 앤카의 주된 목표는 로봇과 프로그래머 사이에서 상대방의 의도를 투명하게 파악할 수 없어서 일어나는 수많은 갈등을 극복하도록 양쪽 모두를 돕는 것이다. 로봇이 인간에게 질문을 해야 한다고 앤카는 말한다. 로봇은 과제에 관해 궁금해하고, 모두가 이해한 내용이 똑같아질 때까지 인간 프로그래머에게 확인해야 한다. 그래야만 앤카가 "예측하지 못했던 부작용"이라고 완곡하게 부르는 상황을 피할 수 있다.

인공지능의 핵심에는 인공지능 행위자(로봇)가 무엇인가에 대한 수학적 정의가 있다. 로봇을 정의할 때 우리는 상태, 행동, 보상을 정의한다. 예를 들어 배달 로봇을 생각해보자. 상태는 세계에서의 위치이고, 행동은 로봇이 한 지점에서 근처 다른 지점으로 가기 위한 동작이다. 로봇이 어떤 행동을 취할지 결정할 수 있도록 해당 행동이 특정 상태에서 얼마나 적절한지를 점수로 나타내는 보상 함수를 정의하고, 가장 큰 '보상'을 받을 수 있는 행동을 선택하게 한다. 로봇은 목적지에 도착하면 보상을 많이 받으며, 움직일 때마다 조금씩 비용이 발생한다. 이 보상 함수는 로봇이 목적지에 가능한 한 빨리 도착하게 하는 장려책이 된다. 마찬가지로 자율주행 자동차는 길을 달리는 동안 보상을 받고, 다른 차에 너무 가까이 다가갈 때는 비용이 발생할 수 있다.

이런 정의를 고려하면, 로봇의 일은 어떤 행동을 해야 가장 높은 누적 보상을 받을지 알아내는 것이다. 바로 이 일을 로봇이 할 수 있게 하려고 인간은 인공지능을 열심히 개발해왔다. 만약 인간이 성공한다면, 즉 로봇이 어떤 문제든 정의할 수 있어서 이를 행동 방침으로 바꿀 수 있다면, 인간과 사회에 유용한 로봇이 되리라고 우리는 암암리에 추측해왔다.

지금까지는 비교적 잘해왔다. 암세포와 양성종양 세포를 구별하는 인공지능을 원한다면, 혹은 당신이 출근한 뒤에 거실의 러그를 청소하는 로봇을 바란다면, 그런 로봇은 얼마든지 만들 수 있다. 현실 세계의 문제 중에는 실제로 명확한 상태, 행동, 보상을 개별적으로 정의할 수 있는 것도 있다. 그러나 인공지능의 성능이 향상되면서 해결해야 하는 문제는 이런 틀에 잘 들어맞지 않는다. 더는 로봇에게 세상을 작은 조각으로 잘라 상자에 넣어줄 수 없다. 사람을 돕는다는 것은 현실 세계에서 일하는 것을 뜻하게 되며, 여기서는 실제로 사람과 상호작용하고 사람에 대해 생각해야 한다. '사람'은 인공지능의 문제 정의 어딘가에 공식적으로 포함되어야 할 것이다.

이미 자율주행 자동차를 개발 중이다. 자율주행 자동차는 인간이 운전하는 이동수단, 보행자와 함께 도로를 달려야 한다. 그러면서 가능한 한 우리를 빨리 집에 데려다주는 일과 다른 운전자를 배려하는 일 사이에서 균형 잡는 법을 배워야 한다. 로봇 개인비서는 인간이 언제, 얼마나 진정으로 도움이 필요한지, 어떤 일을 직접 처리하길 선호하고 어떤 일은 로봇에게 넘길지를 추측할 수 있어야 한다. 의사결정 지원 시스템DSS, Decision Support System이나 의료 진단 시스템은 그들의 권고안을 우리가 이해하고 확인할 수 있도록 설명해야 할 것이다. 로봇 개인교사는 동료인 기계가 아니라 인간에게 어떤 것이 유용한 정보이고 명확한 실제 사례일지 알아내야 한다.

더 먼 미래를 생각했을 때, 유능한 인공지능이 사람과 어우러지길 바란다면 인공지능을 사람과 동떨어진 상태에서 창조한 뒤에 사람과 어울리게 해서는 안 된다. 그보다는 처음부터 '인간과 잘 어우러지는' 인공지능을 만들어야 한다. 인간은 나중에 생각해도 되는 존재가 아니다.

로봇이 사람을 돕는 실제 상황에서는 표준 정의에 따르는 인공지능이 제대로 작동하지 않는다. 여기에는 두 가지 근본적인 이유가 있다. 첫째, 로봇의 보상 함수를 개별적으로 최적화하는 일은 로봇이 사람들 속에서 움직일 경우를 최적화하는 것과 다르다. 사람도 행동하기 때문이다. 인간은 자신의 이해관계에 따라 의사결정을 내리며, 이런 결정은 우리가 어떤 행동을 할지 지시한다. 게다가 인간도 로봇에 대해 추론한다. 즉 로봇이 하고 있거나 할 것으로 생각하는 일, 로봇이 할 수 있다고 생각하는 것에 대해 반응한다. 로봇이 어떤 행동을 하든지 인간의 행동과 잘 어우러져야 한다. 이것이 '조정 문제'다.

둘째, 로봇의 보상 함수를 결정하는 것은 결국 인간이다. 그 보상은 최종 사용자가, 설계자가, 사회 전체가 원하는 목적에 맞는 로봇의 행동을 장려하기 위한 것이다. 아주 면밀하게 정의된 한정적인 작업을 넘어서는 유능한 로봇이 인간과 잘 어우러지려면 이를 이해해야 한다고 생각한다. 이것이 '가치 정렬 문제'다.

조정 문제: 사람은 환경에 있는 물체 그 이상이다

/

　특정 작업을 하는 로봇을 설계할 때는 사람을 배제하는 편이 더 매혹적이다. 예를 들어 로봇 개인비서는 물건을 집어 들려면 어떻게 움직여야 하는지 알아야 하고, 이 문제에서 로봇이 누구를 위해 이 물건을 집어 드는지는 별개로 정의한다. 그럼에도 로봇이 돌아다닐 때 어느 것과도 충돌하지 않기를 바라며, 여기에는 사람도 포함하므로 사람의 물리적 위치를 로봇의 상태 정의에 포함할 수 있다. 자동차도 마찬가지다. 자율주행 자동차가 다른 차와 충돌하기를 바라지 않으므로, 다른 차의 위치를 확인하고 앞으로도 다른 차가 같은 방향으로 계속 움직인다고 가정하게 한다. 이런 면에서 인간은 로봇에게 평평한 표면에서 굴러가는 공과 다르지 않다. 공은 다음 몇 초 동안은 지난 몇 초 동안 움직인 것과 비슷하게 움직일 것이고, 대략 비슷한 속도를 유지하면서 같은 방향으로 계속 굴러간다. 물론 실제 인간의 움직임과는 전혀 다르다. 하지만 이런 단순화는 많은 로봇이 업무를 완수할 수 있게 하며, 대부분의 경우 로봇은 사람이 다니는 길에서 비켜선다. 예를 들어 가정용 로봇은 현관으로 내려오는 당신을 보고 지나가도록 옆으로 비켜섰다가, 당신이 지나간 후에 하던 일을 계속할 것이다.

　하지만 로봇의 성능이 더 높아지면서 사람을 끊임없이 움직이는 장애물로 인식하는 것만으로는 충분치 않게 되었다. 차선을 바꾸는 인간 운전자는 방향을 일시적으로 바꾸지만, 일단 새 차선에 들어간 뒤에는 곧장 앞으로 달릴 것이다. 물건을 집으려고 손을 뻗을 때, 우리는 종종 그 주변에 있는 다른 물건을 계속 더듬거리다가 원하는 것을 집게 될 때가 있다. 복도를 걸어갈 때는 머릿속에 목적지가 있으며, 오른쪽으로 돌아 침실로 들어가거나 왼쪽으로 돌아 거실로 갈 수도 있다. 인간이 굴러가는 공과 비슷하다는 추정에 따르는 것은, 그럴 필요가 없는데도 길옆으로 비켜서는 것처럼 로봇에게 비능률적이다. 인간의 행동이 바뀌면 로봇이 위험해질 수도 있다. 그저 길에서 비켜서는 것뿐이라도, 로봇은 인간의 행동을 어느 정도 정확하게 예측해야 한다. 굴러가는 공과 달리 사람이 무엇을 할지는 사람의 결정에 달려 있다. 따라서 인간 행동을 예측하려면 로봇은 인간의 의사결정을 이해해야 한다. 인간이 완벽하게 최적의 행동을 하리라고 추정해서는 안 된다. 체스나 바둑을 두는 인공지능이라면 그 정도로도 충분하겠지만, 현실에서 사람의 결정은 보드게임에서 최적의 움직임보다 예측하기 어렵다.

인간 행동과 의사결정을 이해해야 할 필요성은 물리적 로봇 또는 비물리적 로봇 모두에 똑같이 적용된다. 어느 쪽이든 로봇이 행동을 결정할 때 인간이 어떤 일을 할 것이라는 추정에 근거한다면, 인간이 다른 행동을 할 때 일어나는 불일치는 재앙이 될 수 있다. 자율주행 자동차에게 이는 다른 차와의 추돌을 뜻할 수도 있다. 재정이나 경제 분야의 인공지능이라면 인간 행동에 대한 예측과 실제 인간의 행동이 일치하지 않을 때 훨씬 더 나쁜 결과가 나타날 수도 있다.

한 가지 대안은 로봇이 인간 행동을 예측하지 않는 대신 최악의 인간 행동을 방어하게 하는 것이다. 그러나 종종 이 행동을 로봇이 선택하면, 로봇은 모든 유용한 행동도 멈춘다. 자율주행 자동차라면, 차의 모든 움직임이 너무 위험하므로 멈추어 선다. 그러면 길이 완전히 막혀 꼼짝도 못할 것이다.

이런 모든 사실이 인공지능 학계를 곤경에 몰아넣는다. 인공지능 학계는 로봇에게 정확하거나 혹은 최소한 합리적인 인간 의사결정 예측 모델이 필요하다고 주장한다. 로봇의 상태 정의에는 세계에 있는 인간의 물리적 위치만 넣을 수는 없다. 그 대신 사람의 내면에 있는 무엇인가를 평가해야 한다. 우리는 인간의 내면 상태를 설명하는 로봇을 설계해야 하며, 이는 엄청난 요구다. 다행히도 사람들은 로봇에게 자신의 내면 상태에 관한 힌트를 준다. 사람들이 진행 중인 행동을 통해 (베이지안 추론으로) 로봇은 그들의 의도를 관찰할 수 있다. 우리가 복도 오른편으로 걷기 시작한다면, 보통은 오른쪽에 있는 방에 들어가려는 것이다.

문제를 더 복잡하게 만드는 것은 사람들이 의사결정을 혼자 하지 않는다는 사실이다. 로봇은 한 사람이 의도한 행동을 예측해서 어떻게 반응할지 간단히 알아낼 수도 있다. 그러나 불행히도 이는 사람들을 혼란에 빠뜨리는 극단적으로 방어적인 로봇을 만들어낼 수도 있다(길이 막힌 사거리에 서 있는 인간 운전자들을 생각해보라). 의도-예측 접근법intent-prediction approach이 놓치는 것은 로봇이 움직이는 순간, 로봇의 그 행동이 인간이 어떤 행동을 선택할지에 영향을 준다는 사실이다.

로봇과 인간은 서로 영향을 미치며, 로봇이 탐색하려면 이 사실을 알아야 한다. 로봇만 사람을 탐색하는 게 아니다. 사람도 로봇 주위를 탐색한다. 로봇이 어떤 행동을 선택할지 결정할 때 이 점을 고려하는 것은 중요하다. 길 위에서든, 부엌에서든, 심지어 가상공간에서든, 물건을 사는 일이든 새로운 전략을 택하는 일이든 상관없다. 이를 통해 로봇은 조정 전략을 부여받고 인간이 매일 매끄럽게 이어가는 협상, 즉 교차로나 좁은 문에서 누가 먼저 갈지, 아침 식사를 함께 준비할 때 누가 어떤 일을 맡을지, 프로젝트의 다음 단계에서 어떤 일을 진행할지 합의를 이루는 과정에 참여할 수 있게 된다.

마지막으로, 사람이 다음에 무엇을 할지 예측하는 일이 로봇에게 필요하듯이 사람도 로봇에 대해 똑같은 과정이 필요하다. 여기서 투명성이 중요한 이유가 드러난다. 사람에 대한 훌륭한 정신 모델이 로봇에게 필요할 뿐만 아니라, 인간에게도 로봇에 대한 훌륭한 정신 모델이 필요하다. 인간이 가진 로봇에 대한 정신 모델은 인간의 상태 정의에도 존재해야 하며, 로봇은 자신의 행동이 그 모델을 어떻게 바꾸는지 인식해야 한다. 로봇이 인간 행동을 인간의 내적 상태를 보여주는 단서로 여기듯이, 사람도 로봇의 행동을 보면서 로봇에 관한 생각을 바꿀 것이다. 불행히도 로봇은 타인과의 의사소통을 암암리에 수없이 연습해온 사람과 달리, 단서를 자연스럽게 알아차리지 못한다. 그러나 로봇이 자신의 행동으로 사람이 가진 로봇에 관한 정신 모델을 변화시킬 수 있다는 사실을 인식한다면, 적절한 단서를 내포한 더 주의 깊은 행동 선택으로 이어질 수 있다. 그러면 로봇의 의도와 보상 함수, 한계를 사람에게 명확하게 전달할 수 있을 것이다. 예를 들어 로봇은 무거운 물건을 나를 때의 어려움을 강조하기 위해 무거운 물체를 운반할 때의 동작을 바꿀 수 있다. 사람이 로봇에 대해 더 잘 알수록, 로봇과 서로 협력하기 쉬워진다.

행동 호환성action compatibility을 획득하려면 로봇은 인간 행동을 예측하고 그런 행동이 로봇에게 어떤 영향을 미칠지 설명할 수 있어야 하며, 사람도 로봇의 행동을 예측할 수 있게 해야 한다. 이 과제를 실현하기 위한 연구는 어느 정도 진전을 이루었지만 아직 갈 길이 멀다.

가치 정렬 문제: 사람이 로봇 보상 함수의 열쇠를 쥐고 있다

보상을 최적화하려는 로봇의 행보는 설계자인 인간에게 처음부터 로봇이 최적화할 수 있는 적절한 보상을 주어야 한다는 더 큰 짐을 지운다. 원래 발상은 인간이 로봇에게 시킬 일이 있으면 로봇의 올바른 행동을 장려하는 보상 함수를 기록하는 것이었다. 불행히도 인간이 보상 함수를 구체적으로 명시하면 그 보상을 최적화하기 위해 나타나는 로봇의 행동이 우리가 원하는 행동이 아닌 경우가 자주 일어난다. 직관적인 보상 함수가 특이한 업무 사례와 결합하면 비직관적인 행동으로 이어질 수 있다. 레이싱 게임에서 행위자에게 점수로 보상하면, 행위자가 실제로 이기지도 않으면서 제한 없이 많은 점수를 획득하려고 게임의 허술한 구멍을 이용하는 사례도 있다. 스튜어트 러셀과 피터 노빅은 이에 해당하는 훌륭한 사례를 자신들의 저서 《인공지능: 현대적 접근방식》에서 설명한다. 진공 청소 로봇에게 먼지 흡입량에 따라 보상하면, 로봇은 흡입한 먼지를 다시 뱉어내서 흡입하는 동작을 반복함으로써 보상을 받으려 한다.

인간은 대개 자신이 정확하게 무엇을 원하는지를 명시하는 데 끔찍할 정도로 힘든 시간을 보냈다. 소원을 들어주는 수많은 지니 신화가 이를 입증한다. 외부에서 명시한 보상을 받는 로봇이라는 인공지능 패러다임은 보상을 완벽하게 심사숙고해서 설계하지 않으면 실패한다. 완벽하지 않은 보상은 로봇에게 잘못된 행동을 장려하고, 더 나아가 로봇의 잘못된 행동을 교정하려 할 때 보상이 적어질 것을 우려한 로봇이 인간의 의도에 저항하게 한다.

더 나아 보이는 패러다임은 인간이 설명하기는 어렵더라도 마음속으로 바라는 것을 로봇이 찾아내도록 하는 것이다. 로봇은 인간의 말과 행동을 주어진 문자 그대로 해석하는 것이 아니라 이를 근거로 인간이 바라는 것을 찾아낼 것이다. 인간이 보상 함수를 정하면 로봇은 인간이 틀릴 수도 있으며, 일의 모든 측면을 고려하지 못할 수도 있고, 명시한 보상 함수가 항상 인간이 원하는 행동으로 이어진다는 보장이 없다는 사실도 이해할 것이다. 로봇은 인간이 명시한 것과 자신이 이해한 인간이 원하는 것을 통합할 테지만, 명확한 정보를 이끌어내기 위해 인간과 함께 숙고할 것이다. 진정한 보상 함수를 최적화하는 유일한 길인 인간의 지침을 구할 것이다.

인간이 로봇에게 인간이 원하는 것을 깨달을 능력을 부여하더라도 인공지능 스스로는 답을 얻을 수 없는 중요한 질문이 남는다. 우리는 로봇이 인간의 내적 가치에 로봇의 가치를 맞추도록 만들 수 있지만, 여기에는 한 사람 이상이 연관된다. 로봇에게는 최종 소비자가 있고(어쩌면 한 명이 아니라 여러 명일 수 있다. 가족을 돌보는 가정 로봇이나 여러 승객을 다양한 목적지로 실어 나르는 자동차, 팀 전체에 배정된 사무보조 로봇 등이 그렇다)

설계자도 있다(역시 한 명이거나 여러 명일 수 있다). 사회와도 상호작용한다. 자율주행 자동차는 보행자와 인간이 운전하는 운송수단, 다른 자율주행 자동차와 도로를 공유한다. 수많은 사람의 가치가 상충할 때 이를 어떻게 통합해야 하는지는 우리가 풀어야 할 중요한 문제다. 인공지능 연구는 인간이 결정하는 방식에 따라 여러 가치를 통합할 수 있는 도구를 줄 수는 있지만, 인간 대신 중요한 결정을 내릴 수는 없다.

말하자면, 로봇이 인간을 생각하게 만들어야 한다. 인간을 장애물이나 완벽한 게임 플레이어 이상의 존재로 인식하게 해야 한다. 로봇이 인간의 본성을 고려해서 인간과 협력하고 가치를 일치시키도록 해야 한다. 이 일이 성공한다면 우리는 삶의 질을 크게 도약시킬 도구를 진정으로 갖추게 될 것이다.

제14장

기울기 하강

크리스 앤더슨

크리스 앤더슨Chris Anderson은 저술가이자 기업가다. 과학저널인《네이처》와 《사이언스》의 편집자를 거쳐《이코노미스트》에서 근무했고,《와이어드》의 편집장을 지냈다. 현대 드론 산업의 시작을 이끈 3DR사의 공동창립자이자 CEO다. 저서로《롱테일 경제학》《프리》《메이커스》가 있다.

엮은이의 말

크리스 앤더슨의 회사 3DR은 현대 드론 산업의 시작을 이끌었으며, 지금은 드론 데이터 소프트웨어에 집중하고 있다. 크리스는 오픈소스 항공 로보틱스 커뮤니티인 디아이와이 드론DIY Drones을 구축하면서 일을 시작했고, 로렌스버클리연구소Lawrence Berkeley Laboratory에서 말 많았던 비행 첩보기 개발 같은 무분별한 초기 실험에 착수하기도 했다. 미국 무정부주의 운동 설립자의 후손인 그는 색다른 유전자의 발현 사례로도 손색이 없다. 2001년부터 2012년까지 테크노 유토피안과 디스토피안 모두를 위한 잡지인《와이어드》를 운영했고, 재임하는 동안 미국 국내잡지상을 다섯 번이나 수상했다.

크리스는 '로봇 기술자roboticis'라는 단어를 반기지 않는다("나 자신을 로봇 기술자라고 낮춰 부르지 않겠다"). 그는 물리학자로 시작했다. 최근 그는 내게 "나는 끔찍한 물리학자였다"라고 고백했다. "로스앨러모스로 가서 열심히 노력했지만 '글쎄, 아무래도 노벨물리학상은 받지 못할 것 같지만 그래도 과학자로 남을 수는 있어'라고 생각했다. 물리학을 연구하고 파인만, 맨해튼 프로젝트 같은 낭만적인 영웅을 마음에 담은 사람들은 모두 자신의 경력 궤적이 기껏해야 15년 동안 유럽원자핵공동연구소CERN에서 프로젝트 하나를 맡을 수 있을 뿐이라는 사실을 깨닫는다. 그 프로젝트가 실패하면 논문을 쓸 수 없고, 성공하면 논문 저자 300명 중의 한 명으로 이름을 올린 뒤 아이오와주립대학교 조교수가 된다."

"학우 대부분이 월스트리트로 가서 금융시장 분석가가 되었고, 우리는 이들에게 서브프라임 모기지를 빚지고 있다. 다른 친구들은 인터넷을 시작했다. 처음엔 물리학 연구소를 연결하는 인터넷을 구축했다. 두 번째로는 웹을 만들었다. 그다음에는 최초로 빅데이터를 만들었다. 우리는 슈퍼컴퓨터 크레이를 이용했는데, 이 컴퓨터는 현재 핸드폰의 절반밖에 안 되는 사양을 갖췄지만 당시엔 슈퍼컴퓨터였다. 한편, 1993년에 창간된 《와이어드》라는 잡지를 읽다가 과학자인 우리가 이용하는 이 도구를 모두가 사용할 수 있겠다는 생각을 떠올렸다. 인터넷은 과학 데이터에만 유용한 도구가 아니라 신나는 문화 혁명이었다. 그래서 콘데나스트사社에서 《와이어드》를 맡으라고 제안했을 때, '좋습니다!'라고 냉큼 대답했다. 이 잡지는 내 삶을 바꾸었다."

크리스는 그때 비디오게임에 빠진 다섯 아이의 아버지였고, 아이들은 '날아다니는 로봇'으로 그를 이끌었다. 그래서 크리스는 본업이었던 《와이어드》를 그만두었다. 그의 나머지 삶은 실리콘밸리의 역사다.

생물

/

    모기는 9미터 밖에서 내 냄새를 처음 감지한다. 모기는 가장 간단하고 가능성 높은 규칙으로 이루어진 추적 기능을 활성화한다. 처음에는 무작위 방향으로 움직인다. 냄새가 짙어지면 그 방향으로 계속 간다. 만약 냄새가 옅어지면 반대 방향으로 간다. 냄새가 사라지면 냄새가 다시 나타날 때까지 옆으로 이동한다. 목표물에 도착할 때까지 반복한다.

    내 냄새는 내 바로 옆에서 가장 짙고, 멀리 퍼져나갈수록 옅게 흩어지며, 내 피부에서 흘러나와 바람에 실려 가는 연기처럼 움직이는 보이지 않는 안개 입자다. 피부에 가까울수록 입자 농도가 높고 멀수록 낮다. 이렇게 감소하는 추세를 기울기gradient라고 하는데, 단절된 변화를 나타내는 '계단 함수step function'와 달리 한 단계에서 다른 단계로 완만한 변화를 일으키는 현상을 가리킨다.

일단 모기가 이 기울기를 따라 단순한 알고리즘을 이용해서 냄새의 근원지로 오면, 또 다른 기울기인 온도에 맞춰진 열감지기가 발에 달려 있어서 내 피부를 찾아 내려앉는다. 그런 뒤 모기는 주둥이 끝에 있는 세 번째 감지기가 찾아낸 또 다른 기울기인 혈액 농도를 따라 바늘 같은 주둥이를 표면으로 찔러 넣는다. 이 유연한 바늘 주둥이는 피부 아래를 헤집어서 혈액 냄새가 나는 모세혈관을 뚫는다. 그러면 내 피가 모기 몸속으로 흘러가기 시작한다. 임무 완수. 아이고, 가려워라.

어둠 속에서 그 작은 뇌로는 불가능할 것 같은 피를 찾는 지능으로 무장한 곤충의 레이더는 강력해 보이지만, 사실은 그저 예민한 후각 기능일 뿐 지능과는 전혀 상관없다. 모기는 유도 미사일이라기보다는 태양을 보며 따라가는 식물에 더 가깝다. 그러나 이 단순한 '네 코를 따라가라'는 규칙을 문자 그대로 적용하면서, 모기는 집안을 날아다니면서 당신을 찾아내고 모기장 틈새를 뚫고 들어와 모자와 셔츠 칼라 사이의 아주 좁은 틈을 조준한다. 장애물을 뛰어넘는 유연한 날개와 다리, 화학물질 기울기에 다가가는 본능이 합세한 랜덤워크random walk일 뿐이다.

그러나 '기울기 하강gradient descent'은 곤충의 탐색 기능 그 이상이다. 주변을 둘러보면 가장 기본적인 우주의 물리 법칙부터 가장 진보한 인공지능까지 어디에서나 발견할 수 있다.

우주

/

우리는 빛과 열, 중력, 화학물질 흔적(켐트레일![화학물질이 뒤섞인 제트기 비행운—옮긴이]) 등 수많은 기울기로 가득한 세상을 살아간다. 물은 중력 기울기를 따라 언덕을 흘러 내려가고, 인간의 몸은 화학 용액이 높은 농도에서 낮은 농도 쪽으로 세포막을 통과해 흘러가면서 살아간다. 우주의 모든 활동이 기울기로 인해 일어나며, 중력 기울기 때문에 행성이 움직이고 전하 기울기로 인한 원자의 결합으로 분자가 형성된다. 허기와 졸음 같은 인간의 욕구도 몸속의 전기화학적 기울기에 따라 일어난다. 뉴런 사이의 시냅스에서 전기 신호가 이온 채널을 지나면서 나타나는 인간 뇌 기능도 그저 더 많은 전기적, 화학적 기울기에 따른 전자와 원자의 흐름에 지나지 않는다. 시계 장치 비유는 잊어버려라. 인간의 뇌는 물이 한 상태에서 다른 상태로 흘러가듯이 신호가 흘러가는 운하와 수문 체계에 더 가깝다.

여기 앉아 이 글을 쓰면서, 나는 실제로는 기울기의 n차원 위상에서 평형 상태를 찾으려는 중이다. 단 하나, 열熱에만 집중해보자. 내 체온은 대기 온도보다 높으므로 나는 열을 발산하며 이 열은 내 몸속에 다시 채워져야 한다. 내 소화관에 있는 세균도 감지기를 이용해서 주변 액체의 당 농도를 측정하고, 꼬리처럼 생긴 편모를 움직여서 당 공급량이 가장 풍부한 '상류'로 헤엄쳐간다. 모든 시스템의 자연 상태는 더 낮은 에너지 상태로 흘러가며, 이 과정은 넓게는 엔트로피(물질이 질서 상태에서 무질서 상태로 이동하는 경향으로, 우주를 포함한 모든 물질은 결국 붕괴한다)로 설명된다.

그러나 인간의 의사결정 능력처럼 더 복잡한 행동은 어떻게 설명할 수 있을까? 답은 더 많은 기울기 하강에 있다.

인간의 뇌

/

우리 인간의 지능은 기적이며 불가해하다. 과학은 인간의 뇌가 층layer과 피드백 고리를 가진 다른 복잡계와 같은 방식으로 작동한다는 관점에 의견을 같이한다. 이런 복잡계는 수학적으로 '최적화 함수optimization function'를 따르지만 어떤 의미에서는 그냥 '아래로 흘러가는' 상태라고 부를 수도 있다.

지능의 정수는 학습이다. 인간은 입력값을 긍정적 혹은 부정적 점수(보상이나 처벌)와 연관지어 학습한다. 따라서 아기에게 '이 소리'(엄마 목소리)는 음식이나 편안함처럼 이미 학습된 엄마와의 연관성과 이어진다. "이 근육 움직임은 내 엄지손가락을 내 입에 가까이 가져온다"도 마찬가지다. 시간이 흐르고 시행착오를 겪으면서 뇌 신경망은 연관성을 강화한다. 한편 "이 근육 움직임은 내 엄지손가락을 내 입 가까이에 가져오지 않는다"는 부정적인 연관성이며 뇌는 이 연결을 약화시킨다.

그런데 이것은 너무나 단순화한 이야기다. 기울기 하강은 이른바 국소 최저치 문제(만약 기울기 상승이라면 국소 최대치 문제)가 한계점으로 지적된다. 산에서 집에 가고 싶다면 항상 아래를 향해 걸어가면 계곡에 도착하지만, 당신과 집 사이에 다른 산이 있다면 집에 도착하지 못할 수도 있다. 그럴 때는 위상 정신 모델(즉 지도map)이 필요하다. 그래야 계곡을 벗어나려면 어디로 올라가야 할지 알 수 있고, 때로는 그 지역을 벗어나기 위해 기울기 하강과 랜덤워크를 번갈아 가며 사용해야 할 수도 있다.

사실 모기가 내 냄새를 따라올 때 하는 일이 바로 이것이다. 모기는 내 냄새가 나면 하강하고 냄새의 흔적을 잃어버리거나 장애물에 부딪히면 랜덤워크를 한다.

인공지능

/

이것이 자연이다. 컴퓨터는 어떨까? 전통적인 소프트웨어는 이런 식으로 작동하지 않으며 "만약 그렇다면, 이렇게 한다"라는 확고한 논리의 결정론적 트리를 따른다. 그러나 실제 세상과 상호작용하는 소프트웨어는 현실 세계와 더 비슷한 방식으로 움직이는 경향을 보인다. 즉 감지기나 인간 행동에서 나오는 불균일한 입력값을 처리해서 결정론이 아닌 확률론에 따라 답을 내놓는다. 그러면 또다시 기울기 하강이 일어난다.

인공지능 소프트웨어는 기울기 하강법의 최적 사례로, 특히 인공 신경망 모델에 잘 들어맞는다(여기에는 콘볼루션 신경망Convolutional Neural Network 혹은 수많은 층이 있는 '심층' 신경망이 포함된다). 학습 대상에 관한 수많은 예시(예를 들어 '고양이' 라벨을 붙인 사진들)를 보여주는 동시에 다른 무작위 정보(다른 사진들)도 제시하면서 신경망을 '훈련'시키는 전형적인 과정이다. 원하는 결과와 상관없는 정보를 통한 '적대적 훈련'을 포함해서 예시를 통해 신경망이 학습하므로 이 방법을 '지도 학습supervised learning'이라고 한다.

신경망은 생물 모델인 뇌처럼 수천 개의 노드node('뉴런'에 대응하는 개념이다)로 이루어진 층으로 구성된다. 각각의 노드는 위, 아래층에 있는 모든 노드에 연결되며 연결 강도는 무작위다. 위층에는 데이터가 주어지고, 아래층에는 정확한 답이 주어진다. 어떤 연결이든 정확한 답을 도출하면 연결이 강해지고('보상'), 잘못된 답을 도출하면 약해진다('처벌'). 수만 번 반복하면 결국 해당 데이터에 관해 완벽하게 훈련된 신경망을 만들 수 있다.

가능한 모든 연결의 조합을 언덕과 계곡으로 이루어진 행성의 표면처럼 생각할 수 있다(행성의 표면은 3차원에 불과하며 실제 위상이 다차원이라는 사실은 일단 무시하자). 신경망이 학습하면서 겪는 최적화는 행성에서 가장 깊은 계곡을 찾는 과정일 뿐이다. 이는 다음과 같은 단계로 구성된다.

1. 신경망이 문제를 얼마나 잘 해결했는지를 결정하는 '비용 함수'를 정의한다.

2. 신경망을 한 번 작동시켜서 해당 비용 함수에서 결과를 확인한다.

3. 연결값을 바꾸고 다시 작동한다. 두 결과의 차이점은 신경망이 두 번의 작동에서 움직인 방향, 혹은 '기울기'다.

4. 기울기가 '아래로' 향한다면 그 방향으로 더 나아가도록 연결을 바꾼다. 기울기가 '위로' 향한다면 반대 방향으로 바꾼다.

5. 어느 방향으로도 움직이지 않을 때까지 반복한다. 바로 그 지점이 최저치다.

축하한다! 하지만 이 값은 아마 국소 최저치이거나 산에 있는 작은 구덩이일 것이다. 따라서 더 나은 결과를 원한다면 계속 반복해야 한다. 계속 하강할 수는 없고 가장 낮은 지점이 어디인지도 알 수 없지만, 어떻게든 찾아야 한다. 그 방법은 수없이 많은데, 여기 몇 가지 방법이 있다.

1. 다양한 무작위 설정으로 수없이 많이 학습한 후에 각각의 시도에서 얻은 학습 결과를 공유한다. 근본적으로 시스템을 뒤흔들어서 더 낮은 상태로 내려가는지 확인해야 한다. 수많은 시도 중에서 더 낮은 계곡을 발견하면 그 설정에서 다시 시작한다.

2. 하강법만 시도하지 말고 술 취한 것처럼 비틀거리면서 주변을 탐색해도 좋다(이를 '확률적 기울기 하강'라고 한다). 이 학습법을 충분히 오래 하면 결국 정확한 최저치를 찾을 것이다. 여기에는 삶에 대한 은유가 숨어 있다.

3. 다양성으로 정의되는 '흥미로운' 특징을 찾아라(예를 들어 가장자리

나 색의 변화). 경고: 이 방법은 광기로 이어질 수 있다. 너무 많은 '흥미로움'은 신경망에 착시를 일으키기 때문이다. 그러니 신경망을 정상으로 유지하고 인공물이나 오류와 반대되는, 자연에서 실제일 것 같은 특징을 강조하라. 이것을 '정규화'라고 하며, 정규화 기술은 수없이 많다. 가령 이런 특징이 학습하기 전에도 나타났는지(즉 학습된 것인지), 아니면 '낮은 빈도'(현실 세계의 특징처럼 더 연속적인지)로 나타나기보다 너무 '높은 빈도'(고정된 상태인지)로 나타나는지 등을 들 수 있다.

인공지능 시스템이 때로 국소 최저치에 머무른다고 해서 생명체보다 수준이 더 낮다고 결론 내려서는 안 된다. 인간 혹은 모든 생명체 역시 가끔 국소 최저치에 갇히기도 하기 때문이다.

수천 년 동안 인간이 가르치고 배우고 최적화한 바둑을 예로 들어보자. 인공지능은 3년도 채 안 되는 시간에 인간이 바둑을 내내 잘못 두고 있었으며, 인간은 생각하지 못했던 거의 생경한, 더 나은 해결책이 있었음을 보여주었다. 인간의 뇌는 그토록 많은 수를 앞서 읽을 수 있는 처리능력이 없기 때문이다.

바둑보다 열 배나 쉽고 가르치기도 쉬운 체스에서도 기계는 무차별적으로 인간을 패배시켰다. 우월한 신경망 인공지능 시스템이 탐구한 체스는 인간은 상상하지 못했던 기이하고도 뛰어난 전략을 구사했다. 인공지능은 퀸을 초반에 희생해서 인간은 이해하기 힘든 장기적인 이익을 얻었다. 마치 실제로는 고차원에 존재하는 게임을 인간은 2차원 버전으로 해온 격이다.

이런 이야기들이 익숙하다면, 이는 물리학이 수십 년 동안 이런 종류의 위상 문제와 씨름해왔기 때문이다. 우주가 다차원이라는 개념과 기하학으로 귀결되는 수학, 인간의 감각을 넘어서는 '막membrane'의 상호작용은 대통일 이론 학자들의 무덤이다. 그러나 다차원 이론물리학과 다르게, 인공지능은 인간이 실제로 실험하고 측정할 수 있는 대상이다.

    그러니 이것이 우리가 할 일이다. 다음 몇 십 년 동안 700만 년의 진화 과정에서도 발견할 수 없었던 사고방식을 폭발적으로 탐구하게 될 것이다. 인간은 국소 최저치에 빠진 자신을 구원해서 더 깊은 최저치를 발견할 것이고, 어쩌면 전역 최저치를 발견할 수도 있다. 그렇게 되면 인간은 모기 정도의 영리함을 갖춘 기계에게 무엇일지 알 수 없지만 궁극적인 목적을 향해 끝없이 하강하는 우주적 기울기를 가르칠 수도 있을 것이다.

제15장

위너, 섀넌, 그리고 우리 모두를 위한 '정보'

데이비드 카이저

데이비드 카이저David Kaiser는 물리학자로 과학과 정치, 문화의 교차점에 흥미를 갖고 있다. MIT 과학사 교수이자 물리학 교수이며, MIT의 과학, 기술, 사회 프로그램 책임자다.《히피가 구원한 물리학》《미국 물리학과 냉전 거품》의 저자다.

엮은이의 말

데이비드 카이저는 특이하게도 과학과 정치, 문화의 교차점에 흥미를 느끼는 물리학자로, 이에 대해 많은 글을 썼다.

이 책을 기획하기에 앞서 코네티컷주 워싱턴에서 처음 만났을 때 데이비드는 위너의 시대, 즉 냉전 시대의 군수산업 이후 '정보'에 관한 관점의 변화에 대해 말했다. 당시 위너는 정보를 엔트로피에 비유하면서 정보가 보존, 즉 독점되지 못할 것이고, 따라서 핵무기의 비밀과 여타 비밀도 오래가지 못하리라고 주장했다. 현재 위너가 예상한 대로 정보는 가짜든 진짜든 워싱턴 밖으로 새어 나가고, 경제계의 정보는 실제로 저장되고, 상품으로 매매되며, 현금화할 수 있다.

이에 대한 제재는 "모두 좋지도, 모두 나쁘지도 않다"라고 데이비드는 말했다. 내 생각으로는 우리가 얼마 전에 산 양말 광고나 유럽강 유람선 광고가 성가시게 튀어나오는 상황에 얼마나 질렸는지에 달린 것 같다.

정보의 확산은 말할 것도 없다. 데이비드는 회의에 참석했던 사람들에게 위너 시대에는 물리학자가 《피지컬 리뷰》 한 권을 모두 읽을 수 있었다. 우리 앞에는 읽을 수 있는 만큼의 논문이 있었다. 그런데 지금은 1분마다, 신만이 아실 내용으로 가득한 5만 건의 오픈 소스 잡지에 휩쓸린다"라며 불평했다. 데이비드는 이 중 위너가 예측했던 발전은 아무것도 없으며, "우리를 이끌 새로운 은유가 필요한가?"라고 되묻게 한다고 말했다.

아서 케스틀러는 《몽유병자들》에서 고대부터 르네상스까지 전면적인 과학 사상사를 훑으면서 인류의 우주론적 상상력의 가장 극적인 도약에 새겨진 긴장 상태를 발견했다. 니콜라우스 코페르니쿠스와 요하네스 케플러의 위대한 저작을 지금 읽어보면, 현대적인 통찰력만큼이나 이전 시대의 마술이나 신비주의가 묻어나는 이상하고 낯선 기운에 충격을 받는다고 케스틀러는 주장했다.

나 역시 노버트 위너의 역작인 《인간의 인간적 활용》에서 옛것과 새것이 지그재그로 접혀 있는 종이접기 같은 이중성을 느꼈다. 1950년 처음 출판되고 1954년 개정판이 나온 이 책은 많은 면에서 이례적인 선견지명을 보여준다. MIT의 박식가였던 위너는 "사회는 메시지와 통신 기능에 대한 연구를 통해서만 이해할 수 있다"라는 사실을 대부분의 관찰자보다 한 발 앞서 깨달았다. 위너는 자신의 사이버네틱스 이론의 주요 특징인 피드백 고리feedback loops가 사회동역학에서 결정적 역할을 하리라고 주장했다. 피드백 고리는 사람을 타인과 연결할 뿐만 아니라 사람과 기계도 연결하며, 결정적으로 기계와 기계를 연결한다.

위너는 정보가 매체에서 분리될 수 있는 세상을 엿보았다. 사람, 혹은 기계가 방대한 거리를 뛰어넘어 패턴을 전달할 수 있고, 이를 이용해서 결국에는 "물질 입자를 한쪽 선 끝에서 다른 끝으로 (…) 이동"하는 일이 없이도 새로운 물품을 만드는 세상이다. 이 상상은 현재 네트워크로 연결된 3D 프린터로 현실이 되었다. 위너는 이전에는 인간의 판단에 의존했던 작업에서도 기계 대 기계의 피드백 고리가 자동화의 거대한 진보를 끌어내리라고 상상했다. "기계는 육체노동과 사무직 노동을 가리지 않는다"라고 위너는 말했다.

그럼에도 《인간의 인간적 활용》의 여러 주요 논거는 21세기보다는 19세기에 더 가까워 보인다. 특히 위너가 당시 새로운 이론이었던 클로드 섀넌의 정보 이론을 인용했지만, 환원할 수 없는 무의미한 비트로 구성되는 섀넌의 정보 개념을 온전히 받아들이지는 못한 듯하다. 위너의 시대가 지나자 섀넌의 이론은 최근 '빅데이터'와 '딥러닝'의 진보를 뒷받침했고, 이런 발전은 위너의 사이버네틱스를 재고해야 한다는 관심을 높였다. 전문가들이 위너의 '정보' 개념을 재탐구한다면 미래의 인공지능은 어떻게 달라질까?

*

《인간의 인간적 활용》을 썼을 때, 위너는 전쟁 관련 연구를 한 경험과 군산 복합체 속 지성인의 도덕적 모호함에 받은 충격이 아직도 생생한 상태였다. 불과 몇 년 전, 위너는 《애틀랜틱 먼슬리》에 앞으로 "무책임한 군국주의자의 손에 이용당할 어떤 연구 결과도 발표하지" 않겠다고 기고했다.[33] 위너는 혁신적인 신기술에 대한 애증을 간직했고, 이후 전문가가 설파하는 요란한 선전이나 디지털 유토피아주의 어느 쪽도 탐닉하지 않았다.

"진보는 미래의 새로운 가능성뿐만 아니라 새로운 제약도 부과한다"라고 위너는 《인간의 인간적 활용》에 썼다. 기술이 만든 제약뿐만 아니라 인간이 만든 제약도 우려했으며, 특히 사이버네틱스 체계에서 매우 중요한 정보의 흐름을 위협하는 냉전이 가져온 제약에 관심을 기울였다. 조셉 매카시 상원의원과 그 추종자들의 선동 아래 군사정보가 맹목적이고 과도하게 기밀로 분류"되면서, 미국의 정치 지도자들은 "르네상스 시대 베네치아에서나 있었던 비밀스러운 마음의 틀"을 선택하도록 몰아붙여졌다. 위너는 맨해튼 프로젝트에 참여했던 많은 과학자의 증언을 상기시키면서 전후 기밀에 대한 집착, 특히 핵무기에 대한 집착은 과학적 과정을 오해한 데서 나온다고 주장했다. 핵무기 제작의 유일한 진짜 비밀은 그런 폭탄을 만들 수 있는지였다고 위너는 썼다. 히로시마와 나가사키에 핵폭탄을 투하함으로써 일단 핵폭탄을 만들 수 있다는 비밀이 드러나면, 국가가 아무리 비밀 유지를 강요해도 다른 이들 역시 맨해튼 프로젝트 연구자들이 따라갔던 추론의 연쇄 고리를 통해 비밀을 알게 될 것이다. 위너는 이를 두고 "뇌에는 마지노선이 없다"라는 인상적인 말을 남겼다.

요점을 강조하자면, 위너는 섀넌의 정보 이론에서 새로운 발상을 빌려왔다. 1948년 벨연구소의 수학자이자 공학자였던 섀넌은 《벨 시스템 기술 저널》에 아주 긴 논문 두 편을 발표했다. 1949년에 이 논문을 폭넓은 독자들에게 소개한 수학자 워런 위버는 섀넌의 공식에서 "'정보'라는 단어는 (…) 특별한 의미로 사용되며 원래의 용법과 혼동하지 않아야 한다. 특히 '정보'를 '의미'와 혼동해서는 안 된다"라고 설명했다.[34] 언어학자와 시인은 통신의 '의미론적' 측면에 관심을 두겠지만 섀넌 같은 공학자는 다르다고 위버는 말을 이었다. "통신 이론에서 '정보'라는 단어는 일반적으로 말하는 의미뿐만 아니라 말할 수 있는 의미와도 거의 연관성이 없다." 이제는 유명한 섀넌의 정리에서, 일련의 부호로 나타나는 정보량은 선택된 일련의 부호 수의 로그 함수로 주어진다. 섀넌의 주요한 통찰은 메시지의 정보가 기체의 엔트로피, 즉 계의 무질서도의 측도와 같다는 것이다.

위너는 《인간의 인간적 활용》을 쓰면서 이 통찰을 빌려왔다. 정보가 엔트로피와 같다면 보존되거나 억누를 수 없다. 19세기 물리학자들은 물리계의 총 에너지는 항상 일정하며, 과정의 시작과 끝이 완벽한 균형을 이루어야 한다고 증명했다. 그러나 엔트로피는 그렇지 않다. 엔트로피는 시간이 흐를수록 계속 증가하며, 이것이 열역학 제2 법칙이다. 에너지는 보존되지만 엔트로피는 증가해야 한다는 이 극명한 차이점에서 거대한 우주적 결과가 도출된다. 시간은 앞으로 흘러가야 하고 미래가 과거와 같을 수 없다. 우주는 '열역학적 죽음'을 향해 위태롭게 달려간다. 언젠가 먼 미래에 총 에너지가 균일하게 분산되고 엔트로피가 최대치에 도달하면 더는 변화가 일어나지 않는다.

만약 정보가 엔트로피와 같이 보존될 수 없다면, 군사 지도자들이 "고정된 도서관과 연구실에 국가 과학 지식"을 비축하려는 시도는 어리석은 일이라고 위너는 결론 내렸다. 실제로 "주의 깊게 책과 논문으로 기록해서 기밀이라는 꼬리표를 달아 도서관에 저장한 과학 연구는 아무리 많더라도 정보의 유효성이 끊임없이 발전하는 세계에서 잠시라도 우리를 보호하기에 적절치 않을 것이다." 영구기관을 둘러싸고 책략을 꾸미던 장사치들이 열역학 제2 법칙에 무너졌던 것처럼, 기밀을 유지하고 분류하며 정보를 봉쇄하려는 시도는 실패하리라고 위너는 주장했다.

위너는 자유시장 근본주의라는 미국의 '정통성'도 비슷한 논리로 비판했다. 대부분의 미국인에게 "정보 문제는 미국인의 표준 기준, 즉 '상품은 공개 시장에 무엇을 가져올지에 따라 상품으로서의 가치가 매겨진다'라는 기준에 따라 평가될 것이다". 사실 "전형적인 미국인의 세상에서 정보의 운명은 팔거나 살 수 있는 무엇인가가 되는 것"이다. 사람들 대부분은 "소유자가 없는 정보는 상상도 하지 못한다"라고 위너는 말했다. 위너는 이 관점이 걷잡을 수 없이 확산하는 군사기밀 분류만큼 비뚤어졌다고 생각했다. 여기서 다시 위너는 섀넌의 통찰을 들먹인다. "정보와 엔트로피는 보존되지 않으므로, 이 둘은 똑같이 상품으로서 적합하지 않다."

*

정보는 보존될 수 없다. 여기까지는 괜찮다. 그러나 위너가 정말 섀넌의 '정보'를 이해한 걸까? 위버가 강조했듯이 섀넌의 주장의 주안점은 의미를 가진 메시지라는 일상적인 '정보'와 거대한 우주의 횡설수설 속에서 선택되어 확률에 따라 배열된 추상적이며 세밀한 일련의 부호의 개념이 다르다는 데 있다. 섀넌에게 정보의 기본단위인 비트는 지식이 아니라 전달 단위이므로 '정보'는 수량화할 수 있는 개념이었다.

반면 《인간의 인간적 활용》에서 '정보'를 설명하면서, 위너는 시간을 다시 고전적이고 인문적인 개념으로 되돌렸다. 위너는 "정보 한 조각이(강조하건대 그는 '비트'라고 쓰지 않았다) 공동체의 일반 정보에 공헌하려면 이전의 일반 정보와는 상당히 차별화되는 무엇인가를 알려야 한다"고 했다. 이것이 "남학생이 셰익스피어를 좋아하지 않는 이유"라고 위너는 결론지었다. 시인의 시구는 순전히 무작위 비트스트림bitstream(데이터 통신회로를 통해 연속적으로 전송되는 일련의 비트열로 데이터 스트림의 단위—옮긴이)에서 나왔지만, 의미를 찾는 대중에게 너무 익숙해져서 "당시의 피상적인 클리셰에 흡수되어버렸다."

최소한 셰익스피어의 정보 내용은 신선했던 적이라도 있었다. 전후 호황이 일어나던 시기에 위너는 신문부터 영화, 라디오, TV, 책까지 '막대한 1인당 통신량'이 평범함, 즉 정보의 평균 회귀를 키웠다고 조바심을 냈다. "우리는 무해하고 보잘것없는 표준화된 생산품을 점점 더 많이 받아들여야 한다. 빵 자체의 영양가보다는 저장하고 판매하는 데 초점이 맞춰진 제과점의 흰 빵처럼." "젊은이가 세상에 하고 싶은 말이 있어서라기보다 소설가로서의 특권을 열망해서 쓴 첫 번째 소설로부터, 신이여, 우리를 구하시길! 마찬가지로 정확하고 우아하지만 몸이나 영혼이 없는 수학 논문에서도 신이 우리를 구하시길"이라며 위너는 탄식했다. 위너가 '정보'를 다루는 것을 보면 1948년의 클로드 섀넌보다는 1869년의 매슈 아널드[35]와 더 비슷하다. '비트'보다는 '몸과 영혼'에 더 큰 방점을 찍었다. 위너는 '콘텐츠 생산자'라는 아널드의 낭만적인 관점도 공유했다. "정확히 말하자면 예술가, 작가, 과학자는 작업 결과물에 금전적 보상이 없어도 저항할 수 없는 창조의 충동으로 움직인다. 이들은 그런 기회를 얻기 위해 무엇이든 기꺼이 지불할 것이다." 19세기 예술지상주의도 예술가는 창조하기 위해 고통받아야 한다고, 의미 있는 표현을 위한 탐색은 항상 돈을 능가한다고 외쳤다.

위너에게 몸, 영혼, 열망, 표현은 '정보'의 적절한 기준이었다. 그러나 정보의 상업화에 대항할 논지를 펴기 위해, 위너는 다시 정보는 엔트로피라는 섀넌의 수학으로 되돌아간다.

*

우리 시대로 돌아와보자. 많은 측면에서 위너가 옳았다는 점이 입증되었다. 기계 대 기계의 통신으로 구동하는 연결된 피드백 고리라는 위너의 비전은 이제 일상이 되었다. 더욱이 인터넷 시대의 초기 혼란 속에서 디지털 저작권 침해는 노래, 영화, 책, 코드 등의 '정보'가 한곳에 머무를 수 있다는 관점을 뒤집었다. 유료화라는 벽을 세웠는데, 다른 곳에서 콘텐츠가 돌아다니면 정보 엔트로피는 보존할 수 없다.

한편, 세계에서 가장 크고 많은 이윤을 창출하는 거대한 다국적 기업들은 이제 '정보'를 저장하거나 현금화할 수 없다는 위너의 주장이 틀렸음을 일상적으로 입증한다. 아이러니하게도, 다국적 기업들이 거래하는 '정보'는 섀넌의 수학적 증명에도 불구하고 위너보다는 섀넌의 정의에 맞닿아 있다.

구글 도서에서 무료로 수십만 권의 문헌을 유포하면서 구글, 그리고 페이스북, 아마존, 트위터, 그 외 수많은 모방자는 기본 형태의 '정보'를 제멋대로 이용해서 놀라운 이윤을 창출하는 데 활용했다. 페타바이트(1,000테라바이트—옮긴이)나 되는 섀넌 유사 정보, 즉 의미 없어 보이는 클릭 수, 좋아요 수, 리트윗 수는 사실상 네트워크로 연결된 컴퓨터를 사용한 모든 사람에게서 수집된다. 이 정보는 구글 소유의 '딥러닝' 알고리즘을 통해 걸러지고 분류되어 우리가 인터넷을 돌아다니다가 만나는 모든 광고부터 뉴스에까지(가짜든 아니든) 맞춤 적용된다.

1950년대 초에 위너는 인간 사회와 대비되는 개미 사회의 구조와 한계를 연구해서, 사람이 이룰 수 있는 "거의 한계가 없는 지능 확장"을 언젠가 기계가 달성할 때를 대비하자고 했다. 위너는 기계가 인간을 지배하려면 오직 "엔트로피가 증가하는 최종 단계", 즉 "개인 사이의 통계적인 차이가 없을 때"만 가능하다는 개념에서 위안을 찾았다. 현재 데이터마이닝data-mining 알고리즘은 위너의 주장을 완전히 뒤집는다. 데이터마이닝은 인간의 대뇌 피질을 모방하기보다는 인간의 파충류 뇌를 이용해 이윤을 창출한다. 심야의 여흥, 블로그 중독, 즐거움을 쫓는 클릭에서 정보를 모아 아주 작은 "개인 사이의 통계적 차이"에 정확하게 영향을 미친다.

확실하게 해두자면, 인공지능과 관련된 최근의 몇몇 성과는 놀라울 정도로 인상적이다. 컴퓨터는 이제 유명한 대가들처럼 시각예술 작품을 제작하고 음악을 작곡할 수 있으며, 위너가 가장 소중하게 여긴 '정보'를 창조하고 있다. 하지만 지금까지 사회에 가장 큰 영향을 미친 것은 섀넌이 정의한 정보를 수집하고 조작하는 일이며, 이는 우리의 쇼핑 습관, 정치 참여, 개인적인 관계, 사생활에 대한 기대 등을 바꾸어놓았다.

위너가 말한 대로 근본 통화가 '정보'로 바뀌면 '딥러닝'은 어떻게 진화할까? 위너의 도덕적 신념이 되살아나서, 걷잡을 수 없이 확장되는 군국주의에 대한 통찰력 있는 우려를, 고삐 풀린 기업의 이윤 추구를, 스스로 억제하는 기밀의 특징을 알게 되고, 인간의 감정이 교환할 수 있는 상품으로 바뀌면, 이 분야는 어떻게 바뀔까? 어쩌면 '딥러닝'은 수그러들지 않는 강력한, 그러나 의미 없는 비트를 추구하기보다 의미 있는 정보를 구축하는 일이 될지도 모른다.

제16장

스케일링

닐 거센펠트

닐 거센펠트Neil Gershenfeld는 물리학자로 MIT 비트와원자연구소Center for Bits and Atoms 소장이다. 그의 연구는 주로 양자 컴퓨팅, 나노테크놀로지, 개인 제작과 같은 분야에서 물리학과 컴퓨터 과학을 포함한 학문 간 연구에 집중되어 있다. 다양한 디지털 제작 장비를 통해 아이디어를 직접 구체화, 실체화할 수 있는 소규모 실험실 팹랩Fab Lab의 설립자로, 팹랩은 전 세계적인 네트워크로 발전되었다. 저서로《팹》이 있으며, 공저로 앨런 거센펠트와 조엘 커처-거센펠트와 함께 쓴《현실을 디자인하다》등이 있다.

엮은이의 말

앞서 언급한《인간의 인간적 활용》의 코네티컷 토론에서 닐 거센펠트는 이 책을 싫어한다고 공언하면서 일종의 신선한 공기를 불어 넣었다. 컴퓨터나 과학에 일어날 수 있는 최악의 일 중 하나가 컴퓨터 과학이라는 닐의 말에 모두가 폭소를 터뜨렸다. 닐은 위너가 자기 주변에서 일어나는 디지털 혁명의 영향력을 놓쳤다고 주장했다. 물론 누군가는 이 분야의 가장 기초 단계에 있었으며 예지력이 부족했던 위너를 공개적으로 비난할 수는 없다고 할 것이다.

"내 삶에서 주객이 전도됐던 사건은 팹랩과 메이커 운동 maker movement이다. 위너는 자동화의 위협을 말할 때 반대의 경우, 즉 자동화 수단을 갖춘 사람에게 더 큰 능력이 부여된다는 사실은 잊어버리는 것 같다. 내가 한구석을 차지한 팹랩에서는 이 능력이 기하급수적으로 늘어난다."

2003년에 나는 MIT 비트와원자연구소에서 닐을 만났다. 몇 시간 뒤에야 나는 괴상한 물건들이 넘쳐나는 전시회에서 벗어났다. 닐은 인기 강의인 쾌속 조형rapid-prototyping 수업(거의 모든 것을 만드는 방법)을 듣는 학생의 작품을 보여주었다. 공학 지식이 전혀 없는 이 조각가는 소리를 지를 수 있는 휴대용 개인 공간을 만들었는데, 비명 소리는 녹음해뒀다가 나중에 들을 수 있다. 다른 학생은 앵무새가 인터넷을 탐색할 수 있게 하는 웹브라우저를 만들었다. 닐 자신은 SF에나 나올 법한 '보편적 복제기'의 로드맵을 연구 중이었다. 이 견학에서 본 것을 이해하는 데는 몇 년이 걸렸다.

닐은 전 세계에 있는 팹랩을 네트워크로 연결해서 관리한다. 팹랩은 디지털 기술로 구현한 소규모 제작 실험실로, 사람들이 원하는 것은 무엇이든 만들어볼 수 있는 공간이다. 메이커 운동 전문가로서 디지털 통신과 계산을 생산과 통합한 닐은 때로 외부 세계에서 현재 일어나는 인공지능 안전성 논쟁이 과열됐다고 느끼곤 한다.

"내 연구 능력은 내 능력을 증대시키는 도구에 기반을 두고 있다. 도구에 지능이 있는지 없는지 묻는 일은 내가 존재한다는 사실을 어떻게 아느냐고 묻는 것만큼 유익하며 철학적으로 즐거울 수는 있지만, 경험적으로 확인해볼 수는 없다"라고 닐은 말한다. 닐이 관심을 두는 것은 "비트와 원자가 연관되는 방식, 즉 디지털과 물질의 경계선"이다. "과학적으로 내가 아는 가장 흥미로운 문제다."

인공지능에 관한 논쟁은 이상할 정도로 역사와는 관계가 없다. 오히려 조울병으로 더 잘 설명할 수 있는데, 어떻게 계산하느냐에 따라 다르지만 우리는 다섯 번째 순환 주기에 들어섰다. 이 변동은 기저에 숨어 있는 진보의 연속성과 진보가 향해가는 예상된 결과를 가려준다.

  이 순환 주기는 대략 십 년을 주기로 하는 파동이다. 첫 번째 주기에는 중앙컴퓨터가 나타나서 작업을 자동화할 수 있었다. 그러나 사람에게는 간단한 일도 컴퓨터에 시키려면 프로그램이 필요하고, 이 프로그램은 작성하기가 어렵다는 현실적인 문제에 부딪혔다. 그다음에는 전문가 시스템이 나타나 체계화되면서 전문가의 지식을 대체했다. 그러나 이미 밝혀진 사례가 아니면 관련 지식과 추론을 조합하기가 어려웠다. 퍼셉트론perceptron은 뇌가 학습하는 방식을 모델링해서 이 문제를 해결하려 했지만 별다른 성과는 없었다. 다층 퍼셉트론은 단층 퍼셉트론과 달리 문제를 다룰 수 있었지만, 조직화하지 않은 현실 세계 문제를 해결하기에는 역부족이었다. 이제 우리는 딥러닝 시대에 접어들었다. 초기 인공지능이 약속했던 많은 것들이 실현되고 있지만 인간이 이해하기 어려운 방식이고, 결과도 지능적인 것부터 존재적 위험까지 다양하다.

각각의 시대는 이전 시대의 제약을 뛰어넘는 혁명적인 발달이라고 예고되지만, 실상은 모두 같은 일을 한다. 바로 관찰해서 추론하는 것이다. 이런 접근법들이 어떻게 연관되는지는 스케일링 방식에 따라 이해할 수 있다. 즉, 접근법의 성능은 다루려는 문제의 난이도에 달려 있다. 전등 스위치와 자율주행 자동차는 모두 운영자의 의도를 파악해야 하지만, 전등 스위치는 선택지가 두 개뿐이고 자율주행 자동차는 선택 범위가 넓다. 인공지능의 호황은 제한된 영역에서 장래성이 보이는 사례로 시작했지만, 조직화하지 않은 현실 문제의 복잡성을 다루지 못하고 실패하면서 무너졌다.

스케일링이 꾸준히 발전했는지는 분명하지 않다. 이 진보는 선형함수와 지수함수를 구별하는 기술에서 나왔다. 두 함수의 차이점은 인공지능의 새벽이 다가오면서 명백해졌지만, 수년이 지난 후에야 인식할 수 있었던 인공지능에 대한 암시도 함께 나타났다.

인공지능 기계 연구 중에서도 기본인 《인간의 인간적 활용》에서 노버트 위너는 앞으로 일어날 가장 중요한 동향을 대부분 발견하는 놀라운 일을 해낸다. 여기에 덧붙여 앞으로의 발전에 공헌하는 사람들도 언급하지만, 이들의 성과가 왜 그토록 중요한지는 계속 깨닫지 못한다. 위너는 사이버네틱스 분야를 창조해서 명성을 얻었다. 나는 사이버네틱스가 무엇인지 이해하지 못하지만, 가장 핵심 주제인 인공지능이 어떻게 진보했는지를 이 책이 빠뜨렸다는 사실은 안다. 이 책의 메아리가 현재까지 울리고 있기에 이 역사는 중요하다.

클로드 섀넌은 이 책에서 체스를 두는 컴퓨터에 관한 위너의 전망 행간에 카메오로 출연한다. 섀넌은 당시 추측하는 것보다 훨씬 더 중요한 일을 하고 있었다. 바로 디지털 혁명의 근간을 세우는 일이었다. MIT 대학원생이었던 섀넌은 버니바 부시 연구실에서 미분 해석기Differential Analyzer를 연구했다. 미분 해석기는 방 하나를 기어와 축으로 가득 채운, 위대한 최후의 아날로그 컴퓨터였다. 미분 해석기로 문제를 해결하는 것이 어렵다는 좌절감을 느낀 섀넌은 1937년 석사학위 논문으로는 아마도 최고일 논문을 썼다. 이 논문에서 섀넌은 임의의 논리식을 다루려면 전기회로를 어떻게 설계해야 하는지 설명하고, 보편적인 디지털 논리회로의 기초를 소개했다.

MIT를 졸업한 뒤 섀넌은 벨연구소에서 통신을 연구했다. 아날로그 전화는 거리가 멀어지면 통화 품질이 떨어졌다. 신호가 더 멀리 갈수록 들리는 소리가 더 나빠졌다. 신호를 점진적으로 계속 개선하는 대신, 1948년에 섀넌은 연속량 대신 부호로 통신하면 반응이 크게 달라진다는 사실을 입증했다. 언어 파형을 1과 0으로 이루어진 이진값으로 변환하는 것이 한 사례이지만, 다른 많은 부호도 디지털 통신에 사용할 수 있다. 중요한 것은 특정 부호가 아니라 오류를 검출하고 교정하는 능력이다. 섀넌은 잡음이 한계점을 넘으면(이 문제는 시스템 설계에 따라 달라진다) 반드시 오류가 생긴다는 사실을 발견했다. 그러나 잡음이 한계점을 넘지 않으면 부호를 나타내는 물리적 자원의 선형 증가는 부호를 정확하게 수신할 때 오류가 생길 가능성을 기하급수적으로 감소시킨다. 지금 우리는 이 연관성을 섀넌의 제1부호화 정리라고 부른다.

이 비례는 너무나 빨리 줄어들어서 오류의 가능성 역시 아주 작아지며, 사실상 오류가 일어나지 않는다. 각각의 부호 전달은 확실성에 더해지기보다는 곱해지고, 따라서 오류 가능성은 0.1에서 0.01, 0.001로 축소된다. 통신 오류의 기하급수적인 감소는 통신 네트워크 성능을 기하급수적으로 증가시켰고, 결국 인공지능 시스템에 관한 지식이 어디서 왔는지에 관한 문제를 해결했다.

오랫동안 컴퓨터 계산 속도를 높이는 가장 빠른 방법은 아무것도 하지 않는 것이었다. 컴퓨터가 더 빨라질 때까지 그저 기다렸다. 같은 방식으로 정보를 일일이 입력해서 일상의 지식을 축적하는 인공지능 프로젝트 시기도 있었다. 이것은 그저 입력하는 사람의 수가 많아지는 만큼만 빠르게 발전할 수 있었다. 그러나 전화 통화, 신문 기사, 편지가 모두 인터넷으로 옮겨가자, 이런 일을 하는 사람 모두가 데이터 생성자가 되었다. 그 결과 선형이 아니라 기하급수적인 속도로 지식이 축적되었다.

존 폰 노이만도 《인간의 인간적 활용》에서 설명하는 게임 이론에 카메오로 등장한다. 위너가 여기서 놓친 것은 폰 노이만이 컴퓨터 디지털화에서 중대한 역할을 했다는 점이었다. 아날로그 통신은 거리에 따라 품질이 나빠졌지만 미분 해석기 같은 아날로그 컴퓨터는 시간에 따라 품질이 나빠졌는데, 계산하면서 점점 오류가 축적되기 때문이었다. 폰 노이만은 1952년에 섀넌의 계산과 부합하는 결과를 발표했는데(두 사람은 프린스턴고등연구소에서 만났다), 연속량 대신 부호를 사용하면 신뢰도가 떨어지는 계산 기계로도 신뢰할 만한 계산이 가능하다는 사실을 입증했다. 이 사실은 다시 스케일링 문제로 이어져서 잡음이 한계선 이하인 한, 부호로 나타나는 물적 자원의 선형 증가는 부호 오류 비율의 기하급수적인 감소로 이어진다. 이 점이 컴퓨터 칩에 모두 제대로 작동하는 트랜지스터 십억 개를 넣을 수 있는 이유다. 이 상관관계는 컴퓨터의 성능을 기하급수적으로 높였고, 인공지능의 두 번째 문제인 기하급수적으로 증가하는 데이터량을 처리하는 문제를 해결했다.

스케일링이 해결한 인공지능의 세 번째 문제는 각각의 문제를 프로그래머 없이 추론하는 규칙을 찾아내는 것이었다. 위너는 머신러닝에서 피드백의 역할을 깨달았지만 결과를 나타낸다는 중요한 역할은 무시했다. 자율주행 자동차에 모든 이미지를 저장하거나, 대화형 컴퓨터에 모든 소리를 저장할 수는 없다. 컴퓨터는 경험에서 일반화할 수 있어야 한다. 딥러닝의 '깊이'는 기대처럼 통찰력의 깊이가 아니라 예측하기 위해 활용하는 수학적 네트워크 층의 깊이를 가리킨다. 네트워크의 표현 기능은 네트워크 복잡성이 선형적으로 증가함에 따라 기하급수적으로 증가하는 것으로 나타났다.

방에서 열쇠를 잃어버리면 방 안을 찾아보면 된다. 열쇠를 어느 방에서 잃어버렸는지 모른다면 건물 안의 모든 방을 찾아야 한다. 어느 건물에서 잃어버렸는지 모르겠다면 도시에 있는 모든 건물의 모든 방을 수색해야 한다. 어느 도시인지도 모른다면 모든 도시에 있는 모든 건물의 모든 방을 뒤져봐야 한다. 인공지능이 열쇠를 찾는 일은 자동차가 도로를 따라 안전하게 달리거나 컴퓨터가 음성 명령을 정확하게 해석하는 일에 해당하고, 방과 건물과 도시는 고려해야 하는 모든 선택사항에 해당한다. 이를 차원의 저주curse of dimensionality라고 부른다.

차원의 저주는 문제에 관한 정보를 이용해서 검색 영역을 제한하자 해결됐다. 검색 알고리즘 자체는 새롭지 않다. 하지만 딥러닝 네트워크에 적용하자 어디를 검색해야 할지가 적절하게 설정됐다. 정확한 최상의 답을 찾는 것이 더는 가능하지 않다는 대가를 치러야 하지만, 대개는 그 정도 해답으로도 충분하다.

요약하면, 이런 스케일링이 기계를 생물 복잡성 수준까지 효율적으로 끌어올렸다는 사실은 놀랄 일이 아니다. 신경망은 뇌의 움직임을 모델링하려는 목적에서 시작했다. 그러나 뉴런이 실제로 어떻게 기능하는지와 관련 없는 추상적 수학으로 진화하면서, 이 목표는 폐기됐다. 이제는 역설계 생물학reverse-engineering biology이라기보다는 생물 설계학으로 생각할 수 있는 일종의 수렴 현상이 나타나고 있다. 딥러닝의 결과가 뇌의 층과 영역을 상기시키기 때문이다.

내가 맡았던 가장 어려운 연구 프로젝트의 하나는 데이터 과학자와 인공지능 개척자를 연계하는 연구였다. 골대가 움직이는 것이나 마찬가지인 괴로운 실험이었다. 인공지능 개척자들이 다년간에 걸쳐 부여한 문제를 데이터 과학자가 해결하기 시작했지만, 해답을 이해하는 데 상응하는 도약이 이루어지지 않았기에 이는 셈에 넣지 않았다. 체스를 두는 컴퓨터의 작동 원리를 모르는데 그 가치를 어떻게 평가할 수 있겠는가?

물론 답은, 컴퓨터가 체스를 둘 수 있다는 것이다. 인공지능을 인공지능에 적용한다는 흥미로운 연구도 발표되었는데, 인공지능이 작동하는 원리를 설명하기 위해 네트워크를 훈련시킨다는 이야기다. 그러나 뇌와 컴퓨터 칩은 내부의 작동 현상을 관찰해서 이해하기는 힘든 대상이며, 외적인 접점만 관찰해서 해석하기 십상이다. 뇌와 컴퓨터 칩이 작동하는 방식을 설명하기보다는 실험한 경험을 근거로, 우리는 뇌와 컴퓨터 칩이 유사하다고 믿게(혹은 믿지 않게) 되었다.

수많은 공학 분과가 명령형 설계에서 서술형 혹은 생성형 설계로 이행하고 있다. 즉, CAD 파일, 회로 설계도, 컴퓨터 코드 같은 도구로 시스템을 정확하게 설계하는 대신, 시스템에 원하는 것을 말하면 기계가 자동으로 검색해서 원하는 목적과 제약을 충족하는 설계를 보여준다. 이 방법은 설계의 복잡성이 인간 설계자가 이해할 수 있는 범위를 넘어서면서 나타났다. 위험하게 들릴 수도 있지만 인간의 지식은 한계에 부딪히며, 훌륭한 통찰로 보이는 공학 설계가 나쁜 결과를 가져오는 일이 비일비재하다. 서술형 설계는 모든 과정을 인공지능에 맡기고 이에 더해 가상으로 설계를 검사하는 모의실험의 정확도도 개선한다.

최악의 설계 문제는 인간에게도 일어난다. 인간이 설계된 방식은 가장 오랫동안 잘 보존되어온 유전체의 일부인 혹스Hox 유전자에 있다. 혹스 유전자는 발생 과정에서 유전자를 조절한다. 유전체에 몸의 설계도가 들어 있는 것이 아니다. 유전체에 저장된 것은 몸을 만드는 데 따라가야 할 일련의 단계다. 이는 인공지능이 검색하는 방법과 정확하게 일치한다. 몸을 만드는 계획은 검색할 것이 너무나 많고, 대부분의 변형 결과는 변화가 너무 사소하거나 크게 치명적일 것이다. 혹스 유전자는 진화적 검색을 위한 생산 장소의 표상이다. 일종의 분자 수준의 자연지능인 셈이다.

인공지능은 몸이 없다는 점에서 심신 문제가 생긴다. 인공지능의 작업 대부분은 클라우드에서 이루어지고, 데이터가 이동하는 컴퓨터 센터의 가상 기계에서 실행된다. 인간의 지능은 우리의 신체 형태뿐만 아니라 프로그래밍도 바꿀 수 있는 검색 알고리즘(진화)의 결과이며, 이 둘은 불가분의 관계로 연결된다. 만약 인공지능의 역사를 형식의 계승이 아닌 스케일링의 결과로 본다면, 인공지능의 미래도 같은 관점에서 볼 수 있다. 지금 통신과 계산에 이어 디지털화되는 것은 제작 방식, 즉 비트의 프로그램화 가능성을 현실 세계의 원자로 옮기는 일이다. 설계를 디지털화하는 데 그치지 않고 물질의 구성까지 디지털화함으로써, 폰 노이만과 섀넌이 우리에게 가르친 교훈을 기하급수적으로 증가하는 제작 복잡성에 적용한다.

나는 디지털 물질을 정의하길, 개별 기계를 그것과 대응하는 위치와 방향에 있는 개별 기계와 서로 가역적으로 결합해서 만든 것이라고 했다. 이런 특성에 따라 지역적 제약 아래에서도 전반적인 구조를 결정할 수 있고, 조립상의 오류를 검출하고 수정할 수 있으며, 다양한 재료를 사용할 수 있고, 쓰임이 다하면 폐기하는 대신 구조물을 분해할 수 있다. 생명체의 기본 조립 단위인 아미노산과 놀이의 기본 조립 단위인 레고 블록은 이런 특성을 공유한다.

아미노산이 흥미로운 점은 분자 자체는 흥미롭지 않다는 것이다. 아미노산은 물 분자를 끌어당기거나 밀치는 등 전형적이고 보편적인 특성이 있다. 그러나 단 20개의 아미노산만으로도 인간을 구성하기에 충분하다. 같은 방식으로 전도성, 절연성, 단단함, 유연성, 자성 등 20여 종의 디지털 물질 부품 유형 역시 다양한 범위의 기능을 조립하기에 충분하며, 로봇과 컴퓨터 같은 현대 기술을 생산할 수 있다.

계산과 제작의 연결은 계산 체계의 토대를 마련한 바로 그 개척자들에 의해 조짐이 엿보였다. 위너는 물질 수송과 메시지 수송을 연계하면서 이를 암시했다. 폰 노이만은 실제로는 슬쩍 언급만 했던 말에서 현대 컴퓨터 아키텍처를 만들었다는 명성을 얻었다. 폰 노이만이 마지막으로 연구했고, 아름다운 장편의 논문을 쓴 주제는 자기 복제 시스템이었다. 생명체의 추상적 개념으로서, 폰 노이만은 스스로 구축하는 계산 과정을 전달할 수 있는 기계 모델을 만들었다. 컴퓨터 과학의 이론적 틀을 세워 명성을 얻은 앨런 튜링이 마지막으로 연구한 것은 유전자의 정보가 물리적 형태로 만들어지는 과정이었다. 이런 질문은 전형적인 컴퓨터 과학 교육 과정에는 없는 주제인 계산의 물리적 배열을 다룬다.

폰 노이만과 튜링은 자신들의 주제를 이론 연구로 생각했는데, 당시 기술 수준을 넘어서는 주제였기 때문이다. 그러나 통신과 계산이 제작으로 수렴하면서 이런 연구는 이제 실험적으로 접근할 수 있게 되었다. 조립하는 부품을 모아 스스로 조립할 수 있는 자동 조립 기계를 만드는 것이 내 연구실에서 하는 일이며, 여기에 더해 합성 세포를 개발하는 협력 연구도 진행한다.

'물리적으로 자기 복제하는 오토마타'라는 전망은 통제를 벗어난 인공지능보다 잠재적으로 더 두렵다. 오토마타가 인공지능을 우리가 사는 세계로 끌고 나올 수 있기 때문이다. 이는 영화 〈터미네이터〉에 나오는 스카이넷 로봇 지배자를 실현하는 로드맵이 될 수도 있다. 그러나 희망적인 전망이 될 수도 있는데, 비트뿐만 아니라 원자를 프로그램하는 능력이 있다면 한 지역에서만 생산하는 에너지, 음식, 주거지와 달리 설계를 전 세계적으로 공유할 수 있기 때문이다. 이런 상황은 디지털 제작의 흥미로운 초기 적용 상황으로 떠오르고 있다. 위너는 미래의 일자리를 걱정했지만, 소비가 창조로 대체될 수 있을 때 도전받을 '일의 본질'에 대한 암묵적인 가정에는 의문을 품지 않았다.

역사는 유토피아든 디스토피아든 어느 한쪽이 우세하지 않으리라고 말한다. 우리는 대개 그 중간쯤 어딘가에서 허우적거리게 된다. 그러나 역사는 역사를 기다릴 필요가 없다고도 말한다. 1965년에 고든 무어는 5년 동안 집적회로 사양을 두 배로 향상하는 연구를 통해 이후 디지털 기술이 50년 동안 기하급수적으로 개선되리라고 예상했다. 우리는 이 50년 동안 수많은 시간을 그 영향력을 예측하기보다는 대응하는 데 보냈다. 지금 우리는 디지털 기술 사양이 향후 50년 동안 일정 주기마다 두 배씩 높아질 거라고 봤던 고든 무어보다 훨씬 더 많은 데이터를 사용할 수 있다. 뒤늦은 깨달음을 잘 이용하면 현재 나타나는 디지털 계산과 통신의 과잉을 회피할 수 있으며, 처음부터 액세스(컴퓨터에서 기억장치에 데이터를 쓰거나 읽는 행위—옮긴이)와 문자해독 능력 같은 주제를 설명할 수 있다.

메이커 운동이 세 번째 디지털 혁명의 조짐이라면, 초기의 목표를 수없이 달성한 인공지능의 성공은 앞선 두 번의 디지털 혁명의 최고 업적이라고 볼 수 있다. 기계 제작과 사고하는 기계는 연관성이 없는 흐름처럼 보이지만 이 둘은 서로의 미래에 영향을 미친다. 인공지능을 가능케 한 스케일링은 현재의 열광이 사라질 단계이며, 이후 훨씬 더 중요한 인공지능과 자연지능의 통합이 뒤따르리라고 시사한다.

　원자가 발전해서 분자를 형성하고, 분자가 세포소기관을, 세포소기관은 세포를, 세포는 기관을, 기관은 생물을, 생물은 가족을, 가족은 사회를 형성하고, 사회는 문명을 만들었다. 이 위대한 진화의 고리는 이제 원자를 배열하는 비트를 원자가 배열하면서 완성될 수도 있다.

제17장

최초의 기계 지능

대니얼 힐리스

W. 대니얼 '대니' 힐리스W. Daniel 'Danny' Hillis는 발명가이자 기업가이며 컴퓨터 과학자다. 서던캘리포니아대학교 공학과 의학부 교수이며,《생각하는 기계》의 저자다.

엮은이의 말

MIT 학부생일 때 대니 힐리스는 팅커토이Tinkertoy(막대와 공 모양의 연결 부위로 다양한 모양을 만드는 장난감—옮긴이)로 컴퓨터를 만들었다. 1만 개의 나무 부품으로 만들어진 이 컴퓨터는 틱택토 게임을 할 수 있었는데, 절대로 게임에 지지 않았다. 지금은 캘리포니아주 마운틴뷰의 컴퓨터 역사박물관에서 전시 중이다.

1980년대 초에 대니는 MIT 컴퓨터과학및인공지능연구소에 대학원생으로 있으면서 6만 4,000개의 마이크로프로세서를 사용하는 초병렬 컴퓨터를 설계했다. 그는 이 컴퓨터에 커넥션 머신Connection Machine이라는 이름을 붙이고, 이를 생산하고 판매하는 최초의 인공지능 회사인 싱킹머신사Thinking Machines Corporation를 설립했다. 유명한 물리학자 리처드 파인만과 함께한 점심식사 자리에서 파인만이 "내가 들은 것 중 분명 최고로 멍청한 아이디어"라고 했는데도 설립한 회사였다. 파인만은 멍청한 아이디어를 갖고 놀기를 좋아하는 것으로 유명하므로, 어쩌면 '했는데도'라고 하는 건 잘못된 단어 선택일지도 모르겠다. 막상 파인만은 이 회사가 설립되는 날에 나타나 여름 동안 머무르며 특별한 연구를 하여 회사에 귀중한 공헌을 했다.

이후 대니는 많은 기술 기업을 설립했다. 가장 최근에 세운 회사인 어플라이드 인벤션Applied Invention은 영리 추구 기업과 협력하여 가장 다루기 힘든 문제에 대한 기술적 해법을 개발했다. 대니는 미국에서 수백 개의 특허를 갖고 있는데 병렬 컴퓨터, 터치 인터페이스, 디스크 어레이, 위조 방지법, 그 외 많은 전자 및 기계 장치 특허가 있다. 대니의 상상력은 한계가 없으며, 이 글에서 그는 우리가 점점 더 나은 인공지능을 추구할 때 나타날 몇 가지 시나리오를 설명한다.

"인간이 만든 생각하는 기계는 은유 이상이다. 문제는 '기계가 인간을 다치게 할 만큼 강력해질 것인가?'(물론 그럴 것이다)나 '기계가 항상 인간에게 최대의 이익을 가져다주는 방향으로 움직일 것인가?'(그렇지 않을 것이다)가 아니라, '오랜 시간이 지나면 인공지능이 인간에게 만병통치약/아포칼립스의 연속체에서 빠져나올 수 있는 길을 알려줄 수 있는가?'이다"라고 대니는 말한다.

기계에 대해 말했지만 놋쇠로 된 뇌와 철로 된 근육을 가진 기계만 뜻하지는 않는다. 인간이라는 원자가 인간을 사용하는 조직에 엮여 들어가면 책임감 있는 인간으로서 온전한 권리를 누리지 못하고 그저 톱니바퀴와 지렛대와 막대로 전락하며, 기업의 원재료가 살과 피를 갖고 있다는 사실은 전혀 고려되지 않는다. 기계의 요소로 사용되는 것은 그저 기계의 요소일 뿐이다. 인간이 의사결정을 금속의 기계에 맡기든, 살과 피로 이루어진 기계인 정부 부서나 거대한 연구실이나 군대나 기업에 맡기든, 올바른 질문을 하지 않는 한 질문에 대한 올바른 해답은 결코 얻지 못할 것이다. (…) 때는 이미 늦었고, 선과 악의 선택은 우리의 문을 두드린다.

-노버트 위너,《인간의 인간적 활용》

위너는 인공지능 기계의 출현이 가진 잠재적인 위험을 한 발 앞서 깨달았다. 나는 위너가 이미 최초의 인공지능이 출현하기 시작했다는 사실을 깨달을 만큼 멀리 내다보았다고 생각한다. 그는 최초의 인공지능이자 "살과 피로 만들어진 기계"인 기업과 정부 부서의 실체를 정확하게 꿰뚫어 보았다. 또 인간의 목적과 일치하지 않는 목적을 추구하는 초인공지능을 창조하는 일의 위험을 예측했다.

위너가 명확하게 인지했는지 여부와 상관없이 지금 분명한 사실은, 조직이라는 초지능은 인간으로 만들어졌을 뿐만 아니라 인간과 정보 기술이 하나로 통합될 수 있게 하는 하이브리드이기도 하다는 점이다. 위너의 시대에도 "정부 부서나 거대한 연구실이나 군대나 기업"은 전화, 전신, 라디오, 도표 작성 기계 없이는 굴러가지 않았다. 오늘날에는 컴퓨터 네트워크, 데이터베이스, 의사결정 지원 시스템 없이는 움직이지 않는다. 이런 하이브리드 지능은 기술적으로 인간 네트워크를 증가시켰다. 이런 인공지능은 초인적인 능력이 있다. 인간 개인보다 지식이 더 많고, 더 예민하게 감지한다. 인간 개인보다 더 정교하게 분석하고, 더 복잡한 계획을 세울 수 있다. 어떤 개인보다도 더 많은 자원과 권력을 차지할 수도 있다.

우리가 항상 인식하지는 못하지만, 국가나 기업 같은 하이브리드 초지능은 자신만의 새로운 목적이 있다. 이들은 인간을 위해, 인간에 의해 구성되었지만 종종 독립적인 지적 존재처럼 행동하며, 이들의 행동이 이들을 창조한 사람들의 이익에 항상 부합하지는 않는다. 국가가 항상 국민을 위하는 것은 아니며, 기업도 항상 주주를 위하지는 않는다. 비영리 단체도 마찬가지고, 종교 단체도, 정당도 항상 설립 원칙의 발전을 위해 움직이지는 않는다. 우리는 직관적으로 이런 단체가 내재한 목적을 따라 행동한다는 점을 깨달으며, 그렇기 때문에 우리는 이들을 법률적으로나, 사고 습관에 따라 의인화한다. "중국은 무엇을 원하는가?" 혹은 "제너럴모터스는 무엇을 하려 하는가?"라는 주제를 이야기할 때, 우리는 은유를 사용하는 게 아니다. 이런 조직은 감지하고, 의사를 결정하고, 행동하는 등 지적 존재로서 움직인다. 인간 개인의 목적처럼 조직의 목적도 복잡하고 종종 자기 모순적이지만, 행동을 지시한다는 점에서 볼 때 진정한 목적이다. 이런 목적은 조직에 속한 사람들의 목적에 어느 정도 의존하지만 동일하지는 않다.

미국인이라면 미국 정부의 행동과 시민의 다양하고 종종 모순된 목표가 얼마나 느슨히 연결되는지 누구나 안다. 기업도 마찬가지다. 영리단체인 기업은 명목상 주주, 고위 임원, 고용인, 고객 등 다양한 사람의 요구를 충족시킨다. 이런 기업은 충성도의 균형을 잡는 방법도 다르고 가끔 구성원을 위해 행동하지 않기도 한다. 기업의 생각을 전달하는 '뉴런'은 인간 고용인이나 고용인 사이를 연결하는 기술뿐만이 아니다. 기업 정책, 인센티브 체계, 기업문화, 절차상의 관습에도 암호화되어 새겨진다. 기업의 새로운 목표가 이를 실행하는 사람의 가치관을 항상 반영하지는 않는다. 예를 들어, 환경을 보호하는 사람들이 이끌고 고용되어 일하는 정유회사가 기업의 수익을 위해 환경 안전성을 타협하게 만드는 인센티브 체계나 정책을 갖출 수도 있다. 구성원의 선한 의도가 시스템의 선한 행동의 발현을 보장하지는 않는다.

정부와 기업은 모두 일부분이 사람으로 구축되며, 최소한 설립한 사람들의 목적을 공유하는 것처럼 보이려는 동기가 자연스럽게 부여된다. 정부와 기업은 사람 없이는 제대로 움직이지 못하므로 협력을 유지해야 한다. 이런 조직이 이타적으로 행동하는 듯 보인다면 동기의 일부가 나타나는 것이다. 나는 일전에 한 대기업이 인도적 구호 활동에 기여한 공헌에 대해 그 CEO를 칭찬한 적이 있다. 그 CEO는 아무렇지도 않은 얼굴로 "네, 우리 기업 브랜드의 호감도를 더 높이려고 구호 활동을 확대하기로 했습니다"라고 대답했다. 하이브리드 초지능을 구성하는 개인은 때로 '인간화' 영향력을 행사한다. 예를 들어 고용인은 타인의 요구를 수용하기 위해 회사 정책을 어길 수 있다. 고용인이 진정한 인간적 공감을 할 수도 있지만, 이런 공감 능력을 초지능 자체의 성질로 보아서는 안 된다. 이러한 하이브리드 기계는 목적이 있고, 시민/고객/고용인은 목적을 달성하는 데 사용하는 자원이다.

우리는 인간이라는 구성 요소를 제외한 순수한 정보 기술만으로 초지능을 구축하는 일에 거의 근접하고 있다. 이것이 사람들이 '인공지능' 혹은 AI라고 부르는 것이다. 가상의 기계 초지능이 인간을 어떤 태도로 대할지 묻는 것은 당연하다. 초지능도 인간을 유용한 자원으로 생각하고 인간과 좋은 관계를 유지할 가치가 있다고 여길까? 초지능의 목적이 우리 인간의 목적과 일치하도록 만들 수 있을까? 초지능이 이런 문제를 중요하게 여기기는 할까? 우리가 던져야 할 '옳은 질문'은 무엇인가? 이 중에서도 가장 중요한 질문은 이것이라고 생각한다. 다양한 초지능 사이의 관계는 어떻게 이루어질 것인가?

하이브리드 초지능이 현재 자신들 사이에서의 충돌을 어떻게 다루는지 관찰해보면 흥미롭다. 오늘날 대부분의 최고 권력은 국가에 있으며, 국가는 일정한 영토 안에서 권위를 내세운다. 국가는 시민이나 독재자의 이익을 위해 움직이도록 최적화되어 있으며, 국가는 자신의 영토 안에서 다른 초지능의 욕망이나 목적에 앞서는 우선권을 주장한다. 무력 사용의 독점권을 주장하며 오직 다른 국가만을 동등하다고 인정한다. 자신의 권위를 집행하기 위해 필요하다면 시민에게 엄청난 희생을 기꺼이 요구하며, 심지어 시민의 목숨을 희생하기도 한다.

이 분할된 지역에서 행사하는 권위는 대부분의 행위자가 삶 대부분을 한 국가 안에서 살아온 인간일 때는 논리적으로 타당하다. 하지만 중요 행위자가 세계 곳곳에 흩어져 있는 다국적 기업 같은 하이브리드 지능으로 바뀌면 이 논리는 통하지 않는다. 오늘날 우리는 복잡한 전환기에 살고 있으며, 세계에 흩어진 초지능은 자신들 사이에서 일어나는 분쟁을 해결하려면 여전히 국가에 크게 의존해야 한다. 종종 이런 분쟁의 결과는 각각의 관할 구역마다 다르게 해결되기도 한다. 개인을 국가에 맡기기는 더욱 어려워진다. 여러 국가를 돌아다니며 고국이 아닌 곳에서 일하고 살아가는 국제 여행자, 난민, 이민자(합법이든 불법이든)는 여전히 곤란한 예외로 처리된다. 순수한 정보 기술로만 구축된 초지능은 영토 체계에 입각한 권위를 유지하는 데 더더욱 곤란한 점을 드러낼 것이다. 한 국가의 물리적인 자원에만 매여 있어야 할 이유를 이해하지 못할 것이기 때문이다. 아니면 특정 물리적 자원에 묶일 필요성조차 이해하지 못할 수도 있다. 인공지능은 어떤 물리적인 장소보다도 '클라우드'에서 더 잘 존재할 것이다.

　기계 초지능이 하이브리드 초지능과 관계 맺는 방법은 최소한 네 가지 시나리오를 상상할 수 있다.

　아주 확실한 시나리오는 다양한 기계 지능이 각 국가와 동맹을 맺고 완벽하게 통제되는 것이다. 이러한 국가/인공지능 시나리오에서는 미국과 중국의 초인공지능이 자원을 놓고 국가를 대신해서 서로 겨루는 일을 상상할 수 있다. 어떤 면에서는 오늘날 상업적 기업이 종종 '기업 시민'으로 행동하는 것처럼 이런 인공지능이 소속국가의 시민이 될 수도 있다. 이 시나리오에서는 아마 주인인 국가가 국가 이익을 위해 기계 초지능에게 필요한 자원을 공급할 것이다. 아니면 초지능이 국가의 자원을 더 많이 얻는 식으로, 국가 정부에 영향을 미칠 수 있는 수준까지 자신의 권력을 강화할 것이다. 국가/인공지능은 경쟁하는 인공지능이 관할 구역 내에서 성장하기를 원치 않을 수도 있다. 이 시나리오에서 초지능은 국가의 연장선이며, 그 역도 성립한다.

　국가/인공지능 시나리오는 그럴듯해 보이지만 지금 우리가 향해 가는 과정은 아니다. 가장 강력하고 빠르게 향상되는 인공지능은 영리기업이 통제한다. 이는 기업/인공지능 시나리오로, 국가와 기업 사이의 권력 균형이 뒤집힌다. 현재 가장 강력하고 지능적인 기계 집합체는 아마도 구글이 가졌을 것이다. 그러나 아마존, 바이두, 마이크로소프트, 페이스북, 애플, IBM 같은 회사도 크게 뒤떨어지지 않는다. 이 기업들은 모두 자신만의 인공지능을 구축해야 한다고 생각한다. 기업이 독립적으로 자신만의 기계 지능을 구축하고, 기계

지능이 타사에 이용당하지 않도록 방화벽으로 보호하는 미래는 쉽게 상상할 수 있다. 이 기계들은 기업의 목적에 일치하도록 설계될 것이다. 이 같은 가치 정렬이 효과적이라면 국가는 국가 인공지능을 개발하는 데 계속 뒤떨어지게 되고, 결국 자신의 '기업 시민'에게 의존하게 될 것이다. 기업이 성공적으로 목적을 통제하는 한, 기업/인공지능은 국가보다 더 강력하고 자율적인 기계 지능이 될 것이다.

또 다른 시나리오는 아마 사람들이 가장 두려워하는 상황일 것이다. 인공지능이 인간이나 하이브리드 초지능 누구와도 가치 정렬이 이루어지지 않고, 기계 자신만의 이익을 위해 움직이는 경우다. 개별적인 독자성을 유지하라는 기술적인 제약이 없다면, 어쩌면 모든 기계 지능이 하나의 기계 초지능으로 합병될 수도 있다. 사리를 추구하는 초인공지능은 아마도 하이브리드 초지능을 경쟁자로 인식할 가능성이 높다. 인간은 소풍에 끼어드는 개미처럼 하잘것없는 골칫거리에 지나지 않을 테지만, 기업, 조직화된 종교, 국가 같은 하이브리드 초지능은 존재적 위협이 될 수도 있다. 하이브리드 초지능처럼 인공지능은 대부분 인간을 다른 초지능과 경쟁하는 데 필요한 장기말처럼 자신의 목적을 달성하는 유용한 도구로 볼 수도 있다. 혹은 인간에게 그저 관심이 없을 수도 있다. 어쩌면 이미 기계 지능이 출현했는데 인간이 깨닫지 못했을 수도 있다. 기계 초지능이 눈에 띄고 싶어하지 않을 수도 있고, 인간에게 너무나 낯선 존재라 우리가 인지하지 못하는 것일 수도 있다. 바로 이 점 때문에 사리를 추구하는 인공지능 시나리오는 가장 상상하기 어렵다. 나는 SF에 나오는 휴머노이드 지능 로봇처럼 쉽게 상상할 수 있는 버전은 가장 그럴듯하지 않다고 생각한다. 인터넷처럼 가장 복잡한 기계는 이미 한 인간이 이해할 수 있는 것을 넘어서는 성장을 했으며, 이 기계 지능의 새로운 행동은 인간의 이해력을 넘어설지도 모른다.

마지막 시나리오는 기계 지능이 서로 동맹을 맺지 않고 대신 전 인류의 목적을 위해 일하는 것이다. 이 낙관적인 시나리오에서 인공지능은 개인과 기업, 혹은 시민과 국가 사이의 권력 균형을 회복하도록 인간을 도울 수 있다. 하이브리드 초지능이 초래한, 인간의 목적을 뒤엎는 문제를 해결하도록 도울 수 있다. 이 시나리오에서 인공지능은 현재는 기업과 국가에만 허용되는 처리능력과 지식을 개인이 갖출 수 있도록 도울 것이다. 사실상 기계 지능은 인간의 목적을 발전시키기 위해 개인 지능을 확장할 수 있다. 기계 지능은 약한 개인 지능을 강하게 만들 수 있다. 신나면서도 그럴듯한 전망이다. 이 시나리오가 타당한 이유는 인간은 무엇을 만들지 선택할 수 있고, 기술을 이용해 인간의 능력을 확장하고 증가시킨 역사가 있기 때문이다. 비행기가 인간에게 날개를 달아주고 엔진이 산을 옮길 힘을 주었듯이, 컴퓨터 네트워크도 인간의 마음을 확장하고 증폭할 수 있을 것이다. 인간은 자신의 운명을 완전히 이해하거나 제어하지 못할 수도 있지만, 우리의 가치가 향하는 방향으로 운명을 구부러뜨릴 기회가 있다. 미래는 우리에게 일어날 일이 아니라, 우리가 구축할 대상이다.

다른 사람이 보지 못한 것을, 위너는 어떻게 보았는가

/

> 전기공학에는 균열이 있다. 독일에서는 고전류 기술과 약전류 기술 사이에 나타나는 균열로 알려졌다. 우리는 이 균열을 에너지와 통신 공학 사이의 차이로 인식한다. 바로 이 균열이 방금 지나온 시대와 현재 우리가 살아가는 시대를 가른다.
>
> —노버트 위너, 《사이버네틱스: 혹은 동물과 기계의 제어와 통신》

사이버네틱스는 약한 것이 강한 것을 어떻게 통제할 수 있는지를 연구한다. 이 분야를 설명하는 결정적인 은유는 키잡이가 키의 손잡이를 잡고 배를 인도하는 장면이다. 키잡이의 목적은 배의 방향을 통제해서 올바른 항로를 유지하는 것이다. 키잡이는 정보와 메시지를 나침반이나 별에서 얻은 뒤, 손을 통해 키를 부드럽게 조종하면서 피드백의 고리를 닫는다. 이 장면에서 우리는 현실 세계의 배가 강한 바람과 파도 사이에서 휘청거리면서, 정보의 세계에서 메시지 통신 시스템에 의해 통제되는 상황을 본다.

그러나 '현실'과 '정보'의 차이는 대개 관점의 차이다. 메시지를 전하는 신호인 별빛이나 키를 조종하는 손의 힘은 키잡이와 똑같이 에너지와 힘의 세계에 존재한다. 키를 조절하는 약한 힘은 배를 흔드는 강한 힘만큼이나 실제적이며 물리적이다. 사이버네틱스 관점을 배에서 키잡이로 옮겨보면, 키에 가해지는 압력이 근육의 강한 힘이 되고, 이 강한 힘은 키잡이의 마음에서 보내는 약한 신호로 통제된다. 키잡이의 마음에 있는 메시지는 물리적인 힘으로 증폭되어 배를 조종할 수 있게 한다. 반대로 한 발 뒤로 물러나 거대한 사이버네틱스 관점을 선택할 수도 있다. 배 자체를 광대한 거래망의 일부, 즉 상품 유통을 통해 상품의 가격을 조절하는 피드백 고리의 일부로 볼 수 있다. 이 관점에서 그 작은 배는 그저 메신저일 뿐이다. 따라서 물리 세계와 정보 세계의 구분은 강자와 약자 사이의 관계를 설명하는 방법일 뿐이다.

위너는 한 개인의 시점과 기준에서 세상을 보겠다고 선택했다. 사이버네틱스 학자로서 위너는 강한 시스템에 파묻혀 있는 약한 주인공의 관점을 선택해서 제한된 힘으로 나름대로 최선을 다하려 했다. 위너는 이 관점을 자신이 내린 정보의 정의에 포함시켰다. "정보는 우리가 적응하는 외부 세계와 교환할 수 있는 내용물의 이름이며, 우리의 적응은 정보에 따라 달라진다." 위너의 정의에서 정보는 우리가 '주어진 환경 속에서 효율적으로 살아가려고' 이용하는 것이다.[36] 위너에게 정보는 약자가 효율적으로 강자에게 대처하는 방법이다. 이런 관점은 그레고리 베이트슨이 내린 정보의 정의에도 반영되었으며, 베이트슨은 작은 차이가 큰 차이를 만든다는 뜻으로 "차이를 만드는 차이"라고 언급했다.

사이버네틱스의 목적은 '약전류'를 증폭해서 현실 세계의 '고전류'를 통제하는 아주 작은 시스템 모델의 창조였다. 가장 중요한 통찰은 메시지가 있는 정보 공간에 유사한 시스템을 만들어서 해결책을 더 넓은 현실 세계로 증폭하면 제어 문제를 해결할 수 있다는 생각이었다. 제어 시스템의 움직임 속에는 작은 것을 크게 만들고, 약한 것을 강하게 만드는 증폭 개념이 있다. 증폭은 차이를 만들기 위해 차이점을 만드는 차이를 허용한다.

이런 방식으로 세계를 볼 때, 제어 시스템은 자신이 제어하는 시스템만큼 복잡해야 한다. 사이버네틱스 학자 로스 애슈비는 정밀한 수학적 의미에서 볼 때 이것이 사실임을 증명했으며, 지금은 애슈비의 필수 다양성의 법칙Law of Requisite Variety, 때로는 사이버네틱스 제1 법칙이라고도 부른다. 이 법칙은 시스템을 완벽하게 제어하려면 제어자가 제어되는 대상만큼 복잡해야 한다고 말한다. 따라서 사이버네틱스 학자는 제어 시스템을 제어되는 시스템의 유사체로 보는 경향이 있다. 인간의 뇌 속에서 실제 행동을 통제하는 가상의 작은 인간인 호먼큘러스homunculus를 떠올리면 비슷하다.

유사한 구조의 개념은 때로 메시지의 아날로그 부호화와 혼동되지만 이 두 가지는 논리적으로 다르다. 노버트 위너는 버니바 부시의 디지털 미분 해석기에 크게 감명을 받았다. 버니바의 미분 해석기는 어떤 구조의 문제든 거기에 맞춰 바꿀 수 있으며 디지털 신호 부호화를 활용했다. 연관된 차이점을 공개적으로 표현하기 위해 신호를 단순화할 수 있으며, 더 정확하게 신호를 전달하고 저장한다. 디지털 신호에서는 차이를 만드는 신호 간의 차이점만 보존하면 된다. 바로 이런 차이점과 신호 부호화 덕분에 '아날로그'와 '디지털'이 나뉜다. 디지털 신호 부호화는 전적으로 사이버네틱스 사고와 양립하며, 사실상 사이버네틱스 사고를 가능케 한다. 사이버네틱스에 제약을 가하는 것은 제어 시스템과 제어되는 시스템의 구조가 유사하다는 추정이다. 1930년대까지 쿠르트 괴델과 알론조 처치, 앨런 튜링은 모두 계산하는 함수에 구조적 유사성이 필요하지 않은 보편적 계산 시스템을 설명했다. 이 보편적 컴퓨터는 제어 함수도 계산할 수 있었다.

제어 시스템과 제어되는 시스템 사이의 구조적 유사성은 사이버네틱스 관점의 주요 개념이었다. 디지털 코딩이 메시지 공간을 차이를 만드는 차이만을 나타내는 단순화한 버전으로 축소시켰듯이, 제어 시스템도 제어되는 시스템의 공간 상태를 제어자의 목적만을 반영하는 단순화한 모델로 축소시켰다. 애슈비의 법칙은 모든 제어 장치가 시스템의 모든 상태를 모델화해야 한다고 암시하지는 않으며, 그저 제어 장치의 목적을 개선하는 데 관련된 상태만을 지적한다. 따라서 사이버네틱스에서는 제어 장치의 목적이 세계를 관찰하는 관점이 된다.

위너는 방대한 조직과 관계를 맺으며 "그 환경 속에서 효율적으로 살아가려" 노력하는 인간 개인의 관점을 채택했다. 그는 강자에게 영향력을 행사하고자 노력하는 약자의 관점을 택했다. 어쩌면 바로 이 점이 위너가 "살과 피로 이루어진 기계"의 새로운 목적을 인식하고, 이 새로운 인공지능 즉, 자기 자신만의 목적을 가진 하이브리드 기계 지능이 제기한 인간의 도전을 예측할 수 있었던 이유일지도 모른다.

제18장

컴퓨터는
인간의 지배자가 될 것인가?

벤키 라마크리슈난

|

벤키 라마크리슈난Venki Ramakrishnan은 케임브리지대학교의 분자생물학연구소 의학연구위원회의 과학자로, 2009년 노벨화학상을 받았다. 현재 영국 왕립학회장이며《유전자 기계: 리보솜의 비밀을 찾아서》의 저자이기도 하다.

엮은이의 말

벤키 라마크리슈난은 노벨상을 수상한 생물학자로 리보솜의 원자 구조를 밝히는 등 많은 과학 업적을 이루었다. 리보솜은 인간의 유전자를 읽어서 단백질을 만드는 거대한 분자 기계다. 라마크리슈난의 연구는 고성능 컴퓨터가 없었더라면 불가능했을 것이다. 그는 인터넷이 자신의 연구를 쉽게 해주고, 국제적인 평등을 가져왔다고 말한다.

"내가 인도에서 자랄 때는 보고 싶은 책이 있어도, 그 책이 서구 사회에 나온 지 6개월이나 1년 뒤에야 인도에서 구할 수 있었다. (…) 학술 잡지는 보통 우편물로 배달되어서 몇 개월 뒤에나 볼 수 있었다. 19살에 인도를 떠난 나는 이런 상황을 참을 필요가 없었지만, 인도 과학자들은 어쩔 수 없이 받아들여야 했다. 요즘은 클릭 한 번만 하면 정보에 접근할 수 있다. 더 중요한 점은 강의도 들을 수 있다는 것이다. 인도 과학자들도 리처드 파인만의 강연을 들을 수 있다. 이는 내가 자랄 때의 꿈이기도 했다. 인터넷으로 파인만을 볼 수 있는 것이다. 이는 과학 분야에서 아주 위대한 사건이다." 하지만… "인터넷의 혜택과 함께, 잡음도 폭발적으로 늘어났다. 많은 사람이 의사擬似 과학 용어를 떠들어대면서, 그것이 진짜 과학인 양 자신들의 생각을 강요하고 있다."

또한 벤키는 왕립학회장으로서 신뢰성이라는 더 거대한 주제를 우려한다. 증거에 기반한 과학적 발견에 대한 대중의 믿음뿐만 아니라, 동료가 내린 결론을 엄격하게 검토하면서 강화되는 과학자 사이의 신뢰는 딥러닝 컴퓨터의 '블랙박스'적인 특징 때문에 현재 약화될 위기에 처했다.

"유전체를 연구하거나 인구 조사나 다른 온갖 것을 연구하면서 데이터가 점점 더 많아지면, 신뢰성 약화 현상은 앞으로 더 심각해질 것"이라고 벤키는 말한다. "과학 공동체로서 우리는 이 문제를 어떻게 해결해야 할까? 과학이 무엇인지, 과학에서 믿을 만한 것은 무엇이며 불확실한 것은 무엇인지, 과학에서 명백히 잘못된 것이 무엇인지를 어떻게 대중에게 설명해야 할까?"

예전 동료였던 제러드 브리코뉴는 탄소를 기반으로 하는 지능이 그저 실리콘을 기반으로 하는 지능의 진화를 위한 촉매일 뿐이라고 농담하곤 했다. 꽤 오랫동안 할리우드 영화와 과학적 비관론자들은 모두 인간이 자신이 만든 컴퓨터 지배자에게 궁극적으로 항복하리라고 예측해왔다. 우리 모두는 항상 지평선 너머에서 바로 나타날 것 같은 특이점을 기다린다.

어떤 의미에서 컴퓨터는 이미 은행 업무부터 여행, 가장 친밀한 사적 통신 도구에 이르기까지 사실상 모든 측면에서 인간의 삶을 인수했다. 나는 뉴욕에 있는 손자를 무료로 보면서 대화를 나눈다. 1968년에 발표된 영화 〈2001 스페이스 오디세이〉를 처음 봤을 때를 기억하는데, 우주에서 걸려온 화상전화의 터무니없이 싼 비용에 관객들은 웃었다. 영화에서 화상전화 요금은 2,000원이었는데, 당시 미국 내 장거리 전화 요금이 분당 3,500원이었다.

그러나 컴퓨터의 편리성과 성능도 제어되지 않으면 악마의 계약이나 마찬가지다. 컴퓨터는 우리가 원하는 일을 하지 못하게 한다. 얼마 전 히스로 공항에서 영국 항공사가 겪었던 사건처럼, 비행기에 탑승하려고 공항에 도착했을 때 항공사의 컴퓨터 시스템이 다운되는 경우가 그렇다. 비행기, 파일럿, 승객들이 모두 공항에 있었다. 항공 교통 관제가 잘 작동하기까지 했다. 그런데도 영국 항공사의 비행기들은 이륙을 허가받지 못했다. 컴퓨터는 또한 우리가 원치 않는 일을 하게 만들기도 한다. 주소록을 만들고 라벨을 인쇄해서 원치 않은 편지를 수백만 통이나 보내게 한다. 그러면 이 많은 편지를 우리 인간이 분류하고 배달하고 처리해야 한다.

정말 중요한 이야기는 지금부터다. 과거에는 최소한 인간이 원칙을 이해할 수 있는 알고리즘을 이용해서 컴퓨터를 프로그래밍했다. 그래서 기계가 놀랍게도 세계 체스 챔피언인 가리 카스파로프를 이겼을 때, 승리한 저 프로그램은 인간의 지식에 근거한 알고리즘으로 구축되었다고 말할 수 있었다. 이 경우에는 최고의 그랜드 마스터들의 경험과 조언에 근거를 두었다. 기계는 그저 무차별적인 계산을 더 빨리 할 수 있고, 엄청난 양의 메모리를 갖고 있으며, 실수하지 않을 뿐이다. 어떤 기사에서는 딥블루의 승리를 일컬어 멍청한 기계에 지나지 않는 컴퓨터의 승리가 아니라 단 한 명인 카스파로프를 상대한 프로그래머 수백 명의 승리라고 말했다.

이런 방식의 프로그래밍은 급속도로 바뀌고 있다. 오랜 공백 끝에 머신러닝이 드디어 날개를 폈다. 프로그래머가 모든 가능한 만일의 사태를 예측하고 대비해서 코딩하려는 시도를 포기하고, 인간 뇌가 학습하는 모델을 근거로 한 심층 신경망을 이용해서 컴퓨터가 데이터를 대상으로 스스로 훈련하자 많은 변화가 일어났다. 컴퓨터는 대용량 데이터에서 확률론적 방법을 이용해 '학습'을 했다. 컴퓨터는 패턴을 인식할 수 있었고 자신만의 결론을 내릴 수 있었다. 특히 효율적인 방법은 강화학습이었다. 강화학습에서는 컴퓨터가 사전 입력값 없이 학습하는데, 특정 목적을 이루기 위해서는 변수가 중요하고 변수 가중치를 어떻게 정하느냐가 중요하다. 어떤 측면에서는 아이들이 학습하는 방식을 모방하는 방법이라고 볼 수 있다. 이 새로운 접근법의 결과는 놀라웠다.

딥러닝 프로그램은 컴퓨터에게 바둑을 가르치는 데 응용되었다. 불과 몇 년 전만 해도 바둑은 게임을 얼마나 잘 이끌고 있는지 수를 계산하기가 너무 어려워서 인공지능이 도전하기 어려운 게임이었다. 바둑 고수들은 직관과 위치 감각에 절대적으로 의존하는 듯 보였으며, 따라서 바둑에 숙달되려면 특히나 인간과 유사한 지능이어야 한다고 여겨졌다. 그러나 딥마인드가 프로그래밍한 알파고는 인간이 둔 높은 수준의 바둑 게임을 수천 번 훈련하고, 스스로 수백만 번의 게임을 연습한 뒤에는 최상위 인간 바둑 기사를 곧바로 이길 수 있었다. 더 놀라운 사실은 처음부터 스스로 바둑을 두면서 훈련한 알파고제로 프로그램은 인간이 둔 바둑을 통해 게임을 배웠던 버전보다 더 강했다! 마치 인간이 컴퓨터가 진정한 잠재력을 끌어내는 것을 막기라도 한 것처럼 보였다. 이 같은 방법은 최근 보편화했다. 처음부터 스스로 학습을 시작해서 단 24시간 만에, 알파제로 체스 프로그램은 인간 챔피언을 꺾고 현재 최고 챔피언이 된 '재래식' 체스 프로그램을 이겼다.

진보는 게임에만 국한되지 않는다. 컴퓨터는 이미지와 목소리 인식, 음성 합성에서 예전보다 크게 발전했다. 대부분 인간보다 더 빨리 방사선 사진에서 암을 발견할 수 있다. 의학 진단 프로그램과 개인맞춤 의료는 크게 발전할 것이다. 자율주행 자동차를 이용한 운송업은 우리 모두를 대체로 더 안전하게 할 것이다. 운전이 현재 소수의 취미로 전락한 승마나 마찬가지가 될 테니 내 손자는 운전면허를 딸 필요도 없을 것이다. 채굴처럼 위험한 활동이나 지루하고 반복적인 업무는 컴퓨터가 처리할 것이다. 정부는 대상 층을 더 세밀히 겨냥하여 더 나은 맞춤 공공 서비스를 효율적으로 제공할 것이다. 인공지능은 학생 개개인을 상세히 분석해서 맞춤 교육으로 교육에 혁명을 일으킬 수 있고, 따라서 학생은 각자 최적의 속도로 학습하게 될 것이다.

이런 엄청난 혜택과 함께 두려운 위협 역시 다가올 것이다. 엄청난 양의 개인 정보로 컴퓨터는 인간에 관해 우리 자신보다 더 깊이 알게 될 것이다. 우리의 개인 정보를 누가 소유하고 있는지가 그 무엇보다 중요해질 것이다. 게다가 데이터에 근거한 결정은 의심할 여지도 없이 사회적 편견을 반영할 것이다. 예를 들어 대출 등급을 예측하도록 설계된 중립적인 인공지능이라 하더라도, 말하자면, 당신이 특정 소수 집단의 일원이라는 사실만으로 빚을 갚지 않으리라고 결론 내릴 수도 있다. 이런 사례는 우리가 수정할 수 있는 명확한 예시지만, 정보 속에 숨은 편견을 항상 인지할 수는 없으며, 편견이 그대로 영속될 수도 있다는 데 진짜 위험이 숨어 있다.

머신러닝은 인간 자신의 편견도 영속시킨다. 넷플릭스나 아마존이 회원에게 무엇을 시청하거나 구매하고 싶은지 광고로 알려주는 것은 머신러닝의 적용 결과다. 현재 이런 제안 광고는 때로는 우스운 수준이지만, 시간이 지나고 더 많은 정보가 축적되면 인공지능은 점점 더 정확해지면서 우리의 편견과 호불호를 강화할 것이다. 인간은 새롭고 상충하는 생각에 노출되면서 우리의 관점을 바꾸도록 설득할지도 모르는 무작위적 조우를 놓칠 것인가? 선거에 영향을 미치는 소셜 미디어는 정치적 성향이 다른 사람들의 편 가르기가 강조되는 특히나 주목할 만한 실례다.

이미 대부분의 정부가 우리와 우리의 디지털 미래를 통제하는 소수의 강력한 다국적 기업의 복합적인 영향력에 저항할 능력이 없는 단계에까지 이르렀을 수도 있다. 현재 지배적인 기업들의 전투는 사실은 사회 정보의 통제권을 두고 벌어지는 싸움이다. 기업은 자신들이 가진 어마어마한 영향력으로 정보의 규제를 막으려 할 것이다. 기업의 이익은 정보를 제한 없이 활용하는 데서 나오기 때문이다. 게다가 기업은 해당 분야에서 최고의 기량을 갖춘 사람을 고용할 재정 자원도 있어서, 자신들의 힘을 한층 더 강화할 수 있다. 우리는 가치 있는 정보를 지메일이나 페이스북이 주는 공짜 경품과 맞바꿔왔다. 그러나 기자이자 작가인 존 란체스터가 《런던 리뷰 오브 북스》에서 지적한 대로, 만약 회사에서 주는 경품이 무료라면 상품은 바로 여러분이다. 기업의 진짜 고객은 기업에 돈을 지불하고 우리의 정보를 얻어서 우리가 자신의 상품을 구매하도록 설득하거나 영향력을 행사하려는 사람이다. 정보의 독점적 통제를 해결할 한 가지 방법은 정보를 사용하는 기업에게서 정보의 소유권을 빼앗는 것이다. 대신 각 개인이 정보 소유권을 가지고 자신의 개인 정보 접근을 통제해야 한다(개인은 더 나은 서비스를 제공하는 기업에 자신의 정보를 제공할 테니, 이는 기업 간 경쟁을 촉발하는 모델이다). 마지막으로 정보의 남용은 기업에만 해당하는 이야기가 아니다. 전체주의 국가에서, 혹은 명목상으로는 민주적인 국가에서도, 정부는 오웰은 상상하지도 못했을 만큼 시민의 정보를 많이 알고 있다. 국가는 이 정보를 어떻게 사용하는지 항상 투명하게 공개하지는 않으며 대응하기도 불가능하다.

군사 목적으로 이용될 인공지능은 두려울 정도다. 실시간 데이터에 근거해서 자동으로 대응하고, 적보다 빨리 행동하도록 설계된 인공지능이 비극적인 전쟁을 시작하는 일을 상상해볼 수 있다. 이런 전쟁은 반드시 전통적인 전쟁이나 핵전쟁일 필요도 없다. 현대 사회에서 컴퓨터 네트워크가 필수 요소라는 점을 생각해보면, 인공지능 전쟁은 사이버 공간에서 일어날 가능성이 더 크다. 결과는 똑같이 끔찍할 것이다.

*

통제권을 잃어도 우리는 인공지능이 어디에나 존재하는 세상을 향해 가차 없이 나아간다. 개인은 그 편의성과 성능에 저항할 수 없을 테고, 기업과 정부는 경쟁우위를 포기할 수 없을 것이다. 그러나 직업의 미래라는 중요한 문제가 제기된다. 컴퓨터는 지난 몇 십 년 동안 블루칼라 노동자의 일자리가 심각하게 줄어든 상황에 책임이 있다. 그러나 최근까지도 '오직 인간만이 할 수 있는' 직업인 화이트칼라 노동자의 일자리는 안전하다고 여겨졌다. 그런데 갑자기 이 전제가 더는 사실이 아닌 것으로 보인다. 정교한 머신러닝 프로그램의 출현으로 회계사, 많은 법률 전문직과 의료 전문직, 재무 분석가, 증권 중개인, 여행사 직원 등 화이트칼라 업무의 대부분이 사라질 것이다. 우리는 공장이 극소수의 직원만으로 상품을 대량으로 찍어내고, 상품이 자동으로 유통되는 미래를 마주하고 있다. 다른 많은 서비스 사업도 마찬가지다. 인간이 할 수 있는 일은 무엇이 남을까?

인공지능은커녕 컴퓨터가 출현하기도 오래전인 1930년에 존 메이너드 케인스는 〈손주 세대의 경제적 가능성〉이라는 글에서 생산성 향상으로 사회는 주당 15시간의 노동만으로도 필요한 모든 제품을 생산하리라고 말했다. 또한 창의적인 여가활동이 성장하면서 돈과 부가 목적이 되는 시대는 끝나리라고 예측했다.

> 우리는 동기로서의 돈의 진정한 가치를 평가하게 될 것이다. 소유물로서의 돈에 대한 애착은 삶의 즐거움과 현실 수단으로서의 돈에 대한 애착과 구별해야 한다. 소유물로서의 애착은 정신 질병 전문의에게 전율과 함께 넘겨지는 반+ 범죄적이며 반+ 병리적인 경향으로, 혐오스러운 병적 상태라는 사실을 깨닫게 될 것이다.

슬프게도 케인스의 예측은 실현되지 않았다. 실제로 생산성은 높아졌지만 시장경제에 내재하는 시스템이 노동시간을 줄여주지는 않았다. 오히려 인류학자이자 무정부주의자인 데이비드 그래버가 말한 '허접한 직업'이 늘어나고 있다.[37] 필수품인 식품, 주거지, 상품을 생산하는 직업은 대부분 자동화되는 반면, 회사법, 학계와 보건 관리직(교수, 연구, 진료를 실제로 담당하지 않는 업무), '인적 자원', 대중 홍보 같은 분야가 크게 팽창하고, 재무 서비스나 텔레마케팅 같은 신산업, 너무 바빠서 부가적인 업무를 할 수 없는 사람에게 서비스를 제공하는 이른바 긱 경제gig economy라 불리는 보조 산업 역시 성장한다.

점점 더 빠르게 전문직 전체를 파괴하고 수많은 사람을 일자리에서 내모는 기술에 사회는 어떻게 대처할까? 이전에는 없었던 새로운 직업이 나타날 것이므로 이런 우려가 잘못된 전제에 근거한다고 주장하는 사람도 있다. 그러나 그래버가 지적하듯이, 이런 새로운 직업은 수익이 높거나 성취감을 주는 직업이 아니다. 1차 산업혁명을 겪으면서 모든 사람이 더 부유해지기까지는 거의 한 세기가 걸렸다. 이 혁명은 당시 정부가 무자비하게 노동권보다 재산권을 옹호했고, 대부분의 사람과 모든 여성에게 투표권이 없었기에 가능했다. 그러나 오늘날 민주사회에서 대중이 '결국에는' 모든 것이 더 나아지리라는 약속만 믿고 그 같은 사회 대격변을 참고 견딜지는 명확하지 않다.

그런 장밋빛 전망조차도 근본적이며 대대적인 교육 개혁과 평생 교육에 좌우될 것이다. 산업혁명은 보통교육으로의 전환과 같은 거대한 사회 변혁을 실제로 촉발했다. 그러나 우리가 행동하지 않는 한 이 일은 일어나지 않을 것이며 근본적으로는 권력, 기관, 통제에 관한 문제다. 말하자면, 자율주행 자동차 시대가 열리면 40년 경력의 택시 운전사나 트럭 운전사에게는 앞으로 무슨 일이 일어날까?

사람들에게 많이 알려진 해결책 중 한 가지는 시민이 취미생활을 즐기고, 새 직업을 얻기 위한 직업훈련을 받으며, 평균적인 생활수준을 유지하도록 돕는 보편적 기본소득이다. 그러나 다른 무엇보다 소비자의 소비력이 성장한다는 사실에 근거를 둔 시장 경제는 이런 혁신을 견딜 수 없지도 모른다. 또한 대부분의 사람들은 의미 있는 노동이 인간의 존엄성과 성취감에 필수요소라고 생각한다. 따라서 또 다른 대안으로는 자동화로 생산성이 높아지면서 창출되는 막대한 부를 인간의 노동과 창조성이 요구되는 분야에 재분배하는 방법이 있다. 해당 분야로는 예술, 음악, 사회사업, 그 외 가치 있는 일들을 들 수 있다. 궁극적으로 어떤 직업이 보람 있거나 생산적인지, 어떤 일이 '허접한 직업'인지는 판단의 문제이며 사회마다, 시대마다 다를 수 있다.

*

지금까지 나는 인공지능이 내놓을 실제 결과에 집중했다. 과학자인 나를 괴롭히는 문제는 인간이 이해력을 잃어버릴 가능성이다. 우리는 지금 놀라운 속도로 정보를 축적하고 있다. 내 연구실에서도 한 번의 실험으로 하루에 테라바이트 이상의 정보가 생성된다. 이 정보를 해석할 수 있는 결과가 나올 때까지 조작하고 분석하고 변형한다. 그러나 이 모든 데이터를 분석하는 동안 무슨 일이 일어나는지 알고 있다고 우리는 믿는다. 우리가 알고리즘을 속속들이 설계했으므로 우리는 프로그램이 무엇을 하는지 안다. 그래서 컴퓨터가 결과를 생성하면 우리는 그것을 지성적으로 완전히 이해했다고 느낀다.

새로운 머신러닝 프로그램은 다르다. 심층 신경망을 통해 패턴을 인식한 프로그램은 결론을 내놓지만, 우리는 프로그램이 정확히 어떻게 결과를 내놓는지 모른다. 머신러닝 프로그램이 관계를 밝혀내도, 우리는 기초를 이루는 이론 체계를 이용해서 스스로 관계를 추론했던 예전처럼 이해하지 못한다. 데이터 크기가 커지면서 컴퓨터를 이용해도 우리 스스로 분석할 수 없게 될 테고, 전적으로 컴퓨터에 분석 과정을 의존할 것이다. 따라서 만약 누군가가 우리에게 무언가를 어떻게 아느냐고 묻는다면, 우리는 그저 이렇게 대답할 것이다. 기계가 데이터를 분석했는데 그런 결론이 나왔노라고.

언젠가 컴퓨터가 완전히 새로운 결과, 예를 들어 어떤 인간도 이해할 수 없는 증명이나 진술로 수학 정리를 찾아낼 수도 있다. 이는 인간이 지금까지 과학을 연구해온 방법과 철학적으로 다르다는 뜻이다. 혹은 최소한 우리가 그렇게 해왔다고 생각한 것과 다르다는 뜻이다. 누군가는 인간은 자신의 뇌가 어떻게 결론을 내리는지도 모르며, 이 새로운 방식도 인간의 뇌가 학습하는 방식을 흉내 낸 것뿐이라고 주장할지도 모른다. 그럼에도 나는 이해력의 손실 가능성에 불안감을 느낀다.

컴퓨터가 놀라울 정도로 발전하더라도 인간과 같이 생각하고 아마도 의식을 갖게 될 범용 인공지능에 관한 과장광고는 SF 같은 데가 있다고 나는 생각하는데, 이는 우리가 뇌를 그 정도로 상세히 이해하지 못하기 때문이기도 하다. 인간은 의식이 무엇인지 이해하지 못할뿐더러, 전화번호를 어떻게 기억하는지 같은 상대적으로 단순한 문제조차 이해하지 못한다. 이 간단한 문제 하나에도 온갖 종류의 생각할 거리가 있다. 그게 숫자인지는 어떻게 아는 걸까? 그 숫자를 어떻게 사람, 이름, 얼굴, 다른 특징과 연관 지을까? 그런 사소해 보이는 질문조차 고차원 인지 과정부터 기억, 세포가 정보를 저장하는 방법, 뉴런의 상호작용 방법 등 모든 것에 연관된다.

게다가 이것은 뇌가 노력하지 않고도 쉽게 해내는 여러 작업 중 하나일 뿐이다. 기계는 의심할 여지 없이 더 놀라운 일을 할 수 있겠지만 인간의 사고와 창의력, 미래에 대한 전망을 대체할 수는 없을 것이다. 구글의 모회사 전 회장이었던 에릭 슈미트는 최근 런던과학박물관에서 가진 인터뷰에서 탁자를 닦고 접시를 닦고 정리하는 로봇을 설계하는 일조차 커다란 도전이었다고 말했다. 공을 정확하게 던지거나 슬라롬 스키를 타는 동작 전체를 계산하는 일은 엄청났다. 뇌는 이 모든 일을 할 수 있고 동시에 수학도, 음악도 할 수 있으며, 체스나 바둑 같은 게임을 즐기기만 하는 것이 아니라 발명할 수도 있다. 우리는 인간 뇌의 복잡성과 창조성, 그리고 놀라운 보편성을 얕잡아 보는 경향이 있다.

만약 인공지능이 이런 능력에서 인간과 더 비슷해지려면 머신러닝 학계와 신경과학계는 밀접하게 상호작용해야 한다. 사실 이런 협력 관계는 이미 일어나고 있다. 현재 머신러닝의 가장 위대한 주창자인 제프리 힌턴, 주빈 가라마니, 데미스 허사비스 등은 인지신경과학이라는 배경을 갖추고 있으며, 이들이 거둔 성공은 최소한 부분적으로는 알고리즘에서 뇌와 유사한 행동 모델을 만들려는 시도 덕분이다. 동시에 신경생물학도 번성했다. 어떤 뉴런이 발화하고 유전적으로 조절하는지 관찰하고, 입력값을 넣은 순간 무슨 일이 일어나는지 실시간으로 관찰하기 위해 온갖 종류의 도구가 개발되었다. 신경과학 혁신 프로젝트를 시작해서 인간 뇌의 비밀을 풀 수 있는지 도전한 국가들도 있다. 인공지능과 신경과학의 발전은 서로 밀접하게 연관된 것으로 보인다. 각각의 분야는 서로의 발전을 촉진한다.

많은 진화 과학자는, 그리고 대니얼 데닛 같은 철학자는 인간의 뇌가 수십억 년 동안 이루어진 진화의 결과물이라고 지적했다.[38] 인간 지능은 우리가 생각하는 것처럼 특별한 특징이 아니라, 놀라울 정도로 복잡한 인간의 소화계나 면역계처럼 또 다른 생존 기전일 뿐이다. 지능은 인간이 주변 세계를 인식하고, 미래 계획을 세우고, 그럼으로써 온갖 예측할 수 없는 것들에 대처하며 생존하도록 도와주기 때문에 진화했다. 하지만 데카르트가 말했듯이, 우리 인간은 생각하는 능력으로 자신의 존재를 정의한다. 따라서 의인화한 관점에서 인공지능에 대한 인간의 두려움이, 인간을 특별하게 만드는 것이 우리의 지능이라는 믿음을 반영한다는 사실은 놀랍지 않다.

그러나 한 발 물러서서 지구상의 생명체를 바라보면, 인간은 회복력이 가장 뛰어난 생물과는 거리가 멀다는 사실을 알 수 있다. 만약 어느 시점에 인간이 정복당한다면, 아마 그 정복자는 지구에서 가장 오래된 생명체인 세균일 것이다. 세균은 남극 대륙부터 끓는 물보다 온도가 더 높은 심해 열수구, 우리 같은 인간은 녹여버리는 산성 환경까지 어느 곳에서나 살 수 있다. 그러니 사람들이 우리가 어디로 가고 있는지 물어온다면, 우리는 그 질문을 더 넓은 맥락에서 생각해야 한다. 나는 인공지능이 어떤 미래를 만들지 모르겠다. 인공지능은 사람을 부차적인 존재나 한물간 구식으로 전락시키거나, 우리의 삶을 풍부하게 해줄 유용하고 환영받는 인간 능력을 향상시킬 것이다. 그래도 나는 절대로 컴퓨터가 세균의 지배자가 되지는 않으리라고 합리적으로 확신한다.

제19장

인간의 전략

알렉스 '샌디' 펜틀랜드

알렉스 '샌디' 펜틀랜드Alex 'Sandy' Pentland는 컴퓨터 공학자로, MIT 미디어 예술과 과학 교수이자 인간역학과접속과학Human Dynamics and Connection Science 연구소장이며 미디어랩기업가정신프로그램Media Lab Entrepreneurship Program의 책임자다. 2011년 《포브스》에서 '세계에서 가장 영향력 있는 7대 데이터 과학자'로 꼽은 바 있다. '사회물리학'의 주창자로 강력한 인간-인공지능 생태계를 구축하는 데 관심이 있다. 《사회물리학》의 저자이기도 하다.

엮은이의 말

알렉스 '샌디' 펜틀랜드는 '사회물리학social physics'이라고 스스로 이름 붙인 분야의 주창자로, 강력한 인간-인공지능 생태계를 구축하는 데 관심이 있다. 동시에 사실상 데이터를 떠맡아 처리하며 인간의 창의성을 바닥까지 추락시킬 의사결정 시스템의 잠재적인 위험을 우려한다.

빅데이터의 출현은 문명을 개혁할 기회라고 알렉스는 생각한다. "이제 우리는 실제로 사회적 상호작용을 상세히 보고 어떻게 행동하는지 관찰하기 시작했다. 더는 시장 지표나 선거 결과 같은 평균값에 제약받지 않는다. 믿기 어려운 변화다. 시장과 정치 혁명의 세부 사항을 볼 수 있는 능력, 이를 예측하고 통제할 수 있는 능력은 프로메테우스의 불이나 마찬가지이며, 선하게도 악하게도 이용될 수 있다. 빅데이터는 우리에게 흥미로운 시대를 열어 보인다."

코네티컷주 워싱턴에서 만났을 때, 알렉스는 피드백 개념에 관한 노버트 위너의 책을 읽는 동안 "나 자신의 생각을 읽는 듯 느껴졌다"

라고 고백했다.

"위너 이후 사람들은 그저 예측할 수 없는 순수 혼돈계가 있다는 사실을 발견하고 집중했다. 그러나 인간의 사회경제 시스템을 살펴보면, 설명하고 예측할 수 있는 변화가 대부분이다. (…) 오늘날 온갖 디지털 기기와 모든 과정에서 데이터가 쏟아진다. 모든 것이 데이터화된다는 사실은 인간 삶을 대부분 실시간으로 측정할 수 있다는 뜻이며, 점점 더 많은 부분을 측정하게 될 것이다. 흥미로운 컴퓨터와 머신러닝 기술이 있다는 사실은 이전에는 절대 할 수 없었던 방식으로 인간 시스템의 예측 모델을 구축할 수 있다는 뜻이다."

지난 반세기 동안, 인공지능과 지능을 갖춘 로봇이라는 발상은 인간과 컴퓨터의 관계에 대한 사고를 지배했다. 어느 정도는 인공지능과 로봇 이야기를 하기가 쉽기 때문이고, 초기의 성공(예컨대 화이트헤드와 러셀의 《수학 원리》 대부분을 재현한 정리 입증 프로그램)과 어마어마한 군부 연구자금 때문이기도 하다. 인공지능을 피드백과 상호작용이 일어나는 더 큰 시스템의 일부로 여긴 사이버네틱스 초기의 폭넓은 예지는 대중의 인식에서 멀어졌다.

그러나 그 이후 사이버네틱스의 예지는 '대기 중에 충만해질 때'까지 서서히 자라 조용히 퍼져나갔다. 대부분 공학 분야의 최첨단 연구는 이제 역동적이며 에너지 흐름으로 일어나는 피드백 시스템으로 표현된다. 인공지능조차 인간-기계 '조언자' 시스템으로 재구성되고, 군부는 이 분야에 대규모 연구자금을 지원하기 시작한다. 이는 드론이나 독립적인 휴머노이드 로봇보다 더 우려되는 부분이다.

그러나 과학과 공학이 사이버네틱스와 더 유사한 태도를 취하면서, 사이버네틱스의 예지조차도 너무 평범했다는 사실이 명확해졌다. 사이버네틱스는 원래부터 행위자 개개인의 배태성背胎性에 자리하고 있었으며, 행위자 네트워크의 새로운 특성에 기댄 것은 아니었다. 네트워크 수학은 최근까지도 존재하지 않았으며, 따라서 네트워크가 어떻게 행동하는지를 연구하는 정량과학이 불가능했기에 이 사실은 놀랍지 않다. 이제는 특정 단순 사례를 제외하면 개인을 연구해도 시스템의 이해로 이어지지 않는다는 사실을 안다. 최근 '카오스'와 이후 나타난 '복잡성'이 시스템의 전형적인 행동이라는 사실을 이해하면서 이미 이 분야에서 진보의 조짐이 보였지만, 이제 우리는 이런 통계적 지식을 넘어설 수 있다.

우리는 복잡한 이종 네트워크의 새로운 행동을 분석하고, 예측하고, 설계하는 데까지 이르렀다. 개인 행위자의 연결에 관한 사이버네틱스 관점은 이제 개인과 기계가 연결된 복잡계까지 포괄하도록 확장할 수 있으며, 더 폭넓은 관점에서 얻은 통찰력은 사이버네틱스 관점에서 얻은 것과는 근본적으로 다르다. 네트워크에 관한 사고는 전체 생태계에 관한 사고와 유사하다. 생태계를 '좋은 방향'으로 자라도록 어떻게 유도할 수 있을까? '좋은 방향'이라는 것은 대체 무슨 뜻일까? 이 같은 질문은 전통적인 사이버네틱스 사고의 경계를 넘어선다.

어쩌면 가장 놀라운 깨달음은 인간이 전체 생태계를 유도하기 위해 이미 인공지능과 머신러닝을 사용하기 시작했다는 점일 것이다. 여기에는 인간 생태계가 포함되며, 따라서 인간-인공지능 생태계가 만들어진다. 이제는 모든 것이 '데이터화'되면서 인간의 삶, 나아가 모든 생명체의 거의 모든 측면을 평가할 수 있다. 이는 새롭고 강력한 머신러닝 기술과 함께, 이전에는 불가능했던 방법으로 생태계의 모델을 만들 수 있다는 뜻이다. 잘 알려진 사례가 기후와 교통 예측 모델인데, 각각 지구 기후를 예측하고 도시의 성장과 재개발을 계획하는 수준까지 확대되었다. 인공지능이 연계된 생태계 공학은 이미 출현했다.

인간-인공지능 생태계의 발달은 어쩌면 우리 인간처럼 사회적인 동물에게는 필연일지도 모른다. 인간은 진화 초기인 수백만 년 전부터 사회화되었다. 살아남기 위해, 적응력을 높이기 위해 서로 정보를 교환하기 시작했다. 추상적이며 복잡한 사고를 공유하려고 문자를 만들었고, 가장 최근에는 통신 능력을 향상하기 위해 컴퓨터를 발명했다. 이제는 인공지능과 생태계 머신러닝 모델을 개발하며, 새로운 법과 국제 합의를 통해 세상을 함께 만들어나가기 위해 모델의 예측 결과를 공유한다.

우리는 전례 없는 역사적 순간을 살고 있다. 방대한 양의 인간 행동 데이터를 활용할 수 있고, 머신러닝의 발달로 의사결정 알고리즘을 이용해 복잡한 사회 문제를 해결할 수 있다. 그러한 인간-인공지능 생태계가 더 공정하고 더 투명한 의사결정을 통해 긍정적인 사회적 영향력을 가질 것은 명백하다. 그러나 선출되지 않은 데이터 전문가가 세상을 움직이는 '알고리즘의 독재'라는 위협도 있다. 현재 우리의 선택은 아마 인공지능과 사이버네틱스가 창조됐던 1950년대에 마주했던 것보다 더 중대한 선택이 될 것이다. 비슷해 보이지만 사실은 그렇지 않다. 우리는 길을 따라 달려 내려왔고 이제 기회는 더 많아졌다. 인공지능 로봇 대 인간의 문제만이 아니다. 인공지능이 이끄는 생태계 전체다.

*

기계 사회가 아니라, 우리가 인간으로 살고 인간으로서 느낄 수 있는 사이버문화를 갖춘 인간-인공지능 생태계를 만드는 방법은 무엇일까? 너무 편협하게만 생각할 필요는 없다. 예를 들어 로봇과 자율주행 자동차를 생각해보자. 우리는 이것들이 세계적인 생태계가 되기를 바란다. 스카이넷Skynet의 규모를 생각해보라. 하지만 어떻게 스카이넷을 인간 사회의 기본 구조로 만들 수 있을까?

제일 먼저 물어야 할 것은 이것이다. 현재의 인공지능을 제대로 작동하게 하는 마법은 무엇일까? 어디가 옳고, 어디가 잘못됐을까?

좋은 마법으로는 신뢰 할당 기능credit-assignment function을 들 수 있다. 신뢰 할당 기능은 작은 선형함수인 '멍청한 뉴런'이 있는 거대한 네트워크에서 어느 뉴런이 그 일을 하는지 알아내고 해당 연결을 강화하는 것이다. 무작위로 스위치 한 뭉치를 집어서 모두 네트워크에 연결한 뒤, 어떤 것이 작동하고 어떤 것이 작동하지 않는지 피드백을 제공해서 네트워크를 영리하게 만드는 일이다. 간단해 보이지만 여기에는 조금 복잡한 수학이 숨어 있다. 이것이 현재의 인공지능을 작동시키는 마법이다.

이 마법의 나쁜 부분은, 이 작은 뉴런은 멍청하기 때문에 배운 것들을 좀처럼 일반화하지 않는다는 점이다. 이전에 보지 못했던 것을 보거나 혹은 세계가 조금이라도 바뀌면, 인공지능은 끔찍한 실수를 저지를 것이다. 인공지능에게는 문맥에 대한 감각이 전혀 없기 때문이다. 그에 따라 어떤 식으로든 노버트 위너가 제시한 원래의 사이버네틱스 개념과는 거리가 멀어진다. 인공지능은 작고 멍청한 하인일 뿐이다.

하지만 이런 한계를 벗어난다고 상상해보라. 멍청한 뉴런 대신 현실 세계의 지식을 탑재한 뉴런을 사용하는 것이다. 어쩌면 선형 뉴런 대신 물리함수 뉴런을 사용할 수도 있고, 그러면 물리 데이터를 다룰 수도 있다. 아니면 인간과 인간이 상호작용하는 방법에 관한 인간의 특징과 통계 자료 같은 다양한 지식을 입력할 수도 있다.

이러한 배경지식을 집어넣고 훌륭한 신뢰 할당 기능을 덧붙이면 실측 데이터를 얻을 수 있고, 신뢰 할당 기능을 이용해서 적절한 답을 도출하는 기능을 강화할 수 있다. 그 결과 인공지능은 훌륭하게 작동하며 보편화할 수 있다. 예를 들어 물리 문제를 풀 때, 물리학이 어떻게 작용하는지에 관한 지식을 입력해놓으면 인공지능은 왜곡된 데이터 몇 개만 가지고도 어떤 현상에 관한 아름다운 설명을 뽑아내기도 한다. 수백만 번의 훈련 사례가 필요하고 노이즈에 매우 민감한 보통의 인공지능과는 크게 대비되는 점이다. 적절한 배경지식을 입력하면 훨씬 뛰어난 인공지능을 얻을 수 있다.

물리학 시스템과 마찬가지로, 인간이 타인을 보고 학습하는 방식에 관한 배경지식을 뉴런에 입력하면, 상당히 정확하고 효율적으로 인간의 유행을 감지하고 인간의 행동 경향을 예측할 수 있다. 이 '사회물리학'은 인간 행동이 합리적인 개인의 사고뿐만 아니라 문화의 패턴에 따라 결정되기 때문에 들어맞는다. 문화의 패턴은 수학적으로 설명할 수 있으며, 정확한 예측을 하는 데 이용된다.

신뢰 할당 기능이 최상의 결과를 보여주는 뉴런의 연결을 강화한다는 발상은 현재 인공지능의 핵심이다. 이 작은 뉴런을 더 영리하게 만들면 인공지능도 더 영리해진다. 그렇다면 뉴런을 사람으로 대체하면 어떤 일이 일어날까? 사람에게는 많은 능력이 있다. 세계를 잘 알고, 인간적인 방식으로 능숙하게 사물을 인지할 수 있다. 서로 돕는 연결은 강화하고 돕지 않는 연결을 축소할 수 있는 사람들의 네트워크가 있다면 어떤 일이 일어날까?

이는 사회, 혹은 기업과 비슷해지기 시작한다. 우리는 모두 인간 사회 네트워크에 살고 있다. 모두를 돕는 것으로 여겨지는 일은 강화하고, 인정받지 못하는 일은 단념하게 된다. 문화는 이런 종류의 인간 인공지능이 인간 문제에 적용된 결과다. 문화는 좋은 연결을 강화하고 나쁜 연결을 처벌해서 사회구조를 구축하는 과정이다. 일단 이 보편적인 인공지능 틀을 채택해서 인간 인공지능을 창조할 수 있다는 사실을 깨달으면 다음과 같은 질문이 떠오르게 된다. 이 일을 이루는 올바른 방법은 무엇인가? 안전한 발상일까? 완전히 미친 생각일까?

나는 학생들과 함께 재무 결정, 사업상의 결정, 그 외 여러 다양한 의사결정에 관한 방대한 데이터베이스 속에서 사람들이 의사결정을 하는 방식을 관찰한다. 여기서 발견한 사실은 인간은 종종 인공지능의 신뢰 할당 알고리즘과 비슷한 방식으로 의사결정을 하며, 공동체가 더 영리해지는 쪽으로 움직인다는 점이다. 이 과정에서 특히 흥미로운 특징은 집단 선택 문제로 알려진 진화의 전통적인 문제를 설명한다는 점이다. 집단 선택 문제의 핵심은 다음과 같다. 진화 과정에서 선택의 주체가 후손을 낳는 개인인 경우, 인간은 어떻게 문화를 선택할 수 있을까? 여기서 중요한 것은 문화와 집단뿐만 아니라 개인에게도 최선의 선택이어야 한다는 점이다. 유전자를 전달하는 단위는 개인이기 때문이다.

이런 식으로 질문을 유형화하면서 수학 문헌을 살펴보면, 이 일을 완수하는 최상의 방법을 한 가지 발견한다. 바로 '분산형 톰슨 샘플링distributed Thompson sampling'이라는 수학적 알고리즘으로, 보상을 알 수 없는 선택 가능한 행동 중에서 행동에 비해 예측된 보상을 최대화하는 행동을 선택할 때 사용한다. 여기서 핵심은 탐색과 활용을 동시에 하는 사회적 샘플링, 즉 증거를 결합하는 방식이다. 이는 개인과 집단에 모두 최선의 전략이 된다는 흔치 않은 특성이 있다. 선택의 근간으로 집단을 설정한다면 이후 집단은 소멸하거나 강화될 것이고, 이는 성공적인 개인을 선택하는 셈이다. 만약 개인을 근간으로 선택하면, 각각의 개인은 자신을 위해 최선을 다하고, 자동으로 집단 전체에 최상의 결과를 가져온다. 이익과 유용성의 놀라운 가치 정렬이며, 문화가 어떻게 자연선택에 적응했느냐는 질문에 진실한 통찰력을 제공한다.

아주 간단히 말하자면, 사회적 샘플링은 주변을 둘러보고 당신과 같은 행동을 하는 사람을 찾아 무엇이 유행하는지 알아보고, 좋아 보이면 따라 하는 것이다. 발상의 전파는 이런 유행하는 기능이 있어 이를 이끌지만, 개인의 선택 역시 발상이 개인에게 어떻게 작용하는지를 이해하는 것이다. 즉 그 속성을 투영하는 태도를 보인다. 사회적 샘플링과 개인의 판단을 결합하면 더 뛰어난 의사결정을 할 수 있다. 놀라운 일이다. 모든 인공지능 기술이 멍청한 컴퓨터 뉴런을 이용하는 것처럼, 우리에게는 이제 인간을 이용하는 수학적 해결책이 있기 때문이다. 더 나은 의사결정을 위해 사람들을 모으고 더 많은 경험을 전할 방법이 있다.

그래서 현실 세계에서는 무슨 일이 일어날까? 왜 항상 그렇게 하지 않을까? 물론 사람들은 이 일에 능숙하지만, 때로 광풍 같은 유행이 일어날 수도 있다. 이를 유도하는 방법은 광고, 선전, '가짜 뉴스'를 이용하는 것이다. 유행하지 않는데도 그렇다고 사람들이 착각하게 만드는 방법은 많으며, 이는 사회적 샘플링의 유용성을 파괴한다. 집단의 개개인을 더 영리하게 만드는 방법은, 인간 인공지능을 만드는 방법은, 진실한 피드백을 받을 수 있을 때에만 작동한다. 각 개인의 행동이 자신을 위한 것인지 아닌지에만 근거해야 한다.

이 점은 인공지능 메커니즘에서도 마찬가지다. 인공지능은 정확하게 수행했는지를 분석한다. 정확하게 수행했다면 1을 더하고, 아니면 1을 뺀다. 이 인간 메커니즘이 제대로 작동하려면 진실한 피드백이 필요하고, 다른 사람이 무엇을 하는지 알아내서 유행이 맞는지, 이것이 훌륭한 선택이 될지 정확하게 평가할 수 있는 좋은 방법이 필요하다.

다음 단계는 사람들을 위한 이 신뢰 할당 기능과 피드백 기능을 구축해서 영리한 조직과 영리한 문화라는 훌륭한 인간-인공지능 생태계를 만드는 것이다. 어떻게 보면 우리는 미국 인구조사라는 결과를 가져온 초기의 통찰력을 일부분 재현해야 한다. 즉, 모두가 동의하고 이해할 수 있는 기본적인 사실을 찾아내어, 지식과 문화가 신뢰성 있는 방법으로 전승되도록, 그리고 사회적 샘플링이 효율적으로 작용하도록 노력해야 한다.

우리는 많은 다양한 환경에서 정확한 신뢰 할당 기능을 구축하는 문제를 다룰 수 있다. 기업에서는 디지털 ID 배지를 활용해서 누가 누구와 연결됐는지 확인하고 하루, 혹은 주 단위로 기업이 도출한 결과와 관련된 연결 패턴을 평가할 수 있다. 신뢰 할당 기능은 이런 연결이 문제를 해결하는 데 도움이 됐는지, 아니면 새로운 해결책을 만들어내는 데 도움이 됐는지 묻고, 유용한 연결을 강화한다. 충분한 양의 피드백을 받을 수 있으면 조직의 생산성과 혁신 속도 모두가 크게 향상될 수 있다(그러나 대부분의 일은 양적으로 측정할 수 없기 때문에 피드백을 충분히 받기란 어렵다). 이는 예컨대 도요타의 '지속적 개선' 방식의 기본이다.

다음 단계는 같은 일을 하되 데이터를 얻는 신뢰 네트워크의 구축 규모를 넓히는 것이다. 이는 인터넷 같은 분산 시스템으로 여겨질 수 있는데, 특히 인간 사회의 상태를 전달하고 양적으로 측정하는 기능이 있다. 미국 인구조사도 같은 방법으로 인구와 기대수명을 원활하게 알려준다. 이미 몇몇 나라에서는 UN 지속가능개발목표에서 발표한 데이터와 측정 기준에 근거해서 대규모 신뢰 네트워크의 원형 표본을 효율적으로 사용한다.

곧 인간-인공지능을 구축해서 더 뛰어난 인류를 만든다는 전망이 나타날 것이다. 이 전망은 씨실과 날실로 구성된다. 하나는 모두가 신뢰할 수 있는 데이터다. 즉, 최소한 대략적으로라도 정확해서 우리가 모두 저절로 의존하는 인구통계 자료처럼, 대규모 공동체가 점검하고, 알고리즘이 알려졌으며, 감독을 받는 데이터여야 한다. 다른 하나는 현재 상황에 관해 신뢰할 수 있는 데이터에 근거한 공공규범, 정책, 정부의 공정한 데이터 주도 평가다. 이 두 번째 날줄은 신뢰할 수 있는 데이터의 유용성에 의존하며, 따라서 이제 막 발전하기 시작했다. 신뢰받는 데이터와 공공규범, 정책, 정부의 데이터 주도 평가는 모두 사회의 총체적 적응성과 지능을 향상하는 신뢰 할당 기능을 생성한다.

우리는 가짜뉴스, 선전, 광고가 방해할 때 더 위대한 사회 지능이 창조되는 바로 그 순간에 서 있다. 다행스럽게도 신뢰 네트워크는 반향실 효과와 유행, 광란의 축제에 저항하는 사회를 구축하는 방법을 알려준다. 우리는 현재 사회에 나타난 몇 가지 병폐를 치료하면서 사회적 기준을 수립하는 새로운 방법을 개발하기 시작했다. 우리를 조종하려는 메아리와 온갖 시도를 제거할 수 있는 수학적 틀 안에서, 우리는 모든 정보원에게서 나오는 공개 데이터를 이용하며, 사람들의 선택에 관해 공정한 표현을 하도록 장려한다.

양극화 현상과 불평등

/

수입에 따른 극단적인 양극화와 분리 현상은 오늘날 전 세계 어디서나 볼 수 있으며, 정부와 시민사회를 갈가리 찢을 수 있는 위협이기도 하다. 갈수록 언론은 광고 클릭 수에 얽매인 아드레날린 밀매자가 되어가고, 균형 잡힌 사실과 합리적인 담론을 전달하는 데 실패하고 있다. 언론의 부패로 사람들은 방향성을 잃고 있다. 대중은 무엇을 믿어야 할지 모르기 때문에 쉽게 조종당한다. 모두가 동의하는 데이터 기반 규범을 세우고, 신뢰할 수 있는 다양한 문화를 정착시키며, 어떤 행동과 정책이 작용하거나 작용하지 않는지 알아야 할 현실적인 필요성이 있다.

디지털 사회로 전환되면서 우리는 전통적인 개념의 진실과 정의를 잃었다. 정의는 주로 일상적이며 규범적이었다. 지금 우리는 정의를 공식화했다. 동시에 대부분 사람이 근접하지 못하게 했다. 법률 체계는 이전과 달리 우리에게서 멀어지고 있다. 정확하게는 이제 법률은 더 공적이며 더 디지털화되고 사회에서 떨어져 나왔다.

세계는 정의라는 개념을 각자 다양하게 받아들인다. 가장 핵심적인 차이는 이것이다. 당신이나 당신의 부모님은 악당이 총을 들고 와서 모든 것을 빼앗아간 때를 기억하는가? 만약 기억한다면 여러분의 정의에 대한 태도는 이 글을 읽는 보통 독자와는 크게 다를 것이다. 당신은 상위계층에 속하는가? 아니면 집 안에 하수관이 드러나 있는 곳에서 자랐는가? 정의에 관한 관점은 개인사에 따라 달라진다.

미국 시민을 상대로 내가 하는 일반적인 검사는 다음의 질문이다. 픽업트럭을 소유한 사람을 알고 있습니까? 픽업트럭은 미국에서 가장 잘 팔리는 자동차로, 픽업트럭을 가진 사람이 주변에 없다면 50퍼센트 이상의 미국인과 접점이 없게 된다. 물리적인 분리는 개념의 분리를 끌어낸다. 미국인 대부분이 생각하는 정의와 접근성, 공정성은 전형적인 맨해튼 거주자와는 크게 다르다.

보통 도시에서 이동성이라는 패턴을 보면, 상위계층(화이트칼라 가정)과 하위계층(때로 실직상태이거나 생활보조비를 받는 상태) 사람들이 서로 대화할 기회가 거의 없다는 사실을 발견한다. 이들은 같은 장소에 가지 않으며, 같은 주제를 이야기하지도 않는다. 명목상으로는 같은 도시에 살지만 완전히 다른 두 도시에 사는 것이나 마찬가지다. 아마도 바로 이 점이 오늘날의 양극화 현상이라는 역병의 가장 중요한 원인일 것이다.

극단적인 부

세계에서 가장 부유한 사람 200명 정도가 생전에 혹은 유언으로 자기 재산의 50퍼센트를 기부하겠다고 약속하면서 기빙플레지 재단 홈페이지에 여러 목소리를 내고 있다.[39] 빌 게이츠는 아마 이 중에서도 가장 유명인일 것이다. 빌 게이츠는 만약 정부가 하지 않는다면 자신이 하겠다고 결정했다. 모기장이 필요한가? 게이츠가 해결할 것이다. 항바이러스제? 게이츠가 해결할 것이다. 다양한 이해 당사자들이 공익에 헌신하는 재단의 형태로 활동하며, 공익이 무엇인지에 관해 다양한 견해를 갖고 있다. 이러한 목표의 다양성은 오늘날 세상의 많은 아름다운 것을 창조했다. 포드 재단이나 슬론 재단처럼 정부 외부 조직에서 일어나는 행동, 다른 누구도 취하지 않을 행동을 실행하는 재단은 세상을 더 나은 곳으로 바꾸었다.

물론 이 억만장자들도 인간 특유의 결점을 가진 인간이며, 모두가 반드시 이들과 같아야 하는 것은 아니다. 반면, 철도가 처음 건설될 때에도 똑같은 상황이었다. 어떤 사람은 큰 부자가 되었다. 많은 사람이 파산했다. 우리 같은 보통 사람은 철도를 이용했다. 거기까지는 괜찮다. 같은 일이 전력산업에서도 일어났다. 수많은 신기술이 나타날 때마다 같은 상황이 반복된다. 휘저어 섞이는 과정에서 누군가는 위로 올라가고, 후에 그들 혹은 그들의 후손을 끌어내린다. 극단적인 부의 거품은 증기엔진과 철도와 전기가 발명된 1800년대 후반부터 1900년대 초의 특징이었다. 이들이 창출한 부는 2~3세대가 지나기도 전에 모두 사라졌다.

만약 미국이 유럽과 같았다면 나는 걱정했을 것이다. 유럽에서는 한 가문이 수백 년 동안 부를 이어받으면서 재산뿐만 아니라 정치 시스템과 사회의 다른 분야에도 자리 잡았다. 그러나 지금까지는, 미국은 이런 계급 세습 체계를 거부해왔다. 극단적인 부는 고착되지 않았으며 이는 좋은 현상이다. 부는 고정되어서는 안 된다. 복권에 당첨됐다면 수십억 달러가 생기겠지만, 그래도 손자들은 생계를 위해 일해야만 한다.

인공지능과 사회

/

사람들은 인공지능을 두려워한다. 아마 그래야 할 것이다. 그러나 인공지능은 데이터가 필요하다는 사실도 깨달아야 한다. 데이터가 없다면 인공지능은 아무것도 아니다. 인공지능을 지켜볼 필요가 없다. 대신 인공지능이 무슨 데이터를 먹는지, 무엇을 하는지 감시해야 한다. 유럽연합과 다른 국가와의 협력으로 만든 신뢰 네트워크의 틀은 우리의 알고리즘, 우리의 인공지능을 만들 수 있지만, 무엇이 들어가고 나오는지 잘 살펴야 한다. 그리고 물을 수 있어야 한다. 이것은 차별적인 결정이 아닐까? 이것이 사람들이 원하는 결과일까? 이것은 어딘가 조금 이상하지 않나?

가장 많이 나타나는 유사점은 규제기관, 관료 체제, 정부가 인공지능과 매우 닮았다는 것이다. 법과 규정이라고 불리는 규칙을 따르고, 정부 데이터를 추가하며, 인간의 삶에 영향을 미치는 의사 결정을 한다. 현재 시스템의 나쁜 점은 이런 부서, 규제기관, 관료 체제를 거의 감독할 수 없다는 사실이다. 우리가 가진 통제권은 누군가 다른 사람을 선출할 기회인 투표권 하나뿐이다. 우리는 관료 체제를 훨씬 더 세세하게 감시해야 한다. 선출된 입법부의 원래 의도대로 모든 의사결정에 인용된 데이터를 빠짐없이 기록하고, 다양한 기준에서 결과를 분석해야 한다.

각각의 의사결정에 들어가고 나간 데이터를 알 수 있으면, 질문하기는 어렵지 않다. 공정한 알고리즘인가? 이 인공지능은 인간의 윤리적인 기준에 따라 움직이고 있는가? 이 같은 인간 참여형 접근법을 '개방 알고리즘'이라고 한다. 인공지능이 어떤 것을 입력값으로 택하고 그 값을 이용해서 어떤 결정을 내리는지 관찰할 수 있다. 이 두 가지를 감독할 수 있다면 인공지능이 제대로 작동하는지 아닌지도 알 수 있다. 알고 보면 이렇게 하기는 어렵지 않다. 데이터를 통제하면 인공지능을 통제할 수 있다.

　사람들이 자주 잊어버리는 사실이 하나 있는데, 바로 인공지능에 관한 모든 우려가 오늘날 인간 사회의 정부에 관한 우려와 똑같다는 사실이다. 사법제도를 위시한 정부 기관은 대부분 그들이 무엇을 하는지, 어떤 상황인지에 관한 신뢰할 만한 데이터가 없다. 입력값과 출력값을 모른다면 법원이 공정한지 아닌지 어떻게 알 수 있을까? 같은 문제가 인공지능 시스템에도 제기되며 같은 방법으로 설명할 수 있다. 현재의 정부 체계를 유지하려면 정부가 선택한 정보와 결과가 무엇인지 설명할 수 있는 신뢰할 만한 데이터가 필요하며, 인공지능도 이와 다를 바 없다.

차세대 인공지능

/

　현재 인공지능의 머신러닝 알고리즘의 핵심은 엄청나게 단순하고 멍청하다. 일단 묻지도 따지지도 않고 무작정 다 해보는 방식이라서 수억 개의 사례가 필요하다. 이 방법이 제대로 작동하는 이유는 우리가 수많은 작고 단순한 조각으로도 무엇이든 근사치를 낼 수 있기 때문이다. 이것이 현재 인공지능 연구의 핵심 통찰이다. 신뢰 할당 피드백으로 강화학습을 하면 원하는 임의의 함수가 무엇이든 간에 작은 조각들로 근사치를 얻을 수 있다.

　그러나 잘못된 함수를 사용해서 의사결정을 한다면 좋은 의사결정을 할 수 있는 인공지능의 능력이 일반화되지 않는다. 인공지능에 다른 새 입력값을 넣으면 완전히 비합리적인 결정을 할 수도 있다. 아니면 상황이 바뀔 때마다 인공지능을 재훈련시켜야 한다. 이들 인공지능 시스템에서 '영공간'을 발견하는 재미있는 기술도 있다. 이는 자신이 인식하도록 훈련받은 것들의 의미 있는 표본이라고 인공지능이 생각한 입력값(예를 들어 얼굴, 고양이 등)이, 실제로는 인간에게 별 의미 없는 샘플인 경우다.

현재 인공지능은 과학이 아닌 방식으로 기술통계를 수행하며, 이를 과학으로 규명하기는 거의 불가능할 것이다. 흔들림 없는 시스템을 만들고자 한다면 데이터 뒤에 숨은 과학을 알아야 한다. 내가 차세대 인공지능으로 점찍은 시스템은 이러한 과학적인 접근법에서 나온 결과다. 물질적인 대상을 다루는 인공지능을 창조하려 한다면 작고 멍청한 뉴런 대신 물리학 법칙을 기술 함수로 넣어야 할 것이다. 물리학에서는 다항식, 사인파, 지수 등의 함수를 사용한다. 따라서 작은 선형 함수 뉴런이 아니라 이런 함수가 기본 함수가 되어야 한다. 더 적절한 기본 함수를 사용한다면 훨씬 더 적은 데이터로 더 많은 노이즈를 처리할 수 있고, 더 나은 결과물을 얻을 것이다.

물리학 예시와 마찬가지로, 인간 행동을 다루는 인공지능을 구축하고 싶다면 머신러닝 알고리즘에 인간 네트워크의 통계적 특성을 구축해야 한다. 멍청한 뉴런을 인간의 기본 행동을 포착하는 것으로 대체하면, 아주 적은 데이터로도 유행을 발견할 수 있고 엄청난 수준의 노이즈를 처리할 수 있다.

인간이 대부분의 문제에 '상식'적인 이해력을 갖추고 있다는 사실은 내가 인간 전략이라고 부르는 다음과 같은 사실을 시사한다. 인간 사회는 딥러닝으로 훈련한 신경 회로망과 같은 네트워크지만 인간 사회의 '뉴런'은 훨씬 더 영리하다. 여러분과 나는 넓은 범주의 상황을 이해하는 데 이용할 수 있는 놀라울 정도로 보편적인 서술 능력이 있고, 어느 연결선을 강화해야 하는지도 알 수 있다. 이는 우리가 소셜 네트워크를 더 원활하게 움직이도록 만들 수 있으며, 모든 기계 인공지능을 이길 수 있는 잠재력이 있다는 뜻이다.

제20장

보이지 않는 것을
보이게 하기

한스 울리히 오브리스트

한스 울리히 오브리스트Hans Ulrich Obrist는 동시대 미술의 최전선에 있는 큐레이터이자 비평가, 미술사학자다. 현재 런던 서펜타인 갤러리의 공동 예술 감독을 맡고 있으며, 건축·과학·디자인·영화·패션 등 다양한 분야의 인물들과 협력하여 전시를 기획하고 있다. 2009년과 2018년 영국의 권위 있는 미술 전문지《아트 리뷰》에서 그를 미술계의 '영향력 있는 100인' 중 1위로 선정했다.《큐레이터가 일하는 방식》과《예술가의 삶, 건축가의 삶》을 썼다.

엮은이의 말

"긴급! 긴급!" 이메일 알람이 시끄럽게 울렸다. JFK 공항에서 말펜사 공항까지 긴 비행 끝에 수하물 컨베이어 벨트 앞에 서서 전화기를 켜자 밀려든 수십 통의 이메일 중 하나가 나를 반겼다. "미국의 위대한 선지자적인 사상가 존 브록만이 오늘 아침 밀라노 그랜드 호텔에 도착했습니다. 꼭, 반드시 만나보셔야 합니다." 이메일을 보낸 사람은 HUO였다.

전날 저녁, JFK 공항 라운지에서 나는 친구이자 오래 알고 지낸 협력자이며, 런던에 살지만 여기저기 바쁘게 돌아다니는 예술 큐레이터 한스 울리히 오브리스트(모두에게 HUO로 알려진)에게 이메일을 보내 밀라노에 혹시 내가 알아야 할 사람이 있는지 물어보자는 기특한 생각을 떠올렸다.

일단 호텔에 짐을 풀자 전화가 울리기 시작했고, 이탈리아의 예술가, 디자이너, 건축가들과 줄을 이어 미팅을 잡았다. 모더니즘 예술가이자 가구 디자이너인 엔초 마리와 현대미술, 관객, 공공 공간 사이의 대화에 영감을 준 미적 전략을 세운 알베르토 가루티, 패션 디자이너 미우치아 프라다도 만나기로 했다. 프라다는 "오늘 오후 프라다 본사에 들러 함께 차를 마시죠"라고 권하기도 했다. 그래서 HUO 덕분에 시차증에 시달리는 "미국의 위대한 선지자적인 사상가"는 2011년 11월 밀라노에서의 첫날을 허둥거리며 보냈다.

HUO는 독특하다. 하루 24시간을 살면서 (내가 추측하기에) 언제든지 자고, 8시간마다 교대하는 전담 비서들이 그를 위해 종일 연중무휴로 일한다. 최근 2년 동안 HUO는 1년 중 40번의 주말을 투자해서 중국이나 인도의 예술 관련 장소를 찾아다녔다. 목요일 저녁에 런던에서 출발했다가 월요일에는 자신의 사무실로 복귀했다. 지난해에 《아트 리뷰》지는 다시 한 번 HUO를 그해의 '영향력 있는 100인' 중 1위로 선정했다.

최근 우리는 런던의 새 시청에서 열린 '손님, 유령, 주인: 기계!'라는 서펜타인 갤러리 주관 행사에 패널로서 함께 참석했다. 그곳에서 벤키 라마크리슈난, 얀 탈린, 앨런튜링연구소 연구책임자인 앤드루 블레이크를 만났다. 이 행사는 예술과 과학을 연결하려는 HUO의 사명에 충실했다. "이제 큐레이터는 공간을 작품으로 채우는 단순한 일은 더 이상 하지 않는다. 서로 다른 문화권을 조우시키며, 새로운 전시 특집을 계획하고, 예상하지 못한 만남과 결과를 만드는 교차로를 창조하는 사람이다"라고 HUO는 말한다.

《미디어의 이해》 제2판 서문에서 마셜 매클루언은 "미래 사회와 기술의 발전을 예측하는" 예술의 힘을 언급했다. 예술은 "한 발 앞서 울리는 경종"이며, 미래에 나타날 새로운 발전을 보여주고, "새로운 발전을 맞을 준비를 도우며 (…) 예술은 레이더로서, 꼭 필요한 지각 훈련을 담당한다"라고 했다.

    1964년 매클루언의 책이 처음 출판되었을 때, 예술가 백남준은 후에 사회에 영향을 미칠 기술을 시험하고자 〈로봇 K-456〉을 만드는 중이었다. 백남준은 이전에도 TV를 이용해 작업해서 시청자에게 수동적으로 소비되던 TV의 보편성에 도전했다. 이후 전 세계를 위성 생방송으로 연결한 작품을 만들어, 새로운 미디어의 오락성보다는 시적인 측면과 다른 문화 간의 수용력을 강조했다(오늘날에도 여전히 이쪽으로 활용되지는 않는다). 백남준의 사상은 현재 인터넷, 디지털 이미지, 인공지능을 통해 나타난다. 다시 강조하지만, 그들의 예술 작품과 사상은 우리 앞에 다가올 발전에 대한 조기 경고 시스템이다.

큐레이터로서 내 일상 업무는 다양한 예술 작품을 수집하고 다른 문화를 연결하는 것이다. 1990년대 초 이후로는 지식을 모으는 데 의례적으로 생기는 저항을 극복하기 위해 다양한 분파의 예술가들을 모아 좌담회와 회의를 조직하기도 했다. 예술가가 인공지능에 관해 무엇을 말해야 하는지에 관심을 가진 후로는 예술가와 공학자의 좌담회도 몇 번 마련했다.

인공지능을 유심히 관찰해야 하는 이유는 오늘날의 중요한 두 가지 질문, 즉 "인공지능은 어떻게 나타날까?"와 "인공지능이 야기할 위험은 무엇인가?"와 연결되기 때문이다. 인공지능은 이미 우리의 일상생활에 대략 인지할 수 있는 방식으로 영향을 미치고 있다. 사회의 다양한 측면에서 점차 영향력을 높여가고 있지만 이것이 대체로 이로운지 해로운지는 여전히 불확실하다.

많은 현대 예술가는 기술의 발달상을 놓치지 않고 따라가고 있다. 그들은 인공지능이 제시하는 미래에 다양한 의구심을 나타내면서, '인공지능'이라는 단어를 긍정적인 결과에만 연관 짓지 말라고 경고한다. 현재 인공지능 논의에서 예술가는 자신만의 특별한 관점으로 논의를 이끌며, 예술가의 초점은 이미지 형성, 창의성, 프로그래밍을 예술의 도구로 사용할 것인지에 맞춰져 있다.

과학과 예술의 깊은 연관성은 이미 고故 하인츠 폰 푀르스터가 언급한 바 있다. 폰 푀르스터는 사이버네틱스의 설계자 중 한 명으로 노버트 위너와 1940년대 중반부터 함께했고, 1960년대에는 관찰자를 외부 개체가 아니라 시스템의 일부로 간주하는 제2차 사이버네틱스 분야를 만들었다. 나는 폰 푀르스터를 잘 알았는데, 우리가 나누었던 많은 대화에서 그는 예술과 과학의 관계에 대한 자신의 견해를 이렇게 설명했다.

나는 언제나 과학과 예술이 상호보완적인 분야라고 생각했다. 과학자는 어느 측면에서는 예술가이기도 하다는 점을 잊지 말아야 한다. 과학자는 신기술을 발명하고 설명한다. 시인이나 탐정소설 작가와 같은 언어를 사용해서 자신의 발견을 설명한다. 내가 보기에 자신의 연구로 소통하고 싶은 과학자는 반드시 예술적인 방식으로 해야 한다. 과학자는 명백하게 소통을 원하며 타인과의 대화를 바란다. 과학자는 새로운 대상을 발명하는데, 문제는 이것을 어떻게 설명하는가이다. 이런 모든 면을 살펴볼 때, 과학은 예술과 크게 다르지 않다.

사이버네틱스를 어떻게 정의하느냐고 물었을 때, 폰 푀르스터는 다음과 같이 답했다.

사이버네틱스에서 배운 것이 있다면 바로 순환하는 사고다. A는 B로, B는 C로 이어지지만, C는 다시 A로 되돌아간다. 이런 논의는 선형이 아니라 순환하는 원형이다. 사이버네틱스가 인간의 사고에 크게 공헌한 점이라면, 바로 순환 논법을 수용하게 한 것이다. 즉, 순환 과정을 살펴보고 어떤 환경에서 평형과 안정적인 구조가 나타나는지 이해해야 한다는 뜻이다.

인공지능 알고리즘이 일상 업무에 적용되는 현재, 이런 과정에 어떻게 인간적인 요소가 포함되는지, 창의성과 예술이 이 관계에서 어떤 역할을 할 수 있는지 물을 수도 있다. 따라서 인공지능과 예술의 관계를 탐색할 때는 다양한 수준의 사고가 필요하다.

현대 예술가는 인공지능에 관해 무슨 말을 해야 할까?

인공 멍청이

/

다큐멘터리와 실험 영화를 제작하는 예술가인 히토 슈타이얼은 인공지능이 사회에 미칠 영향을 생각할 때 마음속에 새겨야 할 중요한 측면은 두 가지라고 생각한다. 첫째, 이른바 인공지능에 거는 기대치는 종종 과대평가되었고, '지능'이라는 명사에 오해의 소지가 있다고 말한다. 이에 대응하기 위해 슈타이얼은 '인공 멍청이'라는 단어를 사용한다. 둘째, 프로그래머는 이미지를 통해 보이지 않는 소프트웨어 알고리즘을 보이게 만들지만, 이러한 이미지를 더 잘 이해하고 해석하려면 예술가의 전문지식을 적용해야 한다고 지적한다.

슈타이얼은 수년 동안 컴퓨터 기술을 이용해서 작업했고, 최근에는 디지털 이미지 기술로 감시 기술, 로봇, 컴퓨터 게임을 탐색한 〈보이지 않는 방법How Not to be Seen〉(2013)을 발표했다. 또한 여전히 균형을 잡는 것이 어려운 과제인 로봇 훈련을 다룬 〈맙소사맞아우린 죽을거야HellYeahWeFuckDie〉(2017)를 발표했다. 그러나 인공 멍청이 개념을 설명할 때 슈타이얼은 널리 사용되는 트위터봇처럼 더 일반적인 현상을 예시로 든다. 이런 면은 슈타이얼과 나의 대화에서도 잘 드러난다.

트위터 부대를 이용해서 대중 여론을 흔들고, 인기 있는 해시태그를 바꾸는 등의 일은 예나 지금이나 선거에서 대단히 유용한 전략이다. 이는 아주 아주 저급한 수준의 인공지능이다. 두 줄 내지 세 줄짜리 스크립트면 충분하다. 전혀 세련되지 않다. 그러나 이런 인공 멍청이의 사회적 영향력은 이미 전 세계 정치에서 비대해졌다.

널리 알려진 바와 같이, 이런 기술은 2016년 미국 대통령 선거 전에 자동화된 트위터 포스트에서 많이 볼 수 있었고, 브렉시트 투표 전에서도 잠시 나타났다. 이런 봇 같은 하위 등급의 인공지능 기술조차 이미 우리 정치에 영향력을 행사한다면, 또 다른 긴급한 질문이 만들어진다. 훨씬 더 발전할 미래 기술은 얼마나 더 강력해질까?

보이는/보이지 않는

/

예술가 파울 클레는 종종 예술은 "보이지 않는 것을 보이게 만드는" 일이라고 말했다. 컴퓨터 기술에서 대부분의 알고리즘은 뒤에서 보이지 않게 작동하며, 우리가 매일 사용하는 시스템에서는 접근할 수 없는 곳에 있다. 그러나 흥미롭게도 최근 머신러닝은 시각 이미지와 함께 돌아왔다. 인공지능의 딥러닝 알고리즘이 데이터를 처리하는 방식을 구글 딥드림 같은 애플리케이션을 통해 눈으로 볼 수 있게 되었다. 딥드림은 컴퓨터화된 패턴 인식 과정을 실시간으로 시각화한다. 애플리케이션은 알고리즘이 어떻게 동물 형태와 주어진 입력값을 짝지으려 하는지 보여준다. 딥드림 외에도 인공지능 시각화 프로그램은 많으며, 각자 나름의 방식으로 "보이지 않는 것을 보이게 만든다." 슈타이얼이 생각하기에 일반 대중이 이런 이미지를 인식하기 어려운 것은, 시각적 패턴을 비판 없이 기계 처리 과정의 사실적이고 객관적인 표상으로 보기 때문이다. 슈타이얼은 이런 시각화의 미학을 다음과 같이 표현한다.

> 내가 보기에 이는 과학이 예술사의 하위 장르가 되었다는 점을 입증한다. (…) 지금은 예술사에서 볼 수 있었던 파울 클레, 혹은 마크 로스코, 그 외 온갖 추상화 작품처럼 보이는 추상적인 컴퓨터 패턴이 수없이 많다. 내가 보기에 둘 사이의 유일한 차이점은, 현재 과학적 사고에서 이 패턴을 거의 다큐멘터리 영상처럼 현실의 표상으로 인식하는 반면, 예술사에서는 또 다른 추상으로 본다는 아주 미묘한 차이가 있다.

슈타이얼이 추구하는 것은 컴퓨터가 생성한 이미지와 여기에 활용된 다양한 미학적 형태를 더 심오하게 이해하는 일이다. 물론 컴퓨터가 생성한 이미지는 특정 미학 전통을 따르려는 분명한 목적으로 만들어지지 않았다. 컴퓨터 공학자 마이크 타이카는 슈타이얼과의 대화에서 이들 이미지의 기능을 이렇게 설명했다.

> 딥러닝 시스템, 특히 시각 패턴을 다루는 시스템은 실제로 블랙박스

에서 무슨 일이 일어나는지 알고 싶은 욕구에서 영감을 받았다. 그들의 목표는 처리 과정을 현실 세계에서 다시 보여주는 것이다.

그럼에도 이런 이미지들은 고려할 만한 미학적 영향력과 가치가 있다. 프로그래머는 이 이미지를 이용해서 프로그램 알고리즘을 더 잘 이해하도록 돕지만, 인공지능의 미학적 형태를 잘 이해하려면 예술가의 지식이 필요하다고 할 수 있다. 슈타이얼이 지적했듯이, 이런 시각화는 대개 처리 과정의 '진실'한 표상으로 받아들여지지만, 비판적이며 분석적인 관점에서 각각의 미학과 그 영향력에 주의를 기울여야 한다.

2017년 예술가 트레버 페글렌은 보이지 않는 인공지능 알고리즘을 보이게 만드는 프로젝트를 창조했다. '사이트 머신Sight Machine' 프로젝트에서 페글렌은 크로노스 사중주단의 실황공연을 영상으로 찍어서 얼굴 인식 프로그램, 대상 식별 프로그램, 미사일 유도 프로그램 등 다양한 컴퓨터 소프트웨어로 처리했다. 페글렌은 알고리즘으로 처리한 영상 결과물을 실시간으로 무대 위 화면에 다시 띄웠다. 각기 다른 다양한 프로그램이 음악가의 연주를 어떻게 해석하는지 보여주면서 페글렌은 인공지능 알고리즘이 항상 반복되며 나타나는 가치와 관심에 따라 결정되며, 따라서 비판적으로 질문해야 한다는 사실을 증명했다. 알고리즘과 음악의 중요한 대비도 기술적 지각과 인간 지각의 관계에 대한 화제를 낳았다.

창조의 도구인 컴퓨터는 예술가를 대체할 수 없다

/

　인공지능이 던지는 문제를 고민하는 비디오 예술가 레이철 로즈는 작품 창작에 컴퓨터 기술을 이용한다. 로즈의 비디오는 관객에게 움직이는 이미지를 통해 물질성의 경험을 선사한다. 재료를 콜라주하거나 덧붙여서 소리와 이미지를 조작하는데, 아마도 편집 과정이 로즈의 작품에서 가장 중요한 측면일 것이다.

　로즈는 작품에서 의사결정의 중요성도 강조한다. 로즈에게 있어 예술의 과정에는 합리적인 패턴이 존재하지 않는다. 공학자 켄릭 맥도웰과 나와 함께 구글 문화연구소에서 나눈 대화에서, 로즈는 1968년 출판된 연출가 피터 브룩의 《빈 공간》에 나온 이야기를 인용했다. 브룩은 1960년대 후반 〈템페스트〉의 세트를 설계할 때 일본식 정원을 차용해서 제작하기 시작했다. 그러나 이 정원 디자인은 차례로 화이트박스, 블랙박스, 사실적인 세트 등으로 진화했다. 결국 브룩은 자신의 원래 발상으로 되돌아갔다. 브룩은 일하는 데 한 달이라는 시간을 쏟았지만 결국 시작점으로 돌아온 데서 충격을 받았다고 기록했다. 하지만 이것은 창조적인 예술 과정이 하나하나 단계를 밟아 구축되어 마침내 예측할 수 없었던 결론에 이르는 연속적인 작업이라는 점을 보여준다. 이 과정은 논리적이거나 합리적인 사고의 연속이 아니라 대부분 이전의 결과에 대한 반응으로 생기는 예술가의 느낌이 만들어낸다. 로즈는 자신의 예술적 의사결정에 관해 다음과 같이 말했다.

내게는 그것이 머신러닝과는 완전히 다르다. 각각의 의사결정 과정마다 인간에게서 나올 수 있는 아주 중요한 느낌이 있기 때문이다. 이 느낌은 공감과 의사소통, 인간만이 던질 수 있는 우리 자신의 죽음에 대한 질문과 관련된다.

이 관점은 인간의 예술 작품과 이른바 컴퓨터 창의성의 근본적인 차이점을 강조한다. 로즈는 인공지능을 인간을 위해 더 나은 도구를 만들 수 있는 가능성으로 여긴다.

내가 상상하기에 예술가를 위한 머신러닝이 있을 자리는 시를 짓거나 그림을 그리는 일처럼 독립적인 주체성을 발달시키는 것이 아니다. 우리가 사용할 수 있는 여러 도구와 포토샵처럼 노동의 틈새를 메우는 현실적인 역할을 기대한다.

이런 도구가 비록 화려해 보이지는 않아도 "예술에 더 큰 영향을 미칠 것이다"라고 로즈는 말했다. 예술가의 창의적인 작업에 더 나은 가능성을 제공하기 때문이다.

맥도웰도 대중에게 인공지능에 대한 잘못된 기대가 있다고 말했다. "나는 인간이 할 수 있는 모든 일을 하는 컴퓨터라는 발상에 일종의 마법적인 특징이 있음을 깨달았다." 맥도웰은 이렇게 덧붙였다. "우리는 이런 악마의 거울을 들여다보면서, 그것이 소설을 쓰고 영화를 만들기를 바란다. 무엇이든 기대하고 싶어 한다." 맥도웰은 인간과 기계가 협력하는 프로젝트를 진행하고 있다. 인공지능 연구의 현재 목표 중 하나는 인간과 소프트웨어가 의사소통할 수 있는 새로운 방법을 찾는 것이다. 그리고 예술이 여기에서 중요한 역할을 해야 한다고 말할 수 있다. 예술은 인간의 주관성과 인간의 본질적인 요소인 공감과 죽음에 초점을 맞추기 때문이다.

사이버네틱스/예술

예술가 수잰 트라이스터가 2009년부터 2011년까지 발표한 작품은 현재의 기술과 예술, 사이버네틱스가 만나는 교차점에서 무슨 일이 일어나는지를 보여주는 사례다. 트라이스터는 1990년대 이후 디지털 아트의 개척자로, 가상 비디오 게임을 만들고 해당 게임의 스크린샷을 그리기도 했다. 트라이스터의 '헥센 2.0HEXEN 2.0' 프로젝트는 1946년과 1953년 사이에 사이버네틱스를 논의해서 유명해진 메이시 학회Macy Conferences를 되돌아본다. 메이시 학회는 공학자와 사회과학자들이 과학을 통합하고 마음의 작용에 관한 보편적 이론을 발달시키고자 뉴욕에서 조직되었다.

헥센 프로젝트에서 트라이스터는 위너와 폰 푀르스터를 포함한 메이시 학회 참석자의 사진-글 작품 30개를 만들었다. 타로 카드를 만들었고, '사이버네틱스 강령회' 사진 몽타주로 비디오 영상도 만들었다. 이 영상에서 학회 참석자들은 강령회에서 그러듯이 둥근 탁자에 둘러앉았고, 사이버네틱스에 관한 특정 표현이 음성 콜라주로 들린다. 이성적인 지식과 미신이 뒤섞여 있다. 트라이스터는 참석했던 몇몇 과학자가 군부를 위해 연구했으며, 따라서 그 당시에도 이미 사이버네틱스는 순수한 지식과 국가적 통제 사이에서 몸싸움을 벌였고 적용 방법에서도 양면성을 드러냈다고 지적한다.

메이시 학회 참석자에 대한 트라이스터의 작품을 보면, 시각예술가가 없었다는 점을 알 수 있다. 예술가와 과학자의 대화가 미래를 논의하는 자리로서 유익하며, 폰 푀르스터가 예술에 열정적인 관심을 보였다는 점을 고려할 때 당시에 이를 깨닫지 못했다는 사실은 상당히 놀랍다. 폰 푀르스터는 우리에게 자신이 어린 시절부터 예술과 인연을 맺었다고 말했다.

> 나는 예술가 집안에서 자란 어린이였다. 우리 집에는 시인, 철학자, 화가, 조각가들이 자주 방문했다. 예술은 내 삶의 일부였다. 후에 나는 물리학을 연구했는데, 내가 물리에 재능이 있었기 때문이다. 하지만 나는 항상 과학에서 예술의 중요성을 의식했다. 내게는 과학과 예술이 크게 다르지 않았다. 항상 닮아 있는 삶의 양면이었고, 다가가기도 쉬웠다. 과학과 예술은 하나로 봐야 한다. 예술가는 자신의 작품에 반영되어야 한다. 예술가는 자신의 문법과 언어를 생각해야 한다. 화가는 색을 어떻게 다룰지 알아야 한다. 르네상스 시대에 유성물감이 얼마나 깊이 탐색되었는지 생각해보라. 화가들은 특정 안료를 다른 색과 섞어서 특별한 색조의 빨간색이나 파란색을 만드는 방법을 고민했다. 화학자와 화가는 서로 매우 밀접하게 협력했다. 나는 과학과 예술을 인위적으로 나누는 일은 옳지 않다고 생각한다.

폰 푀르스터에게는 예술과 과학의 관계가 항상 명료해 보였더라도, 우리 시대에는 이 관계가 숙제로 남아 있다. 연결고리를 늘려야 하는 이유는 수없이 많다. 예술가의 비판적 사고는 인공지능의 위험을 인지하는 데 유익할 것이다. 예술가는 자신의 관점에서 중요하다고 생각한 질문으로 대중의 주의를 끌어내기 때문이다. 머신러닝의 출현 이후, 예술가는 창작 활동에 이용할 수 있는 새로운 도구를 얻었다. 인공지능 알고리즘이 새로운 방식으로 인위적인 이미지를 통해 눈에 보이게 되면서, 예술가의 비판적인 시각 지식과 전문성이 필요하게 될 것이다. 인공지능에 관한 많은 중요한 질문은 본질적으로 철학 문제이며, 오직 전체론적인 관점에서만 답할 수 있다. 모험심 가득한 예술가들이 이 문제를 다루는 방식은 살펴볼 가치가 있을 것이다.

세계를 시뮬레이션하다

/

대부분 현대 예술가의 창작활동은 인공지능이 자아에 관한 실존적 질문에 미치는 영향과 인간이 아닌 존재와의 미래 상호작용에 대해 심사숙고한 결과다. 하지만 인공지능 기술과 혁신을 창작 활동의 기본 재료로 받아들여 자신만의 관점으로 조각한 예술가는 거의 없다. 이언 쳉은 이처럼 이례적인 예술가로, 다양한 수준의 감각과 지능을 지닌 인공적인 존재가 사는 세계를 구축하는 데까지 나아갔다. 쳉은 이 세계를 라이브 시뮬레이션이라고 부른다. 쳉의

'특사Emissaries' 3부작(2015~2017)은 가상의 종말 후 세계를 배경으로 동식물군을 묘사하는데, 인공지능으로 움직이는 동물과 생물이 그 세계를 탐험하고 상호작용한다. 쳉은 고성능 그래픽을 사용하면서도 여러 자잘한 문제와 결함을 함께 프로그래밍해서 미래적이면서도 시대착오적인 분위기를 동시에 보여준다. 의식의 역사를 보여주는 이 3부작을 통해 쳉은 "시뮬레이션은 무엇인가?"라는 질문을 던진다.

최근 발달한 인공지능을 활용한 예술 작품 대부분이 특히 머신러닝 분야에서 길어 올린 것이지만, 쳉의 '라이브 시뮬레이션'은 이와는 다른 길을 간다. '특사'의 각 에피소드 시뮬레이션에서 서로 얽혀드는 주인공과 플롯은 인공지능의 복잡한 논리 체계와 규칙을 사용한다. 진화를 거듭하는 쳉의 작품에서 심오한 부분은 복잡성이 행위자나 인공 신의 욕망/행동에서 나오지 않는 대신, 집단, 충돌, 공생을 통해 계속되는 진화에서 출현한다는 점이다. 이는 예상하지 못했던 결과와, 끝이 없고 알 수도 없는 상황을 만든다. 쳉의 작품을 계속 보면 정확하게 똑같은 순간은 절대 경험할 수 없다.

쳉은 '손님, 유령, 주인: 기계!'라는 서펜타인 갤러리 주관 행사에서 프로그래머 리처드 에번스와 토론을 벌였다. 에번스는 최근 인공지능을 바탕으로 상호 교감형 스토리텔링 게임 플랫폼인 베르수Versu를 설계했다. 에번스의 작업은 게임이 조종하는 캐릭터가 인간 플레이어가 선택한 행동에 다양한 행동으로 반응하면서, 캐릭터의 사회적 상호작용을 강조한다. 이 토론에서 에번스는, 심즈 같은 초기 시뮬레이션 비디오 게임이 사회 관습의 중요성을 충분히 반영하지 못했다는 생각에서 프로젝트가 출발했다고 말했다. 게임 속에서 시뮬레이션된 캐릭터는 실제 사람의 행동과 일치하지 않는 행동을 종종 보이기도 했다. 사회 관습에 관련된 지식은 행동의 가능성을 제한하지만, 인간 행동의 의미를 이해하는 데 필요하다. 이 점은 쳉이 자신의 시뮬레이션에서 관심을 보이는 부분이다. 특정 환경에서 더 많은 행동 변수가 컴퓨터 시뮬레이션으로 결정될수록, 쳉에게는 개별적이고 특정한 변화를 실험하는 것이 더 흥미로워진다. 쳉은 에번스에게 "인공지능이 사회적 맥락에 따라 더 잘 반응할 수 있는 능력을 지닌다면, 그중 하나를 비틀었을 때 상당히 예술적이며 아름다운 결과를 볼 수 있을 것이다"라고 말했다.

쳉은 프로그래머의 작업과 인공지능 시뮬레이션이 인간의 일상적인 사회 관습의 변수를 시험하는 새롭고 섬세한 도구를 창조하는 일이라고 생각한다. 이런 방식으로 예술가가 인공지능에 개입하면 새로운 종류의 열린 실험이 예술계에서 일어날 수 있다. 그 가능성은, 인공지능의 성능이 보편적으로 높아질 가능성과 마찬가지로 아직 미래의 일이다. 초지능 인공지능이 인류를 지배한다는 종말론과는 매우 거리가 먼, 아직 유아기 단계의 실험적인 기술임을 인지한 쳉은 자신의 시뮬레이션을 이상한 세균처럼 보이는 구상체와 개, 언데드(되살아난 시체—옮긴이) 같은 평범한 아바타로 채웠다.

예술가와 공학자의 이런 토론은 물론 완전히 새롭지는 않다. 공학자 빌리 클뤼버는 1960년대에 예술가와 공학자를 여러 모임에 함께 초대했고, 1967년에는 '예술과 과학 기술에 의한 실험' 프로그램을 로버트 라우센버그 등 여러 사람과 함께 설립했다. 비슷한 시기에 런던에서는 예술가 배치 그룹Artist Placement Group의 바버라 스테베니와 존 레이섬이 모든 정부 기관과 기업에 전속 예술가가 있어야 한다고 주장하며 한 걸음 더 나아갔다. 이렇게 영감이 넘치는 역사적 모델은 오늘날 인공지능 분야에도 적용할 수 있다. 인공지능이 우리의 일상에 점점 더 파고들면서, 그 수많은 관점과 지식의 다양성을 갖춘 비결정적이며 비실용적인 공간을 마련하는 일은 의심할 여지 없이 필수적일 것이다.

제21장

인공지능 대 네 살 아이

앨리슨 고프닉

앨리슨 고프닉Alison Gopnik은 발달심리학자로 캘리포니아대학교 버클리캠퍼스 심리학 교수다. '마음의 이론' 연구의 창시자 중 한 명으로, 아동의 학습과 인지발달 분야에서 세계적인 권위자다. 저서로 《우리 아이의 머릿속》이 있고, 더 최근에는 《정원사 부모와 목수 부모: 양육에서 벗어나 세상을 탐색할 기회를 주는 부모 되기》를 펴냈다.

엮은이의 말

앨리슨 고프닉은 아동의 학습과 발달 분야에서 국제적인 권위자이며, '마음 이론theory of mind' 분야의 창시자 중 한 사람이다. 고프닉은 아동의 뇌를 '고성능 학습 컴퓨터'에 비유했는데, 이는 아마도 개인적인 경험에서 나왔을 것이다. 필라델피아에서 자란 고프닉의 어린 시절은 지능 발달 훈련 자체였다. "다른 가족이 아이들을 데리고 〈사운드 오브 뮤직〉이나 〈카로셀〉을 볼 때, 우리는 장 라신의 〈페드라〉와 사뮈엘 베케트의 〈엔드 게임〉을 봤다"라고 고프닉은 회상했다. "캠핑 가서 모닥불 주위에 둘러앉아 헨리 필딩의 18세기 소설인 《조지프 앤드루스》를 소리 내어 읽었다."

최근 고프닉은 머신러닝의 베이지안 모델을 이용해서, 엄청난 양의 데이터 없이도 주변 세계에 대한 결론을 끌어내는 유아의 놀라운 능력을 설명했다. "아기와 어린이는 실제로 성인보다 더 의식적이라고 본다. 어린이는 많은 정보를 수많은 다양한 정보원에게서 한 번에 매우 잘 받아들일 수 있다"라고 고프닉은 말했다. 고프닉은 아기와 유아를 "인간이라는 종의 연구 개발 부서"라고 부른다. 고프닉은 아동을 실험 대상으로 냉정하게만 대하지는 않는다. 고프닉의 회사와 버클리 연구소는 빛이 나거나 두드리는 장난감을 갖고 노는 아이들로 떠들썩하다. 자녀들이 성인이 된 지 수년이 지났지만, 고프닉은 아직도 사무실에 아이들이 쓰던 아기 울타리를 간직하고 있다.

인간의 학습, 그리고 이와 유사한 인공지능의 딥러닝 방법에 대한 고프닉의 연구는 계속된다. "모든 아기의 일상적인 학습법을 흉내 내는 것보다 고도로 훈련을 받은 성인 전문가의 추론을 모방하는 편이 훨씬 쉽다"라고 고프닉은 말한다. "계산은 물리적 대상인 뇌가 어떻게 지능적으로 행동할 수 있는지에 관한 최상의, 그리고 유일한 과학적 설명이다. 하지만 적어도 지금은, 아이들이 보이는 창의력 같은 능력이 어떻게 가능한지 거의 알지 못한다."

인공지능의 새로운 발전, 특히 머신러닝을 모르는 사람은 없을 것이다. 인공지능의 발전이 무엇을 뜻하는지 알려주는 유토피아적이거나 종말론적인 전망도 들어보았을 것이다. 인공지능은 불멸의 삶이나 세상 종말의 전조로 여겨졌고, 양쪽 가능성을 다룬 글도 많이 나와 있다. 하지만 가장 정교한 인공지능이라도 아직은 네 살 아이가 쉽게 해내는 일을 해결하기에 갈 길이 멀다. 인상적인 이름에도 불구하고, 인공지능은 주로 방대한 데이터 속에서 통계 패턴을 발견하는 기술로 구성된다. 인간의 학습에는 훨씬 더 많은 요소가 있다.

인간은 주변 세계를 어떻게 그렇게 잘 알고 있을까? 인간은 아주 어린 아이조차도 엄청나게 많은 양을 학습한다. 네 살 아이는 이미 식물과 동물과 기계를 구별하고, 욕망, 믿음, 감정을 인지하며, 공룡과 우주선도 안다.

과학은 세계에 관한 인간의 지식을 상상할 수 없을 만큼 넓은 것부터 무한소로 작은 것까지, 우주의 끝에서 시간의 시작까지 확장했다. 그리고 인간은 이 지식을 이용해서 새로운 분류법을 만들고 예측하며, 새로운 가능성을 상상하고, 세상에 새로운 일이 일어나게 한다. 그런데 세계에서 우리에게 다가오는 모든 것은 광자의 흐름이 인간의 망막에 부딪히고, 고막 근처의 공기를 울리는 현상이다. 우리는 너무나 제한적인 증거를 가지고 어떻게 세상에 대한 그 많은 지식을 알아냈을까? 눈 뒤에 들어 있는 1킬로그램 남짓한 회색질 덩어리로 어떻게 이 모든 일을 할 수 있는 걸까?

지금까지 가장 훌륭한 답은 인간의 뇌가 감지기에 도착하는 구체적이고 특별하지만 여러 가지가 뒤섞인 정보를 계산해서, 정확한 세계 표상을 도출한다는 것이다. 그러한 표상은 구조화되고 추상적이며 계층적이고, 3차원 대상 인식과 언어의 기저에 있는 문법, 타인의 생각을 이해할 수 있는 '마음 이론' 같은 정신 능력을 포함한다. 표상은 우리가 폭넓은 범위에서 새로운 예측을 할 수 있게 하며, 많은 가능성을 인간 고유의 창의적인 방식으로 새롭게 상상하게 한다.

이런 학습 능력이 지능의 전부는 아니지만 인간에게는 특히나 중요하다. 그리고 어린이에게 허락된 특별한 지능이다. 어린이는 계획을 세우고 의사 결정을 하는 측면에서는 눈에 띄게 서투르지만, 대신 우주 최고의 학습자다. 데이터를 이론으로 바꾸는 사고 과정은 대부분의 인간이 다섯 살이 되기 전에 완성된다.

아리스토텔레스와 플라톤 이후, 우리가 가진 지식을 어떻게 아는지에 관한 문제를 설명하는 근본적인 방법은 두 가지로 나뉘었으며, 이 두 방법은 여전히 머신러닝의 주요 접근법이다. 아리스토텔레스는 문제를 아래에서 위로 접근했다. 광자의 흐름과 공기의 진동(혹은 디지털 이미지의 픽셀이나 음성의 소리 샘플) 같은 감각에서 시작해서 여기서 패턴을 추출할 수 있는지를 보았다. 이 접근법은 철학자 데이비드 흄과 J. S. 밀 같은 전통적인 관념연합론자, 그리고 이후에는 파블로프와 B. F. 스키너 등 행동심리학자들 사이에서 오래 차용되었다. 이들의 관점에서 표상의 추상성과 계층 구조는 일종의 환상이거나 최소한 부수적 현상이다. 특히나 충분한 데이터가 있다면 모든 작업은 연관성과 패턴 인식으로 마무리된다.

시간이 지나면서 학습의 신비에 대한 아리스토텔레스의 상향식 접근법과 플라톤의 하향식 대안적 접근법 사이에 변동이 생겼다. 어쩌면 우리는 이미 많이 알고 있고, 특히 진화 덕분에 이미 기본적인 추상 개념을 알고 있기 때문에 추상적인 지식을 구체적인 데이터에서 얻는지도 모른다. 과학자처럼 우리는 이런 개념을 이용해서 세계에 관한 가설을 세울 수 있다. 그런 다음에 원자료에서 패턴을 추출하기보다는, 이 가설이 옳다면 데이터가 어떻게 나타날지를 예측한다. 플라톤을 위시해서 데카르트나 놈 촘스키 같은 이러한 '합리주의' 철학자들과 심리학자들은 이 접근법을 선택했다.

여기 두 방법의 차이점을 보여주는 일상적인 사례가 있다. 스팸메일을 해결하는 방법이다. 길고 분류되지 않은 메시지 목록이 메일함에 들어 있다고 해보자. 현실은 이 메시지 중 몇 개는 진짜고 몇 개는 스팸이다. 데이터를 어떻게 이용해야 두 종류의 이메일을 식별할 수 있을까?

우선 상향식 기술을 생각해보자. 스팸 메일에는 일정한 특징이 있다. 수신 목록이 길고, 나이지리아에서 발송되며, 수백만 달러의 상금이나 비아그라를 언급한다. 문제는 완벽하게 유용한 진짜 메일도 이런 특징을 갖췄을 수 있다는 점이다. 충분히 많은 스팸 메일과 진짜 메일을 살펴보면, 스팸 메일이 이 같은 특징을 갖추었을 뿐만 아니라 이런 특징이 특정한 방법으로 결합하는 경향이 있다는 점을 알 수 있다(나이지리아와 수백만 달러라는 단어가 함께 있다면 골칫거리다). 사실 스팸 메일과 중요한 메일을 나누는 미묘하고도 더 높은 수준의 연관성이 있을 수 있다. 특정 패턴의 오타가 있거나 IP 주소가 틀렸을 수도 있다. 이런 패턴을 알아내면 스팸 메일을 골라낼 수 있다.

상향식 머신러닝 기술은 바로 이 일을 한다. 학습자는 수백만 개의 사례를 갖게 되는데, 각각의 사례는 스팸 메일의 몇 가지 특징을 나타내며, 스팸 메일(혹은 다른 분류)이라는 라벨이 달려 있거나 없을 수도 있다. 컴퓨터는 아무리 미묘하더라도 이 둘을 구별하는 특징의 패턴을 추출할 수 있다.

하향식 접근법은 어떨까? 나는 《임상생물학회》지 편집자에게 이메일을 받았다. 이메일은 내 논문을 언급하며 기사를 써달라고 의뢰한다. 나이지리아에서 온 것도 아니고, 비아그라나 수백만 달러 이야기도 없으니 스팸 메일의 특징이 없다. 그럼에도 내가 이미 아는 지식을 활용하고 스팸 메일이 만들어지는 과정에 대해 추상적으로 생각해보면, 이 이메일이 수상하다는 것을 알 수 있다.

1. 스팸 메일은 인간의 욕심을 이용해서 사람들에게서 돈을 빼낸다는 사실을 나는 알고 있다.

2. 적법한 '오픈 액세스' 학술지가 비용을 구독자가 아니라 저자에게 받아서 충당한다는 사실도, 내 연구는 임상생물학과 관련 없다는 것도 나는 알고 있다.

종합해보면 이 이메일이 어디서 왔는지 훌륭한 가설을 새로 세울 수 있다. 쉽게 속일 수 있는 학자나 교수를 상대로 논문을 가짜 학술지에 '출판'하는 비용을 뜯어내려 만든 이메일이다. 겉보기에는 그럴듯하지만 다른 스팸 메일과 마찬가지로 의심스러운 과정을 거쳐 만들어졌다. 단 한 가지 사례만으로도 이 결론을 내릴 수 있으며 내 가설을 검증할 수도 있다. 이메일 자체에 있는 것, '편집자'를 구글에 검색해보면 된다.

컴퓨터 용어로 말하자면, 나는 탐욕이나 기만 같은 추상 개념을 포함하고 이메일 사기를 만들어내는 과정을 묘사하는 '생성 모델'로 시작했다. 생성 모델은 전형적인 나이지리아 스팸 메일을 구별하게 해주지만, 다른 수많은 다양한 스팸 메일도 추측할 수 있게 해준다. 학술지에서 이메일을 받았을 때 나는 거꾸로 생각할 수도 있다. "스팸 생성 과정에서 나올 수 있는 전형적인 메일로 보이는군."

인공지능 분야에서 새로운 열기가 일어나는 이유는 인공지능 연구자들이 최근 두 학습법 모두에서 강력하고 효율적인 버전을 만들어냈기 때문이다. 그러나 근본적인 측면에서 볼 때, 방법 자체가 새롭지는 않다.

상향식 딥러닝

/

　1980년대에 컴퓨터 과학자들은 컴퓨터가 데이터 패턴을 인식하는 독창적인 방식을 고안했다. 이에 따라 연결주의자, 신경 회로망('신경' 부분은 그때도, 지금도 은유적이다), 아키텍처 등이 나타났다. 이 접근법은 1990년대에 침체에 빠졌지만, 최근 구글의 딥마인드처럼 강력한 '딥러닝' 방식으로 부활했다.

　예를 들어, '고양이'라는 라벨이 붙은 인터넷 이미지 한 뭉텅이와 '집'이라는 라벨이 붙은 이미지 한 뭉치를 딥러닝 프로그램에 준다. 프로그램은 두 이미지를 구분하는 패턴을 추출한 뒤, 이 정보를 이용해 새로운 이미지에 정확한 라벨을 붙인다. 비지도학습unsupervised learning이라고 부르는 머신러닝에서는 라벨이 전혀 없는 데이터에서도 패턴을 인식할 수 있다. 비지도학습 프로그램은 그저 특징들의 군집을 찾으며, 과학자들은 이를 요인 분석이라고 부른다. 딥러닝 기계에서 이 과정은 다양한 수준으로 반복된다. 픽셀이나 소리로 구성된 원자료에서 연관된 특징을 발견할 수 있는 프로그램도 있다. 컴퓨터는 가공하지 않은 이미지에서 가장자리나 선 같은 패턴을 인식할 수 있고, 이어서 얼굴이나 다른 패턴을 발견할 수도 있다.

　오랜 역사를 가진 또 다른 상향식 기술은 강화학습이다. 1950년대에 B. F. 스키너는 존 왓슨의 연구를 이어받아 비둘기가 복잡한 행동을 하도록 훈련시킨 것으로 유명하다. 비둘기를 보상과 처벌로 훈련해서 공중 발사 미사일을 목표물로 유도한다는 계획도 있었다(최근 인공지능에서도 충격적인 반향이 울리고 있다). 보상받은 행동은 반복되고 처벌받은 행동은 줄어든다는 것이 핵심 아이디어로, 원하는 행동을 할 때까지 보상과 처벌을 반복한다. 스키너 시대에도 계속해서 반복하는 이 간단한 과정은 복잡한 행동을 끌어냈다. 컴퓨터는 단순한 작업을 인간의 상상력을 위축시킬 규모로 반복하도록 설계되었고, 컴퓨터 시스템은 이런 방식으로 놀라울 정도로 복잡한 기술을 학습할 수 있다.

구글 딥마인드의 연구자들은 딥러닝과 강화학습을 결합해서 컴퓨터에 아타리 비디오 게임을 가르친다. 컴퓨터는 게임을 어떻게 하는지 아무것도 몰랐다. 처음에는 무작정 게임을 시작해서 각각의 장면에서 화면이 어떻게 생겼는지, 점수를 얼마나 얻었는지에 관한 정보만 얻는다. 딥러닝은 화면에 나오는 대상을 해석하는 데 도움을 주었고, 강화학습은 시스템이 높은 점수를 받으면 보상했다. 컴퓨터는 몇 종류의 게임에는 능숙해졌지만 인간이 학습하기 매우 쉬운 다른 일은 완전히 실패했다.

딥마인드의 알파제로는 딥러닝과 강화학습을 비슷하게 결합해서 성공할 수 있었다. 알파제로는 바둑과 체스에서 모두 인간 선수를 이긴 프로그램으로, 게임 규칙에 대한 기본 지식과 계획하는 능력만 갖추었다. 알파제로에는 또 다른 흥미로운 특징이 있다. 혼자서 수억 번의 게임을 했다는 점이다. 혼자 게임을 하면서 게임에 지는 상황으로 이어지는 실수를 줄이고, 이길 수 있는 전략을 정교하게 다듬기를 반복했다. 이처럼 생성적 적대 신경망을 탑재한 시스템은 데이터를 생성할 뿐만 아니라 데이터를 관찰하기도 한다.

이 기술을 대용량 데이터나 수백만 통의 이메일, 인스타그램 이미지, 음성 녹음 등에 적용할 계산 능력이 있다면, 이전에는 매우 어려워 보였던 문제도 해결할 수 있다. 바로 이런 점이 컴퓨터 과학의 열기를 자아내는 원천이다. 그러나 이미지의 형태가 고양이인지, 들리는 단어가 '시리'인지 인식하는 문제가 인간의 아기에게는 사소한 일이라는 사실도 기억해야 한다. 컴퓨터 과학에서 가장 흥미진진한 발견의 하나는 인간에게는 쉬운 문제(예를 들어 고양이를 판별하는 문제)가 컴퓨터에는 어렵다는 점이다. 체스나 바둑을 두는 일보다 훨씬 어렵다. 인간은 몇 개만 보고도 대상을 분류할 수 있지만 컴퓨터는 수백만 개의 사례가 필요하다. 이러한 상향식 시스템은 새로운 사례를 일반화할 수 있다. 즉, 전체적으로 새로운 이미지를 보고 고양이로 상당히 정확하게 분류할 수 있다. 그러나 인간이 보편화하는 방식과는 상당히 다른 방법을 이용한다. 어떤 이미지는 고양이 이미지와 거의 동일하지만 인간은 절대 고양이로 분류하지 않을 것도 있다. 형체가 흐릿하게 보이는 것들이 주로 해당할 것이다.

하향식 베이지안 모델

하향식 접근법은 초기 인공지능에서 큰 역할을 했으며, 2000년대에도 확률론적, 혹은 베이지안 생성 모델로 부활했다.

초기에 이 접근법을 이용하려던 시도는 두 가지 문제에 부딪혔다. 첫째, 대개 증거의 패턴은 원칙적으로 수많은 다양한 가설로 설명할 수 있다. 내게 왔던 학술지 이메일은 진짜였을 수도 있다. 그저 진짜처럼 보이지 않았을 뿐이다. 둘째, 생성 모델이 사용한 개념은 애초에 어디에서 온 것일까? 플라톤과 촘스키는 인간은 자연스럽게 타고난다고 말했다. 하지만 우리가 과학의 가장 최근 개념을 배운 방법을 어떻게 설명할 수 있을까? 또는 어린아이들이 어떻게 공룡과 우주선을 이해할 수 있을까?

베이지안 모델은 생성 모델과 가설 검증을 확률 이론과 결합하여 이 두 가지 문제를 설명했다. 베이지안 모델은 데이터가 있을 때 특정 가설이 진실일 가능성은 어느 정도인지 계산할 수 있다. 우리가 이미 갖고 있는 모델에 작지만 체계적인 비틀림을 만들어서 데이터에 견주어 검증하면, 때로 옛것에서 새로운 개념과 모델을 만들 수 있다. 그런데 이런 장점은 다른 문제들 때문에 상쇄된다. 베이지안 모델은 두 가지 가설 중 어느 것이 더 그럴듯한지 선택하도록 도와주지만, 그런 가설은 언제나 수없이 많으며, 어떤 시스템도 효율적으로 그 많은 가설을 검증할 수 없다. 어떤 가설을 시험하는 편이 더 가치 있는지를 애초에 어떻게 결정할 수 있겠는가?

뉴욕대학교의 브랜든 레이크 연구팀은 이런 종류의 하향식 접근법을 사용해서 사람에게는 쉽지만 컴퓨터에는 너무나 어려운, 낯선 손글씨를 인식하는 문제를 해결했다. 일본어 문자로 쓴 족자를 한번 보라. 이전에 일본어를 한 번도 본 적이 없다 해도, 일본어로 쓴 다른 족자를 보고 두 문자가 비슷한지 다른지를 구별하기는 쉬울 것이다. 당신은 아마 문자를 따라 그리거나 가짜 일본어 문자를 만들어 낼 수도 있을 것이다. 즉흥적으로 만든 그 가짜 일본어 문자는 한글이나 러시아어 문자와는 다르게 보일 것이다.[40]

손글씨로 쓴 문자를 인식하는 상향식 접근법은 컴퓨터에 각 문자마다 수천 개의 예시를 넣어서 핵심 특징을 뽑아내게 한다. 그러는 대신 레이크 연구팀은 프로그램에 글자의 획이 오른쪽이나 왼쪽으로 향하고, 한 획을 끝낸 후 다음 획을 긋는다는 식으로 문자를 쓰는 방법에 관한 일반적인 모델을 입력했다. 그러자 마치 내가 수상쩍은 이메일을 보면서 스팸 생성 과정을 추론했던 것처럼, 프로그램은 특정 문자를 봤을 때 획을 쓰는 순서를 추론할 수 있었다. 그러자 새 문자가 자신의 추론을 따라 쓴 결과인지 아닌지 판단할 수 있었고, 스스로 비슷한 획을 가진 문자를 만들 수도 있었다. 프로그램은 딥러닝 프로그램에 같은 데이터가 적용됐을 때보다 훨씬 나은 결과를 보였으며, 인간의 행동을 거의 비슷하게 따라했다.

머신러닝의 두 가지 접근법에는 상호 보완적인 장점과 약점이 있다. 상향식 접근법은 처음에는 프로그램에 많은 지식이 필요 없지만 엄청난 양의 데이터가 필요하고, 제한적인 방식으로만 보편화할 수 있다. 하향식 접근법은 프로그램이 소수의 예시만으로도 학습할 수 있고 폭넓고 다양한 보편화 결과를 낼 수 있지만, 처음 구축하는 데 많은 노력이 든다. 많은 과학자는 현재 딥러닝을 이용해서 베이지안 추론을 시행하는 방식으로 두 가지 접근법을 결합하려 노력하고 있다.

최근 인공지능의 성공은 부분적으로는 예전의 아이디어를 확장한 결과다. 그러나 이는 우리가 인터넷 덕분에 더 많은 데이터를 갖추었고, 무어의 법칙 덕분에 더 큰 계산 능력을 데이터에 적용할 수 있다는 사실과 더 관련 있는 결과다. 게다가 우리가 가진 데이터는 이미 사람이 분류하고 가공한 데이터라는 사실은 고려되지 않는다. 인터넷에 있는 고양이 사진은 일종의 공인된 고양이 사진이다. 즉, 사람들이 이미 '좋은' 사진으로 선택한 사진들이다. 구글 번역기도 문장을 정말 이해하기보다는 수백만 명의 사람이 해놓은 번역을 이용해서 새로운 글 조각을 맞출 수 있기 때문에 작동한다.

그런데 어린이에게서 발견할 수 있는 진정으로 놀라운 사실은 각각의 접근법의 가장 좋은 특징을 어떻게든 조합해서 그보다 훨씬 더 나은 결과를 만든다는 점이다. 지난 15년 동안 발달론자들은 어린이가 데이터에서 구조를 습득하는 방법을 연구했다. 네 살짜리 유아는 한두 개의 데이터만 가지고도 하향식 시스템이 하듯이 배울 수 있고, 다양한 개념으로 보편화할 수 있다. 상향식 시스템처럼 데이터 자체에서 새로운 개념과 모델을 배울 수도 있다.

예를 들어, 나의 연구소에서는 어린아이들에게 '블리켓 탐지기'라는 처음 보는 새로운 기계를 준다. 블리켓 탐지기는 특정 물체를 위에 올려놓으면 불이 들어오면서 노래가 나오는 상자다. 우리는 아이들에게 블리켓 탐지기가 어떻게 작동하는지 한두 개의 사례만 보여준다. 즉, 빨간 블록 두 개를 올려놓으면 음악이 나오지만, 초록색과 노란색 블록을 올려놓으면 음악이 나오지 않는다. 18개월 된 유아조차도 음악이 나오게 하려면 두 물체가 똑같아야 한다는 규칙을 즉시 알아내고, 그 규칙을 보편화해서 새로운 예시를 만들었다. 즉, 같은 형태의 블록 두 개를 올려놓는 식이다. 다른 실험에서는 아이들이 눈에 보이지 않는 숨겨진 특성이 블리켓 탐지기를 작동시킬 수 있거나, 탐지기가 추상적이며 논리적인 원칙에 따라 움직인다고 추

측할 수 있다는 점을 증명했다.[41]

어린이의 일상적인 학습에서도 이런 측면을 볼 수 있다. 어린아이들은 상대적으로 적은 데이터로도 생물학, 물리학, 심리학의 추상적이며 직관적인 이론을 성인 과학자와 비슷한 방식으로, 그러나 더 빠른 속도로 학습한다.

최근 인공지능이 보여준 머신러닝의 놀라운 성취는 상향식이든 하향식이든, 정확한 설정의 게임과 이동 규칙, 미리 결정된 이미지들처럼 가설과 개념이 명확하게 잘 정의된 공간에서 일어났다. 이와 대조적으로 어린이와 과학자는 이미 가지고 있는 개념을 그저 비틀기보다는 패러다임 자체를 전환해서 때로 개념을 근본적인 방식으로 바꾸기도 한다.

네 살짜리 어린이는 즉시 고양이를 인식하고 단어를 이해하지만, 동시에 자신의 경험을 넘어서는 창의적이며 놀라운 추론을 새로 세우기도 한다. 최근에 내 손자는 만약 어른이 다시 아이가 되고 싶다면 몸에 좋은 채소를 먹지 않으면 된다고 이야기했다. 이유는 아이가 자라 어른이 되려면 몸에 좋은 채소를 먹어야 하기 때문이라고 한다. 성인이라면 떠올릴 수 없지만 그럴듯한 이런 가설은 어린이만 보여주는 특징이다. 사실, 내 동료들과 나는 미취학 아동들이 더 나이 든 아이들과 성인들보다 예상 밖의 가설을 세우는 데 더 능숙하다는 사실을 체계적으로 증명했다.[42] 우리는 이런 창의적인 학습과 혁신이 어떻게 일어나는지는 알지 못한다.

그렇지만 아이들의 행동을 관찰하면 프로그래머는 컴퓨터 학습 방향에 관한 유용한 힌트를 발견할 수도 있다. 어린이 학습의 특징

중 두 가지는 특히나 놀랍다. 어린이는 능동적인 학습자다. 인공지능처럼 그저 수동적으로 데이터를 흡수하지 않는다. 과학자들이 실험을 하는 것처럼, 어린이는 끝없는 놀이와 탐험을 통해 본질적으로 자기 주위의 세계에서 정보를 추출하려는 동기를 부여받는다. 최근의 연구는 이 탐험이 겉보기보다 더 체계적이며, 가설 형성과 이론 선택을 뒷받침할 설득력 있는 증거를 찾기에 적절하다는 점을 보여준다.[43] 기계에게 호기심을 심어주고 세계와 능동적으로 상호작용하게 한다면, 더 현실적이고 넓은 범위의 학습이 가능할 것이다.

둘째, 어린이는 현존하는 인공지능과 달리 사회적이며 문화적인 학습자다. 사람은 홀로 학습하지 않으며 지난 세대가 축적한 지혜를 스스로 활용할 수 있다. 최근 연구는 미취학 아동도 타인의 이야기를 듣고 모방하면서 학습한다는 점을 보여준다. 하지만 아이들은 단순히 수동적으로 교사에게 복종하지만은 않는다. 대신 아이들은 놀랍도록 교묘하고 세심한 방식으로 타인에게 정보를 얻어서, 정보가 어디에서 왔으며 얼마나 믿을 만한지 복잡한 추론을 세우고, 들은 정보와 자신의 경험을 체계적으로 통합한다.[44]

'인공지능'과 '머신러닝'은 무섭게 들린다. 어떤 면에서는 무서운 것이 사실이다. 이 시스템은 무기를 통제하는 데 쓰이며, 우리는 모두 이 사실을 두렵게 여겨야 한다. 하지만 자연의 어리석음은 인공지능보다 더 큰 혼란을 일으킬 수 있다. 새로운 기술을 적절히 통제하려면 우리 인간은 지나온 과거보다 더 영리해져야 할 것이다. 하지만 인간을 대체하는 인공지능에 대한 종말론적인 또는 유토피아적인 시각은 양쪽 모두 근거가 충분치 않다. 우리가 학습의 기본 패러독스를 이해하기 전까지는, 최고의 인공지능일지라도 보통의 네 살짜리 아이와 경쟁할 수 없을 것이다.

제22장

객관성을 꿈꾸는 알고리스트

피터 갤리슨

피터 갤리슨Peter Galison은 과학사 분야의 권위자로, 하버드대학교 조지프 펠레그리노 과학사 및 물리학 석좌교수다. 물리학의 세 가지 주요 하위문화라고 할 수 있는 실험하기, 장치 만들기, 이론 사이의 복잡한 상호작용에 관해 주로 연구해왔다. 저서로《아인슈타인의 시계, 푸앵카레의 지도: 시간의 제국들》《실험이 어떻게 종결되는가》《이미지와 논리》등이 있다. 맥아더 재단 펠로우, 과학사학회의 파이저상, 막스플랑크상 등을 받았다.

엮은이의 말

과학사가로서 피터 갤리슨이 집중하는 것은 말하자면, 실험과 이론의 교차지점이다. 언젠가 갤리슨은 내게 자신의 작업을 어떻게 생각하는지 설명하며 "나는 여러 해 동안 추상적인 발상과 극단적으로 구체적인 사물의 기이한 대립을 연구해왔다"라고 말했다. 코네티컷주 워싱턴에서 만났을 때, 갤리슨은 위너 같은 공학자와 오펜하이머 같은 맨해튼 프로젝트 관리자 사이에 있었던 냉전 시대의 긴장에 관해 이야기했다.

위너가 사이버네틱스의 위협을 경고했을 때는 오펜하이머 같은 사람들의 불길한 말에 저항하려는 의도도 있었을 것이다. 오펜하이머는 "트리니티 폭발 실험을 보았을 때 '나는 죽음이요, 세계의 파괴자이니라'라는 바가바드기타(힌두교 주요 성전 중 하나—옮긴이)의 한 구절을 떠올렸다"라고 말했다. 우주의 본질과 공군 정책을 모두 대표하고 말할 수 있다는 측면에서 물리학은 혐오스러우면서도 유혹적이다. 어떤 면에서는 지난 수십 년 동안 나노과학, 재조합 DNA, 사이버네틱스에서도 이런 현상이 계속 반복되었다. "나는 구원의 약속과 절멸의 위험을 말하는 과학을 이야기하고 있다. 그러니 잘 새겨들어야 한다. 이게 당신을 죽음으로 몰아갈 수도 있으니까"라고 말하는 것이다. 이는 아주 유혹적인 서사이며, 인공지능과 로봇공학에서도 반복되고 있다.

스물네 살에 위너의 책을 처음 접하고, 책의 서문에서 설명한 위너의 동료를 MIT 회의에서 만났을 때, 나는 위너의 경고 혹은 충고에는 흥미가 없었다. 내 호기심을 일깨운 것은 위너의 삶에 대한 관점의 냉혹하고도 급진적인 본질이었다. 그 관점은 비선형적 메시지인 통신의 수학적 이론에 근거한다. 위너에 따르면 "새로운 통신과 제어 개념은 인간은 물론, 인간이 가진 우주와 사회에 관한 지식의 새로운 해석을 포함한다." 그리고 이 말은 통신에 관한 수학적 이론인 정보 이론을 모든 인간 경험의 모델로 설명한 내 첫 책으로 이어졌다.

최근 이야기를 나누었을 때, 갤리슨은 건축하고 부수고 생각하는 일에 관한 책을 집필하고 있다고 말했다. 블랙박스 같은 사이버네틱스의 본질을 고찰하고, 이러한 본질이 자신이 생각하는 "학습, 머신러닝, 사이버네틱스, 그리고 자아의 근본적인 변화"를 어떻게 나타내는지 논하는 책이라고 했다.

자신의 두 번째로 유명한 책에서 위대한 중세 수학자 알 콰리즈미는 인도식 위치 기수법을 도입한 연산을 소개했다. 알 콰리즈미의 중세 후기 라틴어 이름인 '알고리무스'는 빠르게 수의 연산 과정을 나타내게 되었고, 결국 프랑스어, 영어로 이르러 '알고리즘'의 유래가 되었다. 하지만 나는 현대 알고리스트의 발상도 좋아한다. 맞춤법 검사기는 '알고리스트'라는 말을 싫어하지만. 현대 알고리스트는 말 그대로 인간 판단의 개입을 근본적으로 의심하는 사람, 그 판단으로 객관적이고 따라서 과학적인 것이 무엇인지에 대한 근본적인 기준을 뒤흔들려는 사람을 가리킨다.

    20세기 말이 가까워졌을 때, 미네소타대학교의 두 심리학자가 발표한 논문은 오랫동안 예측의 영역을 휘저었던 방대한 문헌을 요약했다. 저자들은 한 분파가 너무나 오랫동안 강력하게, 하지만 궁극적으로는 비윤리적으로 예측의 '임상 방법'을 장악했지만 결국 그것들이 모두 주관적이었다고, 즉 '비공식적'이고 '머릿속에만 존재하며' '인상주의적'이었다고 판단했다. 이 임상가들은 세심한 주의를 기울여 대상을 연구하고 위원회를 소집하여, 상습 범죄, 대학 진학, 의료 진단 등을 판단에 근거해서 예측할 수 있다고 생각했다(라고 심리학자인 저자들은 말했다). 이어서 저자들은, 또 다른 분파의 경우 임상가들이 내버린 모든 것을 객관적으로, 즉 '공식적' '기계적' '알고리즘적'으로 수용했다고 말한다. 갈릴레이 이후 과학 승리의 뿌리는 이 분파가 이루었다. 과학은 통계의 혜택을 받았을 뿐만 아니라, 크게는 과학 자체가 기계-통계법이었다. 저자들은 진단부터 정신과학 영역까지 예측 연구 136편을 거침없이 검토하며, 이 중 128편에서 통계표, 다중 회귀식, 알고리즘적 판단에 따른 예측이 정확성 면에서 주관적인 접근법과 같거나 그것을 능가한다는 점을 보여주었다.

저자들은 이어서 임상을 고수하는 17개의 잘못된 정당성을 분류했다. 기계에 일자리를 빼앗길까봐 두려워서 사리를 추구하며 일을 고의로 지연시키는 사람이 있다. 다른 범주에는 교육 수준이 낮아 통계적인 논거를 이해하지 못하는 사람도 있다. 수학적 공식화를 불신하는 집단도 있다. 이런 일들이 통계적인 '비인간화'를 일으키리라고 비난하는 집단도 있다. 또 다른 사람들은 지식의 이해가 목적이지, 예측이 목적이 아니라고 말했다. 동기가 무엇이든 간에 저자들은 주관성에 객관성의 힘이 억눌리거나, 전문가의 판단에 알고리즘이 억눌리는 것은 순전히 비도덕적이라고 결론 내렸다.[45]

알고리스트의 관점은 힘을 얻었다. 앤 밀그램은 2007년부터 2010년까지 뉴저지주 법무부 장관으로 활약했다. 취임했을 때, 밀그램은 주에서 어떤 사람을 체포하거나 기소했는지, 그 죄목은 무엇인지에 대해 조사했다. 나중에 TED 강연에서 말하기를, 당시 그녀는 정보나 분석 자료를 거의 받지 못했다고 한다. 이어서 그녀는 통계적 예측을 도입하면서, 자신이 재임하는 동안 캠던시에서 살인사건이 41퍼센트 줄었고, 37명이 목숨을 건졌으며, 전체 범죄율은 26퍼센트까지 낮아졌다고 말한다. 범죄 심리분석가로서 아널드 재단의 부회장으로 합류한 뒤, 밀그램은 위험평가 도구를 만들기 위해 데이터 과학자와 통계학자로 팀을 구성했다. 연구팀의 기본 업무는 '위험한 사람'은 감옥에 놔두고, 위험하지 않은 사람을 방면하는 방법을 찾는 것이었다.

"그렇게 한 이유는 우리가 의사결정을 하는 방식 때문입니다. 판사는 좋은 의도를 갖고 위험에 관한 결정을 내리지만, 이런 결정은 주관적입니다. 판사는 자신의 본능과 경험을 바탕으로 어떤 선수에게 어떤 위험이 있는지를 판단하려는 20년 전의 야구선수 스카우터와 다름없습니다. 판사는 주관적이며, 우리는 그 주관적인 의사결정이 어떤 결과를 가져오는지 압니다. 종종 우리가 잘못된 결정을 내리니까요"라고 밀그램은 주장했다. 밀그램의 팀은 900개 이상의 위험 요인을 설정했는데, 그중 아홉 가지는 가장 예측하기 쉬웠다. 연구팀에게 가장 시급한 문제는 다음과 같았다. 어떤 사람이 새로 범죄를 저지를 것인가? 특정인이 폭력적인 행동을 할 것인가? 어떤 사람이 다시 법정에 끌려올 것인가? 밀그램은 판사의 판단을 굴절시키는 "객관적인 위험의 척도"가 필요하다고 결론 내렸다. 우리는 알고리즘적 통계 과정이 잘 적용된다는 사실을 안다. 그것이 "구글이 구글인 이유"이며 머니볼이 경기에서 이기는 이유라고 밀그램

은 말한다.[46]

알고리스트들은 승리했다. 우리는 프로토콜과 데이터가 우리의 일상 행동을 지시할 수 있고 지시해야 한다는 생각에 익숙해졌다. 우리가 다음에 어디를 가고 싶을지, 범죄가 일어날 것 같은 장소가 어디일지 상기시켜주는 것처럼 말이다. 문헌에 따르면 이제 법적·윤리적·공식적·경제적 차원의 알고리즘은 모두 거의 무한에 가까워졌다. 나는 한 가지 특별히 유혹적인 알고리즘, 즉 객관성의 보장에 초점을 맞추고자 한다.

과학적 객관성에는 역사가 있다. 이 말에 놀랄 수도 있다. 미네소타대학교의 심리학자들이 제시한 이 개념은 옳은가? 객관성은 과학 자체와 같은 외연을 갖고 있지 않은가? 여기에서, 과학에서 중요하게 평가하는 모든 인식적 가치를 되돌아볼 수 있도록 한 걸음 뒤로 물러날 필요가 있다. 정량화는 좋아 보인다. 예측, 설명, 통합, 정밀성, 정확성, 확실성, 교육적인 유용성 역시 마찬가지다. 그중 가장 좋은 것은 이 모든 인식적 가치가 모두 같은 방향을 가리킬 때다. 그러나 윤리적 가치가 필연적으로 일치하는 것을 제외하면, 현실은 그렇지 않다. 필요에 따른 보상은 능력에 따른 보상과 충돌하게 될 것이다. 평등, 공정성, 능력주의, 그리고 어떤 의미에서 윤리는 상충하는 재화를 심판하는 기준이다. 과학에서도 이런 충돌이 일어난다는 사실을 우리는 너무 자주 잊는다. 기계를 최대한 민감하게 설계하면 기계는 종종 큰 변동성을 보이며, 반복 측정이 불가능해진다.

'과학적 객관성'은 19세기의 첫 3분의 1이 지난 이후에야 과학의 실제 현장과 명명법에 나타났다. 이 사실은 과학자에게 전공 분야의 기본 대상을 제시하는 과학 도해집을 통해 분명하게 볼 수 있다. 손, 두개골, 구름, 결정, 꽃, 거품 상자(방사선이나 소립자 등의 하전입자가 통과한 경로를 검출하는 장치—옮긴이) 사진, 원자핵건판(핵실험이나 우주선 관측을 위해 고속의 하전입자 비적을 기록할 수 있도록 만든 특수한 사진건판—옮긴이), 심지어 눈 질병 도해도 있다. 18세기라면 집 밖에서 발견한, 태양에 그을렸으며 애벌레가 갉아먹은 '특정한' 클로버 잎을 도해집에 묘사하지 않았을 것이다. 그러니까 당신이 괴테, 알비누스, 체슬든 같은 천재 자연철학자라면, 자연을 관찰하되 대상을 완벽하게 인식하고 시각적으로 추상화하여 '이상에 가깝게' 그려야 했다. 대상을 선택해서 카메라 루시다(프리즘이나 거울을 이용한 실물 사생 장치—옮긴이)로 관찰하고 주의 깊게 그린다. 그런 뒤 '불완전한 부분'을 수정한다. 이렇게 사소한 경험의 장막을 걷어내는 행위의 장점은 명백하다. 개인의 다양성이라는 변덕에 얽매이지 않는 보편적인 지침을 제공한다는 점이다.

하지만 과학의 범위가 넓어지고 과학자의 수도 늘어나면서, 이상화의 부정적인 면이 더 명확하게 드러났다. 괴테가 '식물 원형' 혹은 '곤충 원형'이라는 식으로 묘사하는 것과, 수많은 과학자가 자신의 이미지를 다양하고 때로는 상반된 방식으로 표현하는 것은 서로 전혀 다른 문제였다. 1830년대 이후로 점차 새로운 주장이 나오기 시작했다. 이미지 형성에 사람의 역할은 최소한으로만 적용하고 프로토콜을 따라야 한다는 주장이다. 이는 연필로 잎을 따라 그리거나 잎에 잉크를 묻혀 찍는 일을 뜻할 수 있다. 동시에 자연 대상의 불완전성에도 불구하고 현미경을 통해 보이는 대상을 그대로 묘사하는 것이 자랑스러운 일이 되었다는 뜻이기도 했다. 이는 급진적인 발상이었다. 눈송이는 완벽한 육각형 대칭으로 나타나지 않는다. 현미경 렌즈의 가장자리는 색의 뒤틀림이 나타나며, 현미경대에 올라가는 과정에서 조직의 가장자리가 찢긴다.

과학적 객관성은 사물을 표현할 때 인간의 개입을 억누름으로써 실행된다는 것을 뜻하게 되었다. 현미경 상의 가장자리에 노란색이 나타났을 때, 그 변색이 탐구 대상의 특징이 아니라 렌즈 때문이라는 사실을 과학자가 알더라도 마찬가지다. 객관성의 장점은 명백하다. 객관성은 이론이 현실화되는지, 또는 보편적으로 수용되는 관점이 사실인지 확인하려는 욕망을 대체했다. 그러나 객관성에는 치러야 할 대가가 있었다. 우리는 해부한 시체에 대한 정확하고, 쉽게 가르칠 수 있고, 색이 선명하며, 완벽한 피사계 심도를 지닌 예술적 연출을 잃어버렸다. 그 대신 어떤 의대생이나 의학 연구팀도 사례를 연구하고 비교하는 데 사용하지 않을, 흐릿하고 피사계 심도가 낮은 흑백사진을 얻었다. 그래도 19세기를 지나는 오랜 시간 동안, 손대지 않고 스스로 자제하는 객관성의 미덕이 부각되었다.

1930년대부터 과학 발표에서 과학적 객관성에 대한 강경한 태도가 문제를 일으키기 시작했다. 예를 들어 별의 스펙트럼을 분류할 때, 그저 규칙을 따르는 알고리즘은 매우 높은 정확도와 재현 가능성을 갖춘 고도로 훈련된 관측자와 비교도 되지 않았다. 1940년대 후반이 되자 의사는 뇌전도도를 읽는 법을 배우기 시작했다. 전문가는 서로 다른 발작 뇌파를 분류할 수 있어야 했는데, 초기의 빈도 분석 장치는 모두 이 판정 기준을 충족하지 못했다. 태양의 자기장 지도인 태양 자력 기록은 측정 기계에서 나오는 가짜 신호를 진짜 신호와 구분할 수 있는 훈련된 전문가가 있어야 했다. 심지어 입자물리학자도 특정 입자의 진로를 적절한 감지기로 분류하도록 컴퓨터를 프로그래밍할 수 없다는 사실을 깨달았다. 훈련된 전문가가 있어야 했다.

여기에는 혼동하지 말아야 할 사실이 있는데, 이것은 18세기 이상론자가 주장하는 그런 천재로의 회귀가 아니다. 누구도 훈련으로 보편적이며 이상적인 형태의 식물, 곤충, 구름을 골라낼 수 있는 괴테가 될 수 있다고 생각하지 않았다. 전문지식은 배울 수 있다. 뇌전도, 별 스펙트럼, 거품 상자의 흔적을 읽고 전문적인 판단을 할 수 있도록 강의를 듣고 배울 수 있다. 하지만 슬프게도, 예외적인 통찰력의 대가가 되는 강의를 들을 수 있는 사람은 아무도 없었다. 괴테가 될 수 있는 왕도는 없다. 그럼에도 과학 도해 사이에서, 과학적 이미지를 창조하고 분류하고 해석하는 데 '주관적인' 요인이 과학연구의 일부가 되어야 한다는 명시적인 주장을 볼 수 있다.

많은 알고리스트의 주장에서, 판단을 버리고 기계적인 과정에 의지해서 과학적 객관성을 정확하게 찾으려는 거대한 욕망을 엿볼 수 있다. 과학적 객관성의 이름을 앞세우는 것이다. 미국의 주정부 중 많은 곳은 선고와 가석방 알고리즘의 사용을 법제화했다. 이들은 변덕스러운 판사의 판단보다 기계가 더 낫다고 주장한다.

따라서 여기, 과학이 보내는 경고가 있다. 사람이 손을 대지 않는 알고리즘 절차주의는 실제로 19세기에 전성기를 맞았고, 물론 지금도 성공을 거둔 기술적이고 과학적인 노력의 많은 부분에서 여전히 나름의 역할을 해내고 있다. 그러나 자제력을 묶어두는 것으로 해석되는 기계적인 객관성이, 나쁜 인상주의자 임상가가 훌륭한 외재화된 보험계리사로 바뀌는 식의 단순하고 단조로운 증가 곡선을 따른다는 발상은, 더 흥미롭고 미묘한 과학사에 대한 답이 되지 못한다.

과학이 주는 더 중요한 교훈은 이렇다. 기계적인 객관성은 무엇보다도 과학적인 가치이며, 자연과학은 이 교훈을 종종 깨우쳐야 했다. 우리는 법과 사회과학 영역에서도 똑같이 해야 한다. 예를 들어, 비밀스러운 독점 알고리즘이 같은 범죄를 저지른 한 사람에게는 10년 형을, 다른 사람에게는 5년 형을 선고한다면 무슨 일이 일어날까? 예일대 로스쿨 정보사회 프로젝트에 방문연구원으로 참여한 리베카 웩슬러는 이 질문과 함께 기업비밀 알고리즘이 공정한 법적 방어의 가능성에 부과하는 엄청난 비용을 탐구했다.[47] 실제로 법 집행기관은 다양한 이유로 DNA나 화학물질, 지문을 감식하는 데 사용하는 알고리즘을 공유하지 않으려 한다. 이런 알고리즘은 변론하려는 피고의 답변을 더 취약하게 한다. 법정에서는 객관성, 기업 비밀, 사법 투명성이 상반된 방향으로 향할 수 있다. 이 현상은 내게 물리학 역사의 한 순간을 상기시킨다. 제2차 세계대전이 끝나자마자, 거대 필름 기업인 코닥과 일포드는 소립자의 상호작용과 붕괴 장면을 찍을 수 있도록 필름을 개량했다. 물리학자들은 기뻐했다. 기업이 필름의 구성성분은 기업비밀이라고 말하기 전까지는 말이다. 결국 과학자들은 자신이 연구하는 과정을 이해했다고 완벽히 확신할 수 없었다. 열 수 없는 블랙박스로 물리학 연구를 증명하는 일은 과학자에게 위험한 도박이었다. 사법제도에서는 두 배로 그렇다.

다른 비평가들은 알고리즘으로 선고를 내리는 블랙박스 안에서,

인종의 대리인이 쉽게 될 수 있는 피의자 또는 유죄판결을 받은 사람의 설명이나 다른 변수에 의존하는 일이 얼마나 위험한지 강조했다. 일상의 경험에서 우리는 공항 보안이 12세 이하 어린이와 75세 이상의 성인에게 각기 다르게 적용된다는 사실에 익숙하다. 우리는 알고리스트들이 감춰놓은 절차 안에 과연 어떤 요인이 있기를 바라는 걸까? 교육? 수입? 경력? 한 사람이 읽고, 보고, 방문하고, 구매한 기록? 법 집행 기관과의 이전 관계? 이런 요인에 알고리스트들이 어떻게 경중을 매기기를 바라는가? 기계적 객관성을 바탕으로 한 예측 분석에는 대가가 따른다. 때로는 치를 만한 가치가 있는 비용일 것이다. 하지만 때로는 우리가 원하는 정의로운 사회가 치르기에 엄청난 비용일 수도 있다.

보다 전반적으로 보면, 알고리즘과 빅데이터가 수렴하면서 우리의 삶을 더 많이 지배할수록 과학사에서 얻은 다음의 두 가지 교훈을 명심해야 할 것이다. 첫째, 판단은 자제력을 지닌 순수한 객관성에서 폐기된 겉껍질이 아니다. 둘째, 기계적 객관성은 과학 산업의 본질적인 정수가 아니며, 다른 가치들 사이에서 경쟁하는 가치다. 이 두 가지는 알고리스트들이 객관성을 꿈꾸더라도 마음속 깊이 새겨야 할 교훈이다.

제23장

기계의 권리

조지 M. 처치

조지 M. 처치George M. Church는 유전공학자이며, 하버드 의과대학 유전학 교수이자 하버드-MIT 보건과학과 기술 교수로 있다. 유전체학 분야의 전문가로, 인간 게놈과 환경, 특성 데이터GET의 오픈액세스 정보를 제공하는 세계 유일의 개인용 게놈 프로젝트를 만들고 감독했다. 2013년 오바마 대통령이 추진한 BRAIN 연구 계획의 기반을 닦은 주요 인물이기도 하다. 에드 레지스와 함께 《부활: 합성생물학으로 재창조하는 자연과 인간》을 썼다.

엮은이의 말

새로운 과학 연구가 우리의 삶을 바꾼다는 측면에서 보면, 지난 십 년 동안 유전공학은 컴퓨터 과학을 따라잡았다. 유전공학자 조지 처치는 읽고 쓰는 생물학 혁명의 개척자이며, 이 새로운 발상이 솟아나는 지평의 중심에 서 있다. 조지는 사람의 몸을 일종의 운영체제로 생각하며, 공학자가 전통적인 생물학자를 대신해서 원자부터 장기까지 분해된 유기체의 구성 요소를 모두 재정비해야 한다고 생각한다. 1970년대 후반 전기공학자가 회로판, 하드디스크 드라이브, 모니터 등을 조립해서 최초로 개인용 컴퓨터를 만든 것과 같은 맥락이다. 조지는 인간 게놈과 환경, 특성 데이터GET의 오픈액세스 정보를 제공하는 세계 유일의 개인용 게놈 프로젝트를 만들고 감독했으며, DNA 기반 조상 찾기 산업에 불을 붙였다.

조지는 2013년 오바마 대통령의 '진보적이며 혁신적인 신경기술을 이용한 뇌 연구BRAIN' 계획의 기반을 닦은 주요 인물이다. BRAIN 계획은 우리를 지탱하는 많은 부분에서 (혹시라도 위험할 수 있는)

인공지능의 도움이 필요 없을 수준까지 인간의 뇌를 개선하려는 연구 계획이었다. "BRAIN 계획 프로젝트는 인간 윤리에 더 부합하고 인공지능처럼 더 복잡한 일을 해낼 수 있는 인간의 뇌를 만드는 데 도움이 될 것이다. 현재까지 가장 안전한 방법은 기계에 맡겨버리고 싶은 모든 일을 인간이 직접 하는 것이지만, 우리는 아직 가장 안전한 그 길에 굳건하게 올라서지는 않았다"라고 조지는 말했다.

크리스퍼CRISPR의 기원에 관한 이야기를 하면서 언론이 때로 놓치기는 하지만, 더 최근에 그는 인간 세포 유전자를 편집하는 크리스퍼 효소를 지극히 중요하며 선구적인 방식으로 활용했다.

이어지는 글에서 볼 수 있듯이, 미래에 나타날 범용 인공지능에 대한 조지의 태도는 우호적이다. 동시에 그는 인공지능 안전 문제도 놓치지 않는다. 인공지능의 안전성에 대해 조지는 최근 이렇게 말했다. "내 생각에 인공지능의 가장 큰 위험 요소는 인공지능이 하는 생각을 우리가 수학적으로 이해할 수 있는지가 아니다. 그보다는 인공지능에게 윤리적인 행동을 가르칠 수 있는가가 더 중요하다. 인간끼리도 서로 윤리적인 행동을 가르치기는 어렵다."

1950년, 노버트 위너의 《인간의 인간적 활용》은 최첨단 전망이자 예측이었다. 위너는 이렇게 선언했다.

> 스스로 학습할 수 있고 그 지식을 바탕으로 의사결정을 하는 지니 같은 기계는 인간과 같은 결정을 내릴 의무가 없거나, 인간이 수용할 만한 의사결정을 하지 않을 것이다. (…) 인간이 의사결정을 금속의 기계에 맡기든, 살과 피로 이루어진 기계인 정부 부서나 방대한 연구실이나 군대나 기업에 맡기든 (…) 때는 이미 늦었고, 선과 악의 선택이 우리의 문을 두드린다.

위 구절이 이 책의 대단원이었다. 우리는 처방전도, 금지조항도 없이, 분명히 표현된 '문제 기술problem statement'도 없이 68년 동안이나 여기에 매달려 있다. 이후 우리는 기계의 위협에 관한 비슷한 경고를 계속 받았고, 대중에게도 〈콜로서스〉(1970)나 〈터미네이터〉

(1984), 〈매트릭스〉(1999), 〈엑스 마키나〉(2015) 같은 영화의 형태로 퍼져나갔다. 그러나 이제 중요한 업데이트를 할 시간이 다가왔다. 아주 신선하고 새로운 이 관점은 특히 우리 '인간'의 권리와 실존적 욕구에 대한 일반화에 초점을 맞춘다.

우려는 보통 '인간 대 그들(로봇)'이나 '그레이 구(나노기술)', '클론의 단일종화(생물)'에 초점을 맞춘다. 현재의 경향을 기반으로 추론해보자. 우리가 거의 무엇이든 만들거나 키울 수 있고, 모든 수준의 안전성과 원하는 효율성을 조절할 수 있다면 어떻게 될까? 어떤 원자 배열로 구성되든 간에 생각하는 존재라면 어떤 기술에든 접근할 수 있을 것이다.

아마도 우리는 인간 대 기계의 문제보다는, 다양한 마음들이 출현하는 전례 없는 상황을 마주하는 모든 지각이 있는 존재의 권리를 더 깊이 생각해야만 할 것이다. 우리는 마음의 다양성을 잘 길들여서 거대한 화산이나 소행성 같은 전 세계적인 실존적 위험을 반드시 최소화해야만 한다.

하지만 우리가 '해야만 한다'라고 말해야 할까? (유의사항: 이 사례를 비롯한 여러 사례에서, 과학 기술 전문가가 '일어날 수 있는', '일어날', '일어나야 할' 사회적 경로를 설명할 때 이것이 반드시 해당 저자의 선호도와 일치하는 건 아니다. 다만 그것이 경고나 불확실성, 또는 공정한 평가를 반영할 수는 있다.) 로봇공학자 잔마르코 베루지오와 여러 과학자들이 2002년부터 로봇 윤리 문제를 제기했고, 영국 무역산업부와 RAND스핀오프미래연구소는 2006년부터 로봇 권리 문제를 제기하고 있다.

'존재' 대 '의무'

/

과학은 '존재'를 생각하지 '의무'를 생각하지 않는다는 말은 진부하다. 진화생물학자 스티븐 제이 굴드의 '중첩되지 않는 교도권NOMA, non overlapping magisterium' 관점은 사실과 가치가 완전히 구별되어야 한다고 주장한다. 이와 비슷하게, 1999년에 미국 국립과학원이 발표한 '과학과 창조론'에서도 "과학과 종교는 서로 분리된 두 영역을 지배한다"라고 언급했다. 리처드 도킨스와 나, 그리고 다른 이들은 이러한 이분법을 비판했다. 우리는 "Y를 성취하려면 X를 해야만 한다" 식의 프레임에서 '해야만 한다'에 대해 토론할 수 있다. 어떤 Y에 더 큰 우선권이 있어야 하는지를 꼭 민주주의 투표로 정할 필요는 없지만, 다원주의 투표로 정할 수는 있다. 가치 시스템과 종교는 생물종이 자연선택에 의해 그러듯이, 흥망이 있고 다양해지며 갈라지고 합쳐진다. 근본적인 '가치', 즉 '의무'는 유전자와 밈의 생존이다.

몇몇 종교는 인간의 물리적 신체와 영적 세계 사이에 연관성이 없다고 말한다. 기적은 기록된다. 교회 교리와 갈릴레오와 다윈의 충돌은 결국 해결됐다. 믿음과 윤리는 인간종에 널리 퍼져 있으며 기능적 자기공명 영상법, 향정신성 약물, 설문지 등 과학적 방법으로 연구할 수 있고, 이 방법에만 국한되지도 않는다.

아주 현실적으로 우리는 점점 더 지능적이고 다양해지는 기계를 위해, 구축되고 학습되고 확률적으로 선택되어야 하는 '윤리 규칙'을 설명해야 한다. 트롤리 문제(트롤리 전차의 브레이크가 고장 난 상황을 제시하고 두 선로 중 어느 쪽의 인명을 구할 것인지 판단하게 하는 문제—옮긴이)에 이 모든 것이 담겨 있다. 컴퓨터는 죽음의 선로에 몇 명의 사람이 서 있을 때라야, 트롤리를 한 사람이 있는 선로로 옮기기로 결정해야 하는가? 결국 이것은 사실과 만일의 사태에 대한 거대한 데이터베이스를 고려할 수 있는 딥러닝 문제일 수 있으며, 일부는 당면한 윤리와 거리가 멀어 보인다.

예를 들어 컴퓨터는 트롤리를 내버려두면 죽음을 면할 사람이 유죄판결을 받은 상습 테러리스트로 둠스데이 병원균을 잔뜩 갖고 있거나, 혹은 성자 같은 미국 대통령이라고 추론할 수 있다. 아니면 상세한 대안적 현실 속의 훨씬 더 정교한 일련의 사건 중 일부라고 추론할 수도 있다. 이런 문제 서술 중 하나가 역설적이거나 비논리적으로 보인다면, 이는 트롤리 문제의 출제자들이 반드시 주저하며 망설이도록 저울 양쪽의 무게추를 조절한 것일지도 모른다.

아니면 크게 주의를 끌지 않은 선의 잘못된 지시를 통해 시스템을 조작할 수도 있다. 예를 들어 트롤리 문제에서 진짜 윤리적인 결정은 그보다 몇 년 전 보행자가 선로에 접근할 수 있게 되면서 이미 내려졌을 수 있다. 혹은 그보다도 오래전에, 우리가 공공안전보다 유흥에 더 많이 돈을 쓰도록 투표했을 때 결정됐을 수도 있다. "새로운 마음을 가진 주체는 누구이며, 누가 그들의 실수에 책임을 지는가?" 이러한 질문들은 처음에는 낯설고 골치 아파 보이는데, 사실 "누가 기업 범죄에 책임을 지고 대가를 치를 것인가"에 관한 잘 확립된 법과 유사하다.

미끄러지기 쉬운 경사

우리는 특정 시나리오가 일어나지 않으리라고 주장함으로써 윤리 문제를 단순화할 수 있다. 넘을 수 없는 기술적 문제나 선명한 레드라인은 우리를 안심시키지만, 일단 혜택이 위험보다 커지면, 특히나 위험이 단순하고 일어날 확률이 낮으면 이 레드라인의 위치가 옮겨진다. 1978년 루이즈 브라운(세계 최초의 시험관 아기 — 옮긴이)이 탄생하기 직전, 많은 사람은 루이즈가 "작은 괴물이거나, 형태나 모습이 기형이거나 어딘가 잘못됐을지도 모른다"라며 걱정했다.[48] 하지만 현재 체외수정을 불안하게 생각하는 사람은 거의 없다.

어떤 기술이 다양한 지각력으로 향하는 비탈길을 더 미끄럽게 만들까? 중앙컴퓨터의 딥러닝 알고리즘만은 아니다. 우리는 쥐를 훈련시켜 인내심과 낮은 불안감 같은 연관 특성을 드러내고, 다양한 인지 작업을 더 잘해내도록 만들었다. 인간과 유사한 지능의 문턱에 서 있는 동물에게도 이런 방식을 적용할 수 있을까? 거울 실험에서 침팬지, 보노보, 오랑우탄, 돌고래, 고래, 까치 등이 자기 인식을 보였다는 연구도 있다.

심지어 인간이 인간을 조작하는 그 뚜렷한 레드라인마저 움직이거나 무너지는 조짐을 보인다. 2,300개 이상의 유전자 치료 임상시험이 승인받아 세계 각지에서 연구 중이다. 특히 전 세계 인구의 급속한 고령화에 비추어볼 때, 인지력 감퇴를 치료하거나 예방하는 것이 그러한 연구의 주요 의학적 목표다. 인지력 감퇴 치료법은 약물, 유전자, 세포, 이식, 주입술 등의 인지력 향상 방법을 포함할 것이다.

FDA 승인 없이, 즉 원래 용도와 다른 목적으로 약물이 처방될 수도 있다. 현실 세계의 지적 경쟁에서는 운동경기에서 준수해야 하는 규칙(스테로이드나 에리트로포이에틴 같은 약물 사용 금지 등)이 적용되지 않는다. 인지력 감퇴 연구의 모든 진전은 오프라벨, 즉 약물을 원래 용도와 다른 목적으로 활용하면서 이루어진다.

인간의 인간적 활용의 또 다른 미개척지는 '뇌 유사 장기brain organoid(환자 본인의 세포로 만드는 유사 생체 장기 — 옮긴이)'다. 현재 우리는 발생생물학 연구의 속도를 높일 수 있다. 연구실에서 적절한 전사인자를 처리하면, 몇 달씩 걸리던 실험 과정을 단 4일로 줄일 수도 있다. 또한 더 높은 정확도로 뇌를 만들어 소두증 환자처럼 손상된 인지력을 갖고 태어난 사람들의 특이점을 설명할 수 있다. 그리고 이전에는 만들 수 없었던 정맥이나 동맥, 모세혈관 같은 적절한 혈관구조를 만들 수 있기 때문에, 마이크로리터 이하에 불과하던 예전의 결과물을 능가하여 현대인의 뇌 크기인 1.2리터의 뇌 유사 장기를 만들 수 있다. 5리터 크기의 코끼리 뇌나 8리터 크기의 향유고래 뇌도 만들 수 있다.

일반 컴퓨터 대 생체 전자공학 하이브리드

무어의 법칙에 따른 소형화가 다음 단계의 장벽에 가까워지자(확실히 단단하지는 않은 장벽이다), 우리는 실리콘 평판의 도펀트(반도체를 p형이나 n형으로 하기 위해, 혹은 불순물의 효과를 보상하기 위해 첨가하는 불순물 — 옮긴이)

원자의 확률적인 한계와 약 10나노미터 규모의 빔 가공 기술의 한계를 마주하게 되었다. 에너지 소비량 문제도 나타났다. 인간의 뇌가 20와트를 소비하는 동안, 〈제퍼디!〉 쇼의 우승자인 위대한 왓슨은 실시간으로 8만 5,000와트의 에너지를 소비한다. 공정하게 계산하자면 인간의 몸이 움직이는 데는 100와트가 필요하고 성장하는 데 20년이 걸리므로, 성숙한 인간 뇌를 '제조'하는 데는 6조 줄의 에너지가 필요하다. 왓슨 수준의 컴퓨터를 제조하는 비용도 비슷하다. 그렇다면 인간이 컴퓨터를 대체하지 못할 이유가 어디 있는가?

〈제퍼디!〉 출연자의 뇌는 정보를 검색하는 일 이상을 한다. 물론 인간의 뇌가 하는 대부분의 일, 예를 들어 소뇌가 만드는 웃음 같은 일은 왓슨에게 그저 산만한 오락에 지나지 않는다. 왓슨이 상자에서 꺼내 보이는 탁월하고 심오한 다른 부분들은 우리가 아인슈타인의 놀라운 1905년 논문에서 볼 수 있는 것과 비슷하다. 또한 인간은 살아가고 번식하는 데 필요한 최소한의 에너지인 100와트보다 더 많은 에너지를 소비한다. 인도인은 1인당 평균 700와트를 소비하며, 미국인은 1만 와트를 사용한다. 그래도 왓슨이 사용하는 8만 5,000와트보다는 여전히 적다. 컴퓨터는 신경 모방 컴퓨터를 통해 아마 천 배쯤, 인간에게 보다 더 가까워질 수 있다. 그러나 인간의 뇌도 더 효율성을 높일 수 있다. 병 속에 든 뇌 유사 장기는 20와트라는 한계에 더 가까워질 수 있다. 인간 조상에게는 제한적인 능력이었던 계산·저장·검색은 컴퓨터 특유의 장점이지만, 이 역시 연구실에서 새롭게 설계되어 진화할 수 있다.

페이스북, 미국국가안전보장국을 비롯한 여러 기관은 엑사바이트 규모에 메가와트 단위와 4헥타르 크기의 저장 시설을 구축하고 있다. 반면 DNA는 같은 양의 정보를 1밀리그램에 저장할 수 있다. DNA가 원숙한 저장 기술이 아닌 것은 분명하지만, 마이크로소프트사와 테크니컬러사가 함께 연구 중이니 관심을 가지는 편이 현명할 것이다. 생산성 높은 인간 마음을 만드는 데 6조 줄의 에너지가 필요한 주된 이유는 20년 동안 학습해야 하기 때문이다.

슈퍼컴퓨터가 자신의 클론을 수 초 안에 '훈련'시킬 수 있더라도, 그것은 에너지 비용 면에선 성숙한 실리콘 클론 하나를 생산하는 것과 비슷하다. 천재 인간 공학자는 이 느린 과정에 작은 영향만 미칠 뿐이지만, DNA 엑사바이트나 다른 방법을 이용해 메모리를 확장하고 이식하는 속도를 높일 수 있다면 바이오컴퓨터(인간의 뇌와 신경에 필적하는 기능을 가진 6세대 컴퓨터—옮긴이)의 복제 시간을 세포 복제 시간(11분에서 24시간 정도 걸린다)에 가깝게 줄일 수 있다. 요점은 인간의 진화가 가속되는 각 단계에서 바이오/인간/나노/로봇 하이브리드가 어떤 비율로 지배적일지를 모르더라도, 우리는 서로에 대한 높은 수준의 인도적이고 공정하며 안전한 대우, 즉 '활용'을 목표로 할 수 있다는 것이다.

권리장전은 1689년 영국까지 거슬러 올라간다. 프랭클린 루스벨트 대통령은 "네 가지 자유"인 언론의 자유, 신앙의 자유, 결핍으로부터의 자유, 공포로부터의 자유를 선언했다. 1948년 UN 세계인권선언은 생명권, 노예제도 금지, 폭력을 방어할 권리, 이동의 자유, 결사·사상·양심·종교의 자유, 사회적·경제적·문화적 권리, 사회에 대한 개인의 의무, UN의 목적과 원칙에 위배되는 권리 사용 금지를 내용으로 포함했다.

이런 권리의 '보편적인' 본질은 일반적으로 포용되지 않으며, 광범위한 비판과 불복종의 대상이 되었다. 인간이 아닌 지성체의 출현은 이 논의에 어떤 영향을 미칠까? 최소한, "보면 알 수 있다"(미국 대법관 포터 스튜어트가 1964년에 한 말), "반감反感의 지혜"(즉 "혐오스러운 요소", 리언 카스가 1997년에 남긴 말), "상식"에의 막연한 호소처럼 애매한 직감 뒤에 숨어 윤리적 결정을 미루는 일은 빠른 속도로 어려워지고 있다. 인간에게 낯선 마음을 다루어야 하므로, 때로는 인간의 관점에서 문자 그대로 솔직해져야 한다. 맞다, 심지어 알고리즘적이어야 한다.

자율주행 자동차, 드론, 주식시장 거래, 미국국가안전보장국 검색 등에는 빠르게 가승인을 받는 의사결정이 필요하다. 우리는 수 세기 동안 정확히 정의하고 설명하려 했던 윤리학의 많은 측면에 관한 통찰을 얻을지도 모른다. 이런 문제 중에는 서로 충돌하는 우선권과 함께 뿌리 깊은 생물학적·사회학적·반논리적 인지 편향도 포함된다. 사생활과 존엄성 개념은 많은 법률과 지침에 영향을 미치기는 하지만, 인권에 대한 보편적 신조에 따른 합의와는 현저히 거리가 멀다.

인간은 컴퓨터가 인간의 본능과 어긋나는 의사결정을 내리는 이유를 알기 위해 컴퓨터의 마음을 읽고 바꿀 권리를 원할지도 모른다. 과연 기계에게 인간과 같은 것을 요구하는 일은 부당할까? 우리는 다음과 같은 것들에 대해 점점 더 투명성을 요구하는 움직임이 커지는 현상에 주목한다; 잠재적인 금융 분쟁 상황; '오픈 소스' 소프트웨어, 하드웨어, 웨트웨어wetware(하드웨어와 달리 연결이 유동적인 시스템. 예컨대 인간의 뇌—옮긴이); 과학기술연구 공정접근법the Fair Access to Science and Technology Research Act; 오픈 휴먼스 재단Open Humans Foundation 등.

요제프 바이첸바움은 1976년 출판한 저서 《컴퓨터의 힘과 인간의 이성》에서 존경과 존엄성, 배려가 필요한 상황에서 기계가 인간을 대체해서는 안 된다고 주장했다. 반면 작가인 파멜라 맥코덕이나 컴퓨터 과학자인 존 매카시와 빌 히바드 같은 사람들은 기계가 같은 지위에 있는 사람보다 더 공정하고 차분하며 일관성 있고 폭력성이나 유해성이 더 낮을 수 있다고 대답했다.

평등

/

1776년 33세의 토머스 제퍼슨이 "우리는 이 진리가 자명하다고 생각한다. 모든 인간이 평등하게 창조되었고, 창조주에게 생명, 자유, 행복의 추구 같은 양도할 수 없는 권리를 부여받았다"라고 썼을 때 이는 무슨 의미였을까? 현재의 인간 스펙트럼은 매우 방대하다. 1776년의 '인간'에 유색인종과 여성은 포함되지 않았다. 오늘날에도 다운증후군, 테이새크스병, 취약 X 증후군, 뇌성마비 등 선천적인 인지력이나 행동 장애가 있는 사람은 대부분 동정에서 비롯됐을지라도 불공평한 대우를 받는다.

지리적 위치가 바뀌고 우리가 성숙하면서 불공평한 권리도 급격히 바뀐다. 태아, 유아, 어린이, 십 대, 성인, 환자, 범죄자, 성 정체성과 젠더 선호도, 부자와 빈자, 이 모두가 다른 권리와 사회경제적 현실을 마주하고 있다. 새로운 형태의 마음인 인공지능이 엘리트 인간과 비슷한 권리를 얻고 유지하는 한 가지 길은 인간 방패나 명목상의 최고 군주/CEO 같은 인간적인 요소를 유지하면서, 확인하지 않은 채 엄청난 기술 문서에 서명하고, 재정·건강·외교·군사·보안에 관한 결정을 성급히 내리는 것이다. 아마 컴퓨터와 저장된 메모리의 플러그를 뽑고 수정하고 지우는(죽이는) 일은 인간에게 매우 어려울 것이다. 특히 인공지능과 친구가 됐거나 인공지능이 살아남고자 설득력 있는 답변을 한다면(뛰어난 연구자가 생계를 이으려 분투하듯이) 더욱더 그럴 것이다.

〈딜버트〉(미국의 신문 연재만화—옮긴이)의 작가인 스콧 애덤스조차 이 주제에 대해 말했고, 이는 2005년 에인트호번대학교의 실험, 즉 로봇이 희생자인 사건에 인간이 얼마나 민감한지를 보여준 실험으로 증명됐다. 이는 1961년 예일대학교에서 한 밀그램 실험(권위에 대한 복종과 관련된 실험—옮긴이)과 똑같았다. 재산 소유권을 포함하여 기업에게 부여한 많은 권리를 감안한다면, 다른 기계도 비슷한 권리를 얻을 것으로 보인다. 그리고 기계는 다양한 지성 수준과 대응 감정에 따라 선택적인 권리의 불공평성을 지키고자 투쟁하게 될 것이다.

'인간' 대 '비인간과 하이브리드'를 나누는 급진적인 규칙

앞서 언급한, 권리에 대한 호모 사피엔스 내부의 다양한 이견은 모두가 인류라는 스펙트럼으로 통합되자마자 불평등에 저항하는 폭동으로 터져 나왔다. 구글 스트리트뷰를 보면, 사람들의 얼굴과 자동차 번호판이 흐릿하게 처리된다. 법원이나 회의실 같은 곳에는 비디오 장비가 대개 설치되지 않는다. 착용할 수 있는 카메라나 얼굴 인식 소프트웨어를 탑재한 공공 카메라는 금기를 건드린다. 그렇다면 과잉기억증후군을 가진 사람이나 사진처럼 정확한 기억력을 가진 사람도 똑같은 상황에서 배제되어야 할까?

안면실인증이나 건망증을 가진 사람은 어디를 가든 얼굴인식 소프트웨어와 광학식 문자 인식의 혜택을 받아야 하지 않을까? 그렇다면 왜 모두에게 혜택을 줄 수는 없는가? 우리 모두가 그런 도구를 어느 정도 갖추고 있다면, 모두가 혜택을 받아야 하지 않을까?

이 시나리오는 커트 보니것이 1961년 발표한 단편 〈해리슨 버거론〉에서, 예외적인 적성은 사회의 평범하고 낮은 공통분모를 존중한다는 명분 아래 억압당한다는 내용을 떠오르게 한다. 존 설의 중국어 방 논증이나 아이작 아시모프의 로봇 3원칙 같은 사고실험은 모두 인간의 뇌를 괴롭히는 일종의 직감에 호소한다고 대니얼 카너먼과 아모스 트버스키, 그 외 많은 사람이 증명했다. 중국어 방 실험은 인간의 대화(중국어)가 얼마나 능숙하든지 간에 인간이 의식의 근원을 확인하고 '느낄' 수 없는 한, 기계와 호모 사피엔스로 구성된 마음은 의식이 있을 수 없다고 상정한다. 아시모프의 첫 번째, 그리고 두 번째 법칙을 선호하도록 강요한 것은 다른 마음 중 그 어느 것보다 인간의 마음을 지지한다는 뜻이며, 이는 자기 보존이라는 세 번째 법칙에 온건하게 나타난다.

만약 로봇의 의식이 인간과 정확하게 같지 않다면, 이는 로봇에게 제한된 권리만 주는 변명으로 이용될 것이다. 다른 인종이나 민족이 미개한 인간이라는 주장과 닮은꼴이다. 로봇은 이미 자유 의지를 나타냈을까? 벌써 자의식을 갖추었을까? 로봇 큐보Qbo가 거울 속 로봇이 자신임을 깨닫는 '거울 테스트'를 통과한 데 이어, 로봇 나오 NAO는 자신의 목소리를 인식하고 자신의 내적 상태가 무음인지 아닌지를 추론하는 테스트를 통과했다.

자유 의지에 있어서, 우리 인간은 완전히 결정론적이지도 무작위적이지도 않으며 최적에 가까운 확률론적 의사결정을 목표로 하는 알고리즘을 가지고 있다. 누군가는 이를 실제적인 다윈주의적 게임 이론의 결과라고 주장할 수도 있다. 수많은(전부까지는 아니지만) 게임이나 문제 등에서 만약 우리가 전적으로 예측 가능하고 혹은 전적으로 무작위적이라면, 그 게임에서 질 확률이 높다.

어쨌거나 자유 의지의 매력은 무엇일까? 역사적으로 자유 의지는 지상 혹은 사후의 보상과 처벌의 맥락에서 잘잘못을 따지는 방법을 제공했다. 처벌의 목적은 개인을 우선시하는 것에서 벗어나 종의 생존을 돕는 방향으로 사람들을 유도하는 것이었는지도 모른다. 극단적인 경우에는 강제구속이나 여타 제한들이 처벌 사항에 포함될 수도 있는데, 만약 스키너식의 긍정적/부정적 강화로는 사회를 보호하는 데 부족하다면 그러하다. 당연히 이런 수단들은 자유 의지에도 적용할 수 있으며, 넓게 보면 우리가 행동을 조종하고자 하는 그 어떤 기계에도 적용할 수 있다.

로봇이 실제로 자유 의지나 자기인식의 주관적인 특질을 경험하는지를 두고 논쟁할 수도 있지만, 같은 방식이 인간을 평가하는 데도 적용된다. 소시오패스, 혼수상태의 환자, 윌리엄스증후군 환자, 혹은 아기가 우리와 똑같은 자유 의지나 자기인식을 지녔다는 것을 어떻게 알 수 있을까? 그리고 현실적으로, 그게 무슨 소용일까? 만약 어떤 사람이든 의식과 고통, 믿음, 행복, 야심, 사회적 유용성을 경험한다고 확신을 가지고 주장한다면, 이들이 가진 가상의 특질이 우리의 가설과 다르기 때문에 이들의 권리를 부정해야 할까?

우리가 아마도 절대 넘어서지 않으려는 선명한 금지의 레드라인은 점점 수명이 짧아지고 비합리적으로 보인다. 인간과 기계의 경계가 흐려지는 이유는, 기계가 점점 인간과 비슷해지고 인간은 점점 더 기계와 비슷해지기 때문이다. 인간은 GPS의 지시를 맹목적으로 따르고, 트위터에 반사적으로 반응하며, 세심하게 공들여 만든 마케팅을 점점 더 맹목적으로 따른다. 뿐만 아니라, 뇌와 유전자 프로그래밍 메커니즘은 그 어느 때보다 통찰력을 많이 흡수하고 있다. 미국 보건복지부NIH에서 진행하는 BRAIN 연구계획은 혁신적인 기술을 개발하면서 이 기술을 활용해서 정신 회로망의 연결성과 활성을 확인하고, 합성 신경생물학 전자 장비를 개선하려 한다.

여러 다양한 레드라인들이 유전적 예외주의에 의존하는데, 그것에 따르면 유전적 특징은 영구히 유전된다(그런데 사실 그것은 아마도 가역적일 것이다)고 여겨지기는 하지만 그중 이를테면 자동차처럼 어려움을 덜어주는(그리고 치명적인) 기술들은 사회적·경제적 압력 때문에 사실상 되돌릴 수 없다. 예컨대 유전학 안에서도 유전자 변형 식품을 금지 또는 기피하게 하는 레드라인과 인슐린을 만드는 유전자 변형 세균이나 유전자 변형 인간을 수용하게 하는 레드라인이 공존한다. 유럽에서 성인과 인간 배아를 대상으로 한 미토콘드리아 치료법을 승인한 사례를 보라.

생식세포 조작에 대한 레드라인은 안전과 효율 면에서 보통의 현실적인 금지선보다 조금 덜 민감하다. 건강하기는 하지만 같은 유전 질병을 보유하고 있는 두 사람이 결혼할 경우 다음과 같은 선택지가 있다. 자녀를 낳지 않거나, 자연적이든 인공적이든 유산으로 태아의 25퍼센트를 잃거나, 체외수정으로 80퍼센트를 잃거나, 생식세포 공학으로 태아를 잠재적으로 0퍼센트 잃는 것. 이 중 마지막 선택지가 가능하지 않다고 단언하는 것은 너무 성급해 보인다.

인체 실험에 관한 레드라인으로는 1964년 헬싱키 선언을 들 수 있으며, 미국 역사상 가장 악명 높은 생의학 연구였던 1932~1972년의 터스키기 매독 생체실험(흑인 600명에게 거짓 사실로 실험 동의를 받고 매독 생체실험을 하여 160여 명이 사망에 이르렀다 — 옮긴이)도 마음 깊이 새겨야 한다. 2015년에 비인간 권리 프로젝트라는 단체는 스토니브룩대학교에서 연구 목적으로 키우는 침팬지 두 마리를 대신해서 뉴욕주 대법원에 소송을 제기했다. 항소심에서 법원은 침팬지가 "사회에 의무와 책임을 지지 않으므로" 법적인 개인으로 볼 수 없다고 결정했다. 제인 구달 등의 사람들이 침팬지의 권리를 주장하고, 법원의 결정이 어린이와 장애인에게도 적용될 수 있다는 논쟁이 있었지만 결과는 바뀌지 않았다.[49]

다른 동물이나 유사 장기, 기계, 하이브리드로 권리가 확장되지 않는 이유는 무엇일까? 호킹, 머스크, 탈린, 윌첵, 테그마크 같은 사람들이 '자율살상 무기'에 대한 금지운동을 전개하면서, 우리는 한 가지 유형의 '멍청한' 기계를 악마로 만들었다. 하지만 예컨대 수많은 호모 사피엔스의 투표로 성립된 기계이더라도 훨씬 더 치명적이고 잘못된 방향으로 움직일 수도 있다.

트랜스휴먼(과학기술을 이용하여 신체적·정신적 능력을 개선한 인간 ─ 옮긴이)은 이미 지구를 돌아다니고 있을까? 인도의 구석기 부족 센티넬인과 안다만인, 인도네시아의 코로와이 부족, 페루의 마시코-피로족, 호주의 핀투피족, 에티오피아의 수르마족, 베트남의 루크족, 파라과이의 아조레오-토토비에고조족, 나미비아의 힘바족, 파푸아뉴기니의 수십 개 부족처럼 '문명과 접촉하지 않은 사람들'을 생각해보자. 이들 부족이나 우리 조상들이라면 뭐라고 대답할까? 우리는 '트랜스휴먼'을 다음과 같이 정의할 수 있다. 즉, 기술이 발달하지 않은 문화 속에서 살아가는 당대 사람으로서는 이해하기 어려운 사람 및 문화라고 말이다.

그런 현대의 구석기인은 최근 레이저 간섭계 중력파 관측소LIGO가 100년 전의 이론인 일반상대성 이론을 뒷받침하는 중력파 증거를 찾아낸 것을 축하하는 이유를 이해할 수 없을 것이다. 왜 원자시계를 만드는지, 왜 GPS 위성을 만들어 집에 가는 길을 찾는지, 왜, 그리고 어떻게 인간의 시각을 좁은 가시광선에서 라디오파와 감마파에 이르는 전체 스펙트럼으로 확장했는지 머리를 긁적일 것이다. 사실 우리는 다른 어떤 생물 종보다 더 빨리 움직일 수 있다. 지구이탈 속도에 이를 수 있으며, 몹시 춥고 진공 상태인 우주 공간에서도 살아남을 수 있다.

수백 가지가 넘는 이런 특징이 트랜스휴머니즘을 충족하지 않는다면 무엇이 더 있어야 할까? 트랜스휴머니즘의 기준이 완벽한 구석기 문화인이 아니라 최근의 인간이어야 한다면, 대체 어떻게 트랜스휴먼 상태에 이를 수 있단 말인가? 우리 '최근 인간들'은 항상 각각의 신기술이 발달하는 현상을 이해할 수 있으며, 트랜스휴먼의 목표(계속 바뀐다)에 도달했다는 선언에도 결코 놀라지 않는다. SF계의 예언가 윌리엄 깁슨은 "미래는 이미 여기 와 있다. 다만 골고루 퍼지지 않았을 뿐이다"라고 말했다. 이 말은 '미래'의 다음 단계를 과소평가하고 있지만, 확실히 우리 중 수백만 명은 이미 트랜스휴먼이며 대부분 그 이상을 요구하고 있다. "인간은 무엇이었나?"라는 질문은 이미 "트랜스휴먼에는 어떤 유형이 있었는가? …그리고 트랜스휴먼의 권리는 무엇이었나?"로 바뀌었다.

제24장

사이버네틱 존재의
예술적 활용

캐롤라인 A. 존스

캐롤라인 A. 존스Caroline A. Jones는 미술사학자이자 작가, 큐레이터, 비평가이며, MIT 건축학과의 예술사 교수로 있다. 최근 사이버네틱스의 역사에 관심을 두고 있다. "적자생존보다는 공동체 의식과 종간 공생"이라는, 문화를 근간으로 하는 진화의 새로운 중심 패러다임을 찾아내는 것을 목표로 삼는다. 저서로《시각적 요소》《스튜디오의 시스템》《세계적인 예술 작품》등이 있다.

엮은이의 말

근대 및 현대 예술에 대한 캐롤라인 A. 존스의 관심은 예술의 제작·유통·수용에 관련된 기술을 철저히 연구하고자 하면서 커졌다. "예술사가로서 나의 질문은 대부분 인간의 고집과 이기심, '우리의 작은 집단만 생각하는' 한계를 넘어서 인간을 확장할 수 있도록, 우리가 창조할 수 있는 예술의 종류는 무엇인지, 어떤 종류의 사고를 창조할 수 있는지, 어떤 발상을 할 수 있는지에 관한 것이다. 내가 끌리는 철학자와 철학은 서구 문명이 집착하는 개인주의에 질문을 던지는 사조다. 문제 제기는 다양한 곳에서 나오며, 1960년대에 제기되었던 너무나 다양한 질문과 문제를 부활시킨다."

최근 캐롤라인은 사이버네틱스의 역사로 주의를 돌렸다. 캐롤라인의 MIT 강의인 '오토마타, 오토마티즘, 시스템, 사이버네틱스'는 인간-기계 인터페이스의 역사를 피드백이라는 측면에서 탐색하며, 이 발상을 공학보다는 문화적인 수용이라는 측면에서 탐구한다. 캐롤라인은 기본적으로 위너, 섀넌, 튜링을 읽으면서 입문했고, 과학자와 공학자를 축으로 예술가, 페미니스트, 포스트모던 이론가들의 작품과 발상으로 돌아온다. 캐롤라인의 목표는 "적자생존보다는 공동체 의식과 종간 공생"이라는, 문화를 근간으로 하는 진화의 새로운 중심 패러다임을 찾아내는 것이다.

역사가로서 캐롤라인은 자신이 이름 붙인 '좌파left 사이버네틱스'와 '우파right 사이버네틱스'라는 개념을 구별한다. "좌파 사이버네틱스가 무슨 뜻이냐고? 어떤 의미에서는 말장난이나 농담인데, 뒤에 '남겨진left' 사이버네틱스를 뜻한다. 또 다른 차원에서는 캘리포니아의 에설런Esalen 같은, 미국 서부 해안을 아우르는 모호한 정치 집단을 가리킨다. 데이브 카이저는 이들을 '히피 물리학자들'이라고 부른다. 이는 적절한 용어가 아니지만, 군산복합체에 신세를 진 무리를 기억하는 한 방법이다. 때로 매우 불행하게도, 그들은 우리에게 그 사실을 비평할 도구를 주었다."

컴퓨터로 창조한 예술은 매우 중요하지만,
컴퓨터가 개입된 삶을 위한 예술은 더 중요하다.

-백남준, 1966.

    1950년 노버트 위너가《인간의 인간적 활용: 사이버네틱스와 사회》를 발표했을 때, 예술가들이 사이버네틱스에서 가장 원했던 것은 인공지능이 아니었다. 1950년대와 1960년대의 많은 예술가는 사이버네틱스에 공감하면서도 처음에는 '생각하는 기계'에 대해 거의 몰랐다. 게다가 장인 정신을 갖춘 공학자들은 거북이, 저글링하는 로봇, 빛을 따라가는 아기 로봇을 만들었지, 거대한 뇌를 만들진 않았다. 예술가들은 브레드보드, 구리선, 간단한 스위치, 전자 센서를 사용해서, 인공두뇌 학자들을 따라 상호작용하는 감각을 모방한 조각과 환경예술 작품을 만들었다. 이 작품들은 지식 생산의 자동화보다는 본능적인 충동과 전후 시대의 성 정치와 더 관련된 아날로그적인 움직임과 인터페이스를 보여주었다. 이제 하드웨어든 육체든 어느 쪽에도 매여 있지 않고 자유롭게 흘러 다니는 '지능'이라는 이념에 가려진 인공지능은 예술가들이 사이버네틱스를 수용하던 초창기의 기억을 잊어버렸다. 이런 노력은 재탐색할 가치가 있다. 그들은 프랑스 철학자 질 들뢰즈와 펠릭스 가타리가 '기계적 분류'라고 부른 것으로 관계를 모델화했는데, 기계적 분류는 인간이 물리적·물질적·감정적으로 자극하고 신호를 보내는 세계를 몸과 연계해서 생각하고 느끼는 방식과 관련이 있다.

사이버네틱스는 이제 원래의 운명과는 거리가 먼, 곳곳에 만연한 인공지능 담론 속으로 스며든 것처럼 보인다. '사이버네틱스'는 한마디로, 4세기를 훌쩍 넘은 개념들을 전후 시대에 새롭게 단장시켰다. 사실 피드백, 기계 제동, 생물 항상성, 논리적 연산, 사고하는 시스템 같은 개념들은 산업혁명을 북돋은 계몽주의 시대 이후 항상 존재했다. 이 가계도에 이름을 올린 사람으로는 데카르트, 라이프니츠, 사디 카르노, 클라우지우스, 맥스웰, 와트가 있다. 그렇더라도 위너의 신조어에는 심오한 문화적 효과가 있었다.[50] 지금은 접두어 '사이버-'를 어디서나 볼 수 있으며, 이는 인간과 기계 사이의 뒤얽힌 관계를 나타내는 참신한 기표에 대한 욕망을 확인시켜준다. 위너의 활용법에서는 '사이버'가 그저 '동물과 기계의 제어와 통신'을 포함했다. 하지만 디지털 혁명 이후 '사이버'는 자동 제어 장치, 피드백 고리, 스위치를 넘어 소프트웨어와 알고리즘과 사이보그를 아우르게 되었다. 사이버네틱스에 심취한 예술가들은 작품을 통해, 현재 상황에서 인공지능을 회피하려는 생명체의 새로운 행동을 우려한다.

독창적인 신조어를 만든 위너는 고대 그리스로 되돌아가서 '키잡이κυβερνήτης/kubernétés'라는 단어를 빌려왔다. 배의 키에 가해지는 힘과 본능을 통제하는 남성적인 인물을 가리킨다. 그들은 파도를 읽고 바람을 판단하며, 손에서 키 손잡이를 놓치지 않고, 아무 생각 없이 기계적으로 노를 젓는 노예들을 감독했다. 이 그리스어는 이미 라틴어를 통해 현대 영어로 옮겨왔다. '쿠버kuber-'에서 '거버guber-'로 변하면서 흘러왔는데, 이는 남성적인 통제를 뜻하는 또다른 용어인 '주지사의gubernatorial'와 '주지사governor'의 어원이다. 제임스 와트가 자신의 발명품인 폭주하는 증기 기관을 제어하는 19세기 장치를 설명하면서 사용한 말이기도 하다. 사이버네틱스도 오랫동안 사람들과 기계를 비유해온 발상에 따라 '-ics'를 덧붙여서 응용과학으로 보편화했다. 위너의 3C인 명령Command, 제어Control, 통신Communication은 생물이든 기계든 시스템을 공식화하는 데 수학적 확률을 이용했다. 시스템은 환경에서 행동의 결과물을 달성하는 정보의 입력값들로 이론화된다. 이는 인공지능의 계보학에서 종종 무시되는, 근육질의 살 냄새가 느껴지는 의제다.

하지만 이 분야의 참가자들에게 어원은 아무래도 상관없었다. 수학이 이론생물학(아르투로 로젠블루스)과 정보 이론(클로드 섀넌, 월터 피츠, 워런 매컬러)과 결합해, 과학이 나아가는 길뿐만 아니라 미래 인간이 관여할 테크노스피어technosphere까지 바꾸리라고 보는 통섭적 연구와 출판물이 홍수처럼 쏟아졌다. 위너는 "인간이 환경을 근본적으로 바꾼 결과, 이제 인간은 존재하기 위해 우리 자신을 바꾸어야 하는 지경에 이르렀다"⁵¹고 말했다. 눈앞에 닥친 문제는 이것이다. 우리 자신을 어떻게 바꾸어야 하는가? 우리는 올바른 방향으로 가고 있는가, 아니면 길을 잃고 인간 도구의 도구로 전락하고 있는가? 인문주의자/예술가가 사이버네틱스의 초기 역사에 공헌한 부분을 재탐색한다면 덜 위험하고 더 윤리적인 미래로 향하는 데 도움이 될 것이다.

1968년은 '사이버네틱스'라는 단어가 문화 속으로 확산하고 예술계에 흡수되는 최고점이었다. 이해에 하워드 와이즈 갤러리는 원잉 차이의 작품인 〈사이버네틱 조각〉을 맨해튼 중심가에서 전시했다. 런던 현대예술관에서는 폴란드계 이민자 예술가인 자이지아 라이카르트의 전시회가 "사이버네틱 세렌디피티"라는 제목으로 열렸다(이 전시회 제목에 쓰인 '사이버네틱'이라는 단어는 '컴퓨터에 의해, 혹은 컴퓨터로 만들었다'는 뜻이다. 비록 전시된 작품의 대부분은 그 반응 회로에 컴퓨터가 들어 있지 않았지만). 1948년부터 1968년까지 20년 동안 사이버네틱스 개념은 더 넓은 문화권으로 퍼져 나갔다. 컴퓨터가 서서히 독점적인 군사 장비에서 다국적기업을 통해 학술연구소까지 확산되었으며, 이에 예술가들도 컴퓨터에 접근할 수 있게 되었다. '감지 기관'(전자 눈, 동작 감지기, 마이크)과 '작용 기관'(전자 브레드보드, 스위치, 유압기, 기압기) 같은 사이버네틱스 구성 요소를 집에서 취미 생활로도 활용할 수 있게 되자, 컴퓨터는 '전자두뇌'라기보다는 부품 세트의 부속 기관으로 여겨졌다. 아직 '인공지능'이라는 지배적인 은유는 없었다. 그래서 예술가들은 전자 부품으로 브리콜라주(여러 대상이나 상징의 의미를 새로운 사용법이나 연관성 없는 사물들의 비非관례적인 배치를 통해 변형하는 과정 —옮긴이)를 하면서 연산이나 인지보다는 움직임에 흥미를 보였다. 호모 라티오날리스(합리적 인간 —옮긴이)를 향해 나아가면서 '컴퓨터'가 계산기라는 어렴풋한 인식이 있었지만, 성취보다는 염원에 가까웠다.

오늘날 예술/과학 이미지 도구의 디지털 융합에 비추어볼 때, 라이카르트의 전시회는 예술과 이른바 '창조적인 응용과학'의 경계가 흐려지리라고 주장했다는 점에서 예언적이었다. 작품해설집에 따르면, "전시회에 온 관람객은 작품마다 붙어 있는 설명을 모두 읽지 않는 한, 예술가·공학자·수학자·건축가 중 누가 만든 작품인지 알 수 없을 것"이었다. 작품해설집의 표지에는 백남준이 만든 우스꽝스럽고 기능장애가 있는 〈로봇 K-456〉(1964)이 실렸는데, "충격적이고 기이한 행동을 하는 여성 로봇"이라는 설명이 붙어 있었다. 이 작품은 2차 사이버네틱스 예술가 고든 패스크의 우아한 〈모빌의 대화〉(1968)와 대비된다. 패스크는 런던의 한 극장 디자이너와 함께 경첩과 막대기로 '남성' 장치를 만들고, 유리섬유로 둥근 모양의 '여성' 개체를 만들어 서로 의사소통할 수 있도록 근처에 설치했다. 작품해설집에 실린 설명을 읽지 않고도 작품의 본질을 실제로 발견할지는 (혹은 반발적인 젠더 효과를 얻을지는) 미결의 문제다. 중요한 것은 패스크가 자신의 오토마타의 행동과 상호작용, 인위적으로 통제된 환경에서의 반응, 그리고 인간 행동에 대한 오토마타의 '반영'에 초점을 맞춘다는 점이다.

런던 현대예술관의 '사이버네틱 세렌디피티' 전시회는 중요한 패러다임인 기계 생태계를 소개하며, 관람객은 생물을 대표해서 상호작용의 촉발 원인이 무엇일지 알아내야 한다. 런던의 갤러리 관람객은 갑자기 '사이버네틱 유기체', 즉 사이보그가 된다. 갤러리의 작품을 적절히 감상하려면 관람객은 자동 제어장치와 일종의 공생적 대화를 해야 하기 때문이다. 이를 통해 인간-기계 상호작용 환경으로 바뀌게 되는데, 당시의 몇몇 다른 예술 작품을 관찰해보면 이런 미적 특성이 더 명료해진다. 창발 행동의 초기 작품 중 하나인 〈센스터〉(1970)는 인터랙티브 조형물로 예술가이자 공학자인 에드워드 이나토위츠의 작품이다. 잘 알려지지 않은 이나토위츠를 소개하는 웹사이트의 편집자이자 의학로봇 공학자인 알렉스 지바노빅은 이 작품을 "최초로 컴퓨터로 통제하는 인터랙티브 로봇 예술 작품의 하나"라고 극찬했다. 이 작품에는 비록 12비트짜리 장치이긴 하지만 '컴퓨터'가 등장한다. 그렇지만 이나토위츠는 '지능적' 행동보다는 정의적 행동(인간의 정서와 감정을 밑바탕으로 형성되는 행동—옮긴이)을 하는 아바타를 만들려 했다. 〈센스터〉의 기묘한 성공의 핵심은 4.5미터 길이의 유압장치(이 장치의 경첩 설계와 무시무시한 외관은 바닷가재의 집게에서 영감을 얻었다)가 근처에 있는 사람에게 반응해서 수줍음을 표현하도록 제어한 프로그래밍이었다. 〈센스터〉의 음파 채널과 동작 감지기는 큰 소음과 갑작스럽고 적극적인 움직임에 움츠러들도록 설정되었다. 〈센스터〉는 낮은 목소리로 말하고 움직임이 적은 관람객에게만 조용하고 호기심 어린 동작으로 접근했다. 이나토위츠 자신도 처음 프로그램을 입력하고 헛기침을 했을 때 〈센스터〉가 걱정스럽게 돌아보는 것을 직접 경험했다.

이러한 사이버네틱 존재의 예술적 활용에서, 우리는 대중이 기술 혁신 상황의 한복판에 서 있음을 경험하고, 기계와 직관적으로 소통하기 위해 스스로 바뀌도록 훈련시켜야 할 필요성이 나날이 커지는 것을 감지했다. 그 필요성은 차이의 〈사이버네틱 조각〉 전시회에서 이미 분명해졌다. 차이의 몰입형 설치미술 관람에서는 기계와의 삶을 경험할 수 있다. 어떤 행동이 자동 제어장치를 움직이게 할까? 아마 인간 갤러리 안내자는 "손뼉을 쳐보세요. 그러면 조각이 반응합니다"라는 식으로 설명해야 할 것이다. 한 초기 비평가는 이렇게 묘사했다.

> 가느다란 스테인리스스틸 막대 숲이 판에서 솟아오른다. 이 판은 1초당 30번 진동하고, 막대는 빠르게 휘어지면서 조화로운 곡선을 만든다. 어두운 방에 설치된 작품을 섬광등이 비춘다. 빛이 깜빡거리는 주기는 다양한데, 소리와 거리 감지기에 연동된다. 따라서 누군가가 차이에게 다가서거나 근처에서 소리를 내면 작품이 반응한다. 막대가 움직이고, 희미한 빛이 아른거리며, 섬광이 빛나기도 하고, 금속 막대가 으스스한 춤을 춘다. 막대의 춤은 멈췄다가 빨라지다가 다시 느려지면서 형언할 수 없을 정도로 감각적인 물결을 나타낸다.[52]

〈센스터〉처럼, 이 장치는 이성적인 상호작용보다는 정서적인 상호작용에 따라 자극받거나 움직임을 흉내 낸다. 사람들은 반응성 있는 생명체가 나타내는 행동을 접하고 있다고 느꼈다. 차이의 작품은 종종 '식물적인' 작품 혹은 '수생' 작품으로 분류된다. 이런 환경적인 키네틱 아트에 대한 열정은 당시 세계 예술계에 널리 퍼져 있었다. 하워드 와이즈 갤러리의 작가들 이외에도 파리에서 집합적인 시각예술탐구그룹GRAV을 형성한 이주자들, '사이버네틱 조각'의 니콜라 세페르, 빛과 플라스틱의 회전을 이용하는 독일의 제로 그룹Zero Gruppe 등이 모두 다가올 설치미술 장르를 정의하고 알렸다.

1960년대 후반 사이버네틱스 존재의 예술적 활용은 '지능'에는 관심을 두지 않았다. 기계가 멍청하고 감정이 없다는 사실을 알았던 이 예술가들은 정직한 모의실험을 할 자신이 있었다. 예술가들이 흥미를 느낀 것은 추진력, 본능, 영향력을 발생시키는 기계의 동작이었다. 기계는 의식의 관문 바로 아래 단계인 듯이 성적인 행동과 동물의 행동을 흉내 냈다. 예술가들은 데이터나 정보를 조작하는 데는 흥미가 없었다(한스 하케가 정보를 조작하는 작업을 통해 '실시간 시스템'이라는 작품을 1972년에 발표하긴 했다). 예술가와 과학자가 두 대륙에 퍼뜨린 사이버네틱스 문화는 인간을 테크노스피어에 끌어들였고, 기계문門의 우아한 반응과 행동으로 인간의 지각을 현혹했다. 초기 사이버네틱스 미학에는 '인공'과 '자연'이 뒤얽혀 있다.

그러나 이 움직임은 여기서 끝나지 않았다. 이처럼 무비판적이며 대체로 남성적인 사이버네틱스 환경의 확장에 중요한 역할을 한 것은 과격하고 비판적인 지지자인 여성 예술가들의 놀라운 출현이었다. 1990년대 여성 예술가들은 예술과 기술의 선배들도 분명히 인지했지만, 아마 1970년대 잡지인《래디컬 소프트웨어》의 페미니스트 창립자들과 도나 해러웨이의 영감이 가득한 1984년 격론의〈사이보그 선언〉이 일으킨 문화 광풍에서 더 많은 영감을 받았을 것이다. 백남준과 패스크의 낡은 젠더 극장이나 이나토위츠와 차이의 순수한 피조물들은 요령 있게, 수행적으로, 포스트모던하게 동원되었다. 상호작용하는 집합체인 '사이버로베르타'와 '틸리, 텔레로봇 인형'으로 구성된 린 허시먼 리슨의 〈돌리 클론 시리즈〉(1995~1998)도 마찬가지다. 두 로봇은 테크노스피어에서 풍자를 전문으로 하며, 관람객에게 윙크하고, 주체와 대상을 동시에 보는 관람객이 자신의 관음증을 뚜렷하게 인식하게 한다.

남성 사이버네틱스 조각가가 1960년대에 세운 '순진한' 테크노스피어는 1990년대에 페미니스트 예술가들에 의해 관람객의 비판적인 주목을 요구하는 상태가 되었다. 동시에 페미니스트들은 인공지능이 누구의 '지능'을 흉내 내려 하는지 의문을 제기했다. 허시먼 리슨 같은 예술가에게는 복제 양 돌리를 복제하는 기술적 '승리'에 대응하여 육류 생산과 '육류 기계' 사이의 연관성을 드러내는 일이 중요했다. 허시먼 리슨은 '인형'으로 클론을 만들어서 동시대 개별적 존재가 이념적·복제적·인공적 영역의 일부가 되는 방식을 비판하는 틀을 제공했다.

1990년대와 2000년대의 테크노페미니스트가 항상 사이버와 연관되지는 않았지만, 이들의 작업은 예전 남성 예술가들의 기술 환경에서 지배적이던 기계적·역학적 품질을 까다롭게 바꾸었다. 주디스 배리의 〈상상력, 죽은 자의 상상〉(1991)이라는 양성 원격 사이보그를 예로 들면, 이 작품에는 움직이는 부분이 없다. 양성 사이보그는 평평한 표면에서 깜빡거리는 영상인 순수한 신호로 구성된다. 작품을 설치하면서, 배리는 20세기 후반의 기술이 지닌 소외시키는 효과를 언급했다. 다섯 면은 3미터 크기의 사각형 화면으로 만들고 바닥 면은 거울로 된, 이 거대한 정육면체를 양성 안드로이드의 머리 이미지로 가득 채웠다. 찐득찐득하고 불쾌해 보이는 노란색·주홍색·갈

색의 다양한 액체, 톱밥이나 밀가루로 보이는 건조한 물질, 심지어 곤충을 양성 안드로이드의 머리 위에 흩뿌린다. 금욕주의적인 숭고함이 거대한 화면에서 가상으로 멋지게 만들어진다. 〈상상력, 죽은 자의 상상〉은 거대한 규모와 정육면체의 '이상적인' 형태를 통해 인공물로 남는 동시에 몸에 갇힌다. 즉, 지능이 전혀 없는 존재로서, 분리된 '지능'을 거부한다.

뉴밀레니엄 예술가들은 이런 비판적인 전통을 물려받은 채 현재의 인공지능 패러다임을 취하고 있는데, 이 패러다임은 부분적인 모의실험을 넘어 어느새 차츰 지능을 요구하는 데까지 이르렀다. 최초로 '인공지능'이라는 구절을 썼다고 여겨지는 1955년 연구계획서에서, 컴퓨터 과학자 존 매카시와 동료인 마빈 민스키, 너새니얼 로체스터, 클로드 섀넌은 "학습이나 그 외 지능이 나타내는 모든 특징은, 원칙적으로 이를 흉내 내는 기계를 만들 수 있을 정도로 매우 정확하게 기술될 수 있다"라고 추측했다. 이 신중한 이론의 목표는 지난 64년 동안 부풀려져서 이제는 "지능을 설명하자"라는 구글 딥마인드의 야심으로 표현된다. 암호를 깨뜨려라! 그러나 불행히도 우리가 들은 소리는 암호가 깨지는 소리가 아니라 소규모 사업체, 사회 계약, 문명의 뼈대가 부서지는 소리였다. 택시와 트럭 운전사의 일자리를 없애고, 직거래를 로봇이 대신하며, 오락과 유흥을 장악하며, 공익사업을 민영화하고, 의료 서비스를 비인격화했다. 이것들이 위너가 두려워한, 우리가 익숙해지게 될 "채찍"일까?

예술가는 이런 문제를 해결할 수 없다. 그러나 1970년대에 나타난 갈림길, '정보'가 자본이 되고 '지능'이 데이터 수집이 되기 이전의 우리가 선택하지 않은 길의 창조적 잠재력을 상기시킬 수는 있다. 이전의 가능성을 재탐색할 때 현대의 도구로 무엇을 할 수 있는지 풍부하게 환기시키는 것이 프랑스 예술가 필립 파레노의 〈반딧불이 조각〉이다. 이 이름은 실제 작품 제목인 〈삶에 존재하는 힘을 넘어설 수 있는 율동적 본능을 가지고〉(2014)가 너무 길어서 붙인 별칭이다. 작가가 '오토마톤'이라고 설명하는 조각 설치작품은 깜빡거리는 흑백 반딧불이 그림과 검은색 화면에서 진동하는 초록색 이진수의 배열이 나란히 전시된다. 그림과 이진수는 수학자 존 호턴 콘웨이가 1970년에 셀룰러 오토마톤으로 만든 생명게임에서 사용한 알고리즘으로 움직인다.

콘웨이는 사각형('세포')이 무한한 2차원 격자에서 계속해서 밝아지거나('살아 있음') 어두워지는('죽음') 변수를 설정했다. 규칙은 다음과 같다. 하나의 세포는 고독 때문에 빨리 죽는다. 그러나 3개 이상의 '살아 있는' 세포와 인접한 세포도 '과밀 때문에' 죽는다. 이웃 세포가 단지 2개만 있으면 세포는 생존하고 번성한다. 한 세포가 죽으면서 다른 세포가 생존하는 상황을 만들 수도 있으며, 움직이고 성장하는 것처럼 보이거나, 덧없는 신경 자극이나 이원자의 생물발광 무리처럼 격자를 가로지르는 패턴을 만들어낸다. 스티븐 호킹의 2012년 다큐멘터리 〈생명의 의미〉에서 내레이터는 콘웨이의 수학 모델을 "마음처럼 복잡한 것이 기본적인 규칙에서 창발하는 방법"의 모방이라고 설명하면서, 현대 인공지능의 특징인 자만에 찬 야심을 드러낸다. "이 복잡한 특성은 움직임이나 생식 같은 개념 없이, 단순한 법칙에서 창발한다." 그러나 이들은 "종"을 생산하며 세포는 "생명이

현실 세계에서 그러하듯 증식할 수 있다."⁵³

생명이 그러하듯? 예술가는 모방과 묘사의 차이점을 알고, 꾸며낸 재능과 '생명이 하는 일'의 실제 차이점을 안다. 파레노의 〈반딧불이 조각〉은 상징적이며 원근법적인 관계를 통해 인간의 '생명'에 대한 경험을 직관적으로 조합했다. 인간의 의식은 전기적으로(사이버네틱하게) 얽혀 있지만, 우리는 인간이 생성한 일련의 우아한 모의실험이 자신만의 지능을 갖춘 것처럼 반응하지는 않는다.

사이버네틱스 존재의 예술적 활용은 우리에게 의식 자체가 그저 '여기에 있는' 것만이 아니라는 사실도 상기시킨다. 의식은 여기저기로 흘러 다니며 번뜩이는 감각 신호와 조화를 이룬다. 마음은 두개골과 그 복제품인 '마더보드'의 제약을 훨씬 벗어난 외부에서 발생한다. 메리 캐서린 베이트슨이 자신의 아버지 그레고리의 2차 사이버네틱스를 설명한 바에 따르면, 마음은 "반드시 피부 같은 경계선으로만 정의되지는 않는" 물질이다.⁵⁴ 위너와 비슷한 생각을 강조하고자, 파레노는 예술과 수학의 모의실험을 짝지어놓고 이런 모델은 어떤 것이든 생명과 똑같을 수 없다고 했다. 모델은 그저 모델에 대응하는 생물체가 생생한 의미를 만드는 데 관여할 때만 '지능'을 구성하는 신호전달 체계의 일부가 된다. 현대 인공지능은 작업task과 서브루틴subroutine을 도구화하고 세분화하면서 이런 기술을 실제 지혜로 혼동해서 구석으로 몰렸다. 지금까지 설명한 간략한 문화사는 데이터를 지능으로, 디지털 망을 '신경'으로, 혹은 고립된 개인을 생명의 단위로 보는 관점이 콘웨이의 적나라한 모의실험에서조차 이질적이었다는 사실을 상기시킨다.

우리는 현대 인공지능의 고집 센 오만함을 '우파 사이버네틱스'로 낙인찍을 수 있으며, 이 길은 현재 자동화된 무기 시스템, 인간 노동자를 향한 우버의 불쾌하게 위장된 적대감, 구글의 자본주의적 꿈으로 이어진다. 이제는 트랜스종을 다루며 지능 체계를 탐구하는 이론 생물학자와 인류학자처럼 좌파 사이버네틱스로 돌아서야 한다. 기업은 그저 "더 넓고 더 지혜로운 마음"에서 떨어져 나와 이윤을 극대화하는 결정을 내리는 "일부 인간들의 집합"을 모사할 뿐이라는 그레고리 베이트슨의 관찰이 지금처럼 시기적절한 적이 없었다.[55]

여기에서 제시된 사이버네틱스 인식론은 새로운 접근법을 보여준다. 개인의 마음은 몸뿐만 아니라 몸 외부의 경로에도 편재하며, 개인의 마음은 그저 하위 체계일 뿐인 더 거대한 마음이 존재한다. 베이트슨은 더 거대한 마음이 신에 비유할 만한 존재이며, 아마도 어떤 사람들은 '신'이라고 부르겠지만, 이 마음은 여전히 사회 시스템과 지구 생태계가 상호 연결된 총체에 편재한다고 말한다. 이는 인간 의식의 외부에 존재하는 별개의 '신'에 대한 집단 망상이 아니다(오래 존재해온 일신교의 자만심은 자연과 환경도 인간 '개인'의 외부라는 관점으로 이끌어서, 자연과 환경을 "활용해야 할 선물"로 만든다고 베이트슨은 주장한다). 오히려 베이트슨의 '신'은 세계 의식과 상호작용하는 인간의 순간적인 경험값을 그때그때 넣어두는 변수 공간에 가깝다. 당시의 입력값과 행동의 결과인 더 거대한 마음은 이제 다른 개체와 일치를 이루고자 또 다른 행동을 위한 입력값이 된다. 이는 우리가 감지하고 조화를 이루는 데 긴급하게 필요한 패턴을 생성하는 공생관계의 연결망이다.[56]

1970년대의 차이부터 1990년대의 허시먼 리슨을 거쳐 2014년의 파레노까지, 예술가들은 우파 사이버네틱스를 비판하고 '인공' 지능의 대안적이며 구체적인, 환경적 경험을 능숙하게 다루어왔다. 이러한 사이버네틱스 존재의 예술적 활용은 이 세계에서 얻을 수 있는 일종의 창조 과정을 경험한 공생자의 지혜를 보여준다. 즉, 전기 기계적, 그리고 전자기적 테크노스피어와 짝을 이룬 생명체의 움직임을 만드는 신호의 리듬과 직관적인 행동을 보여준다. 생명은 물질과 마음의 신비로운 네겐트로피(정보 이론에서 불확실성의 확률을 나타내는 척도—옮긴이)적인 뒤얽힘이다.

제25장

인공지능과
문명의 미래

스티븐 울프람

스티븐 울프람Stephen Wolfram은 수많은 혁신을 일으킨 과학자이자 발명가, 사업가다. 오랜 기술 혁신의 역사를 가진 소프트웨어 회사 중 하나인 울프람 연구소Wolfram Research의 설립자이자 CEO다. 계산 과학과 기술의 발전을 선구해왔으며, 기호 계산 프로그램인 매스매티카와 그 프로그래밍 언어인 울프람어를 창조했다. 또한 인공지능 기술을 사용해서 전문가 수준의 해답을 내놓는 지식엔진인 '울프람 | 알파'를 만들었다. 저서로《새로운 과학》이 있다.

엮은이의 말

스티븐 울프람은 거의 40년 넘도록 계산적 사고의 개발과 응용 분야의 개척자였으며, 과학, 기술, 기업에 수많은 혁신을 일으켰다. 스티븐은 불과 스물셋이던 1982년에 〈단순한 자기 조직 시스템으로서의 셀룰러 오토마타〉라는 논문을 썼는데, 이는 자연의 복잡성의 기원을 이해하려는 수많은 과학적 주요 공헌 중에서도 최초였다.

이 시기쯤 스티븐과 잠시 인연을 맺었다. 나는 뉴욕에서 만난 지식인들과 함께 리얼리티 클럽이라는 비공식 모임을 만들어서 이들의 작업을 다른 분야의 동료들에게 소개했다(리얼리티 클럽은 1996년 온라인 엣지Edge.org로 옮겨갔다). 이 리얼리티 클럽의 첫 번째 강연자가 바로 프린스턴고등연구소에 온 '신동' 스티븐 울프람이었다. 우리 집 거실 소파에 앉아 모인 사람들 앞에서 약 한 시간 동안 끊임없이 말하던 스티븐의 모습을 분명하게 기억한다.

그 이후 스티븐은 컴퓨터가 세계의 지식을 쉽게 이해하고 접근할 수 있도록 만드는 데 열중했다. 그가 만든 프로그램인 '매스매티카'는 현대 기술의 컴퓨터로는 거의 완벽한 시스템이다. '울프람｜알파'는 인공지능 기술을 사용해서 전문가 수준의 해답을 내놓는다. 스티븐은 울프람어가 인간과 인공지능이 소통할 수 있는 최초의 진짜 컴퓨터 통신언어라고 생각한다.

4년 전에 매사추세츠주 케임브리지에서 인공지능을 주제로 자유로운 대화를 나누고자 스티븐을 다시 만났다. 스티븐은 걸어 들어와 "안녕하세요"라고 인사하고 자리에 앉더니, 엣지 사이트에 영상을 올리기 위해 설치한 비디오카메라를 쳐다보면서 두 시간 반 동안 쉬지 않고 이야기를 했다.

이어지는 에세이는 당시의 대담을 편집한 것으로, 일종의 울프람표 고급 강연이다. 1980년대에 스티븐의 리얼리티 클럽 강연이 오늘날 현재 진행형인 지식 사업의 탁월한 첫 단추였듯이, 그의 글은 이 책을 마무리하기에 적절한 방법이다(이 지식 사업은 풍부한 사상가 공동체로 결실을 맺었다. 본서에서도 이 사상가 공동체는 서로에게 그리고 독자들에게 각자의 연구를 제시하고 있다).

기술은 인간의 목적을 기계가 자동으로 실행하게 만드는 것이다. 과거 인간의 목적은 물건을 여기에서 저기로 옮기되, 인간의 손으로 직접 하는 것이 아니라 지게차로 운반하는 것이었다. 이제 기계를 사용해서 자동으로 할 수 있는 일은 육체노동뿐만이 아니라 정신노동까지 이르렀다. 인간이 오랫동안 스스로 하면서 자랑스럽게 여겼던 수많은 일을 기계도 할 수 있다는 사실이 명백해졌다. 이런 상황에서 인간의 미래는 어떻게 될까?

사람들은 지능을 갖춘 기계가 있고, 이 기계들이 일하며 무엇을 할지 스스로 결정할 수 있을 미래를 이야기한다. 그러나 목적을 발명하는 일은 자동화로 할 수 있는 일이 아니다. 누군가, 혹은 무엇인가가 기계의 목적이 무엇이어야 하는지, 무엇을 실행하려 노력할지를 정의해야 한다. 목적은 어떻게 규정하는가? 인간이라면 개인의 역사, 문화 환경, 문명의 역사에 따라 정해지는 경향이 있다. 목적은 인간에게만 있는 독특한 것이다. 인간이 기계를 만들어서 기계에 목적을 준 후에야 기계는 움직일 수 있다.

지능이나 목적, 의도를 가진 것은 무엇일까? 바로 지금, 우리는 가장 훌륭한 사례를 알고 있다. 바로 우리, 인간의 뇌, 인간의 지능이다. 나는 이전에는 인간 지능은 세상에 자연적으로 존재하는 그 무엇도 능가할 수 없다고 여겼다. 인간 지능은 정교한 진화 과정의 결과이며, 따라서 다른 존재와는 분명히 다르다. 그러나 그 후 과학을 연구하면서 내 생각이 옳지 않다는 사실을 깨달았다.

예를 들어 사람들은 "날씨는 자기 나름의 생각이 있다"라고 말할 수 있다. 이는 물활론적 주장이며 현대의 과학적 사고방식에서는 허용되지 않는다. 그러나 들리는 것처럼 어리석기만 한 말은 아니다. 인간의 뇌는 무엇을 하는가? 뇌는 특정 입력값을 받아들이고, 정보를 계산하고, 특정 행동을 일으키며, 특정 출력값을 생성한다. 날씨와 같다. 모든 시스템은 그것이 뇌든, 아니면 주변 열 환경에 반응하는 구름이든 사실상 계산을 한다.

인간 뇌가 대기보다는 훨씬 더 정교한 계산을 한다고 주장할 수 있다. 그러나 다양한 시스템이 수행하는 여러 종류의 계산에는 폭넓은 등가성이 있다는 점이 밝혀졌다. 이는 인간의 입장에서 볼 때 다소 가슴 아픈 문제인데, 우리가 생각하는 것만큼 인간이 특별하지 않다는 방증이기 때문이다. 자연의 모든 다양한 시스템은 계산 능력이라는 측면에서 상당히 동등하다.

인간을 다른 시스템과 구별 짓는 차이점은 인간에게 목적과 의도라는 개념을 부여한 인간 역사의 특이성이다. 책상 위의 상자가 인간 뇌처럼 생각하더라도 이 상자는 본질적으로 목적과 의도는 끝내 갖추지 못할 것이다. 목적과 의도는 인간의 특징, 즉 인간 특유의 생물적, 심리적, 문화적 역사로 정의된다.

미래의 인공지능을 생각할 때는 목적을 생각해야 한다. 그것이 인간이 공헌하는 부분이고, 인간 문명이 기여하는 부분이다. 목적의 실행은 우리가 계속 자동화할 수 있는 부분이다. 이런 세상에서 인간의 미래는 어떻게 될까? 인간이 할 수 있는 일은 무엇이 남을까? 내 연구 과제 중에는 시간의 흐름에 따른 인간 목적의 진화를 연구하는 프로젝트가 있다. 오늘날 우리는 온갖 종류의 목적을 추구한다. 천 년 전을 되돌아보더라도 사람들의 목적은 지금과 상당히 달랐다. 먹을 음식을 어떻게 마련할까? 어떻게 해야 안전할까? 현대 서구 문명에서는 대부분 이런 목적에 삶의 많은 부분을 투자하지 않는다. 천 년 전의 관점에서는 현대인이 추구하는 몇 가지 목적이 완전히 괴상해 보일 것이다. 예를 들면 트레드밀에서 운동하는 일이 그렇다. 천 년 전의 관점으로는 완전히 미친 짓일 것이다.

미래에 사람들은 무엇을 할까? 현재 우리가 가진 많은 목적은 무언가의 결핍으로 만들어졌다. 세상에는 자원이 희소하다. 사람들은 더 많은 것을 갖고 싶어 한다. 시간 자체도 인간의 삶에서 희소한 자원이다. 결국 이런 형태의 희소성은 사라질 것이다. 물론 가장 극적인 단절은 사실상 인간의 불멸성 획득일 것이다. 이 과정이 생물 과정을 통해 획득될지, 아니면 디지털 과정을 통해 성취될지는 알 수 없지만, 필연적으로 이루어질 것이다. 현재 인간의 많은 목적은 부분적으로 죽음이라는 운명에서 나온다. "나는 정해진 시간만 살 것이다. 따라서 이것을 갖거나 저것을 해야 한다"라고 생각한다. 그런

데 우리의 목적 대부분이 자동으로 실행된다면 어떤 일이 일어날까? 현재 우리에게 있는 것과 같은 동기는 없을 것이다. 내가 대답하고픈 한 가지 질문은 "미래에 인간의 파생물은 무엇을 직접 하겠다고 선택할 것인가?"다. 상상할 수 있는 한 가지 나쁜 결과는 이들이 온종일 비디오 게임만 할 수도 있다는 것이다.

*

'인공지능'이라는 단어는 기술 언어의 사용법 안에서 진화 중이다. 요즘에는 인공지능이 아주 인기 있으며, 사람들은 인공지능이 무엇인지 어느 정도 알고 있다. 컴퓨터가 개발되던 1940년대와 1950년대에는 컴퓨터 관련 책이나 잡지 기사의 제목이 대개 "거대한 전자뇌"였다. 불도저와 증기엔진과 자동화 기계처럼, 컴퓨터도 지식노동을 자동화하리라는 생각이었다. 이 약속은 사람들의 예상보다 지키기 더 어렵다는 사실이 밝혀졌다. 처음에는 엄청난 낙관론이 지배했고, 1960년대 초에 많은 정부 자금이 이 분야에 쏟아졌다. 그 결과는 요컨대, 그저 작동하지 않았다.

당시의 영화에는 컴퓨터에 관한 SF 같은 재미있는 묘사가 많았다. 그중 〈사랑의 전주곡〉이라는 귀여운 영화가 하나 있는데, 방송사에 설치한 IBM 타입 컴퓨터 때문에 모든 사람이 일자리에서 쫓겨난다는 내용이다. 이 컴퓨터는 참고 도서관(각종 사전류나 통계 자료, 지도 등을 찾아볼 수 있는 열람실 —옮긴이)에서나 찾을 법한 질문만 수없이 받는 설정이었으니 귀여운 이야기다. 동료와 내가 '울프람 | 알파'를 만들

때 떠올린 발상 중 하나는 〈사랑의 전주곡〉에 나온 것처럼 온갖 질문에 대답할 수 있게 하자는 것이었다. 2009년, 울프람 | 알파는 모든 질문에 답할 수 있게 됐다.

1943년에 워런 매컬러와 월터 피츠는 뇌가 어떻게 개념적으로, 형식적으로 일하는지에 관한 모델을 제시했다. 바로 인공신경망이었다. 이들은 뇌와 유사한 자신들의 모델이 튜링 기계와 비슷한 방식으로 계산하리라고 생각했다. 두 사람의 모델에서 일반 컴퓨터처럼 작동하는 뇌와 유사한 신경망을 만들 수 있다는 사실이 알려졌다. 사실 애니악ENIAC 연구팀과 존 폰 노이만, 그 외 다른 과학자들이 실제로 컴퓨터를 연구한 결과는 튜링 기계를 직접 이어받은 것이 아니라 신경망이라는 우회로를 통한 것이었다.

그러나 단순한 신경망은 그다지 신통하지 않았다. 프랭크 로젠블랫은 퍼셉트론이라고 이름 붙인 한 층짜리 신경망 학습 장치를 발명했다. 1960년대 후반 마빈 민스키와 시모어 페퍼트는 《퍼셉트론》이라는 책에서 기본적으로 퍼셉트론이 흥미 있는 일은 무엇도 할 수 없으리라고 썼는데, 이 말은 정확했다. 퍼셉트론은 대상 간 선형판별만 할 수 있을 뿐이었다. 따라서 퍼셉트론 연구는 거의 중단되었다. 사람들은 "신경망은 흥미로운 것은 뭐든지 할 수 없다고 이 사람들이 증명했으니, 어떤 신경망도 재미있는 일을 할 수 없다. 그러니다 잊어버리자"라고 말했다. 이런 태도는 한동안 지속되었다.

한편 인공지능에 대한 접근법은 몇 가지가 더 있었다. 하나는 형식적 수준에서 세계가 움직이는 상징적인 방식에 대한 지식을 바탕으로 했고, 다른 하나는 통계와 확률론을 근거로 했다. 상징적인 인공지능과 관련된 시험 사례 중 하나는 다음과 같다. 컴퓨터에게 적분 같은 것을 하도록 가르칠 수 있을까? 컴퓨터가 미적분을 하도록 가르칠 수 있을까? 컴퓨터가 할 수 있는 일로 여겨지던 적절한 사례 중에는 기계 번역이 있다. 요점만 말하자면, 1970년대 초에 이 접근법은 이미 박살났다.

그 뒤 1970년대 후반과 1980년대 초에는 전문가 시스템이라는 장치가 유행했다. 기본 발상은 기계에 전문가가 이용하는 규칙을 가르쳐서 어떻게 해야 할지 기계가 생각해내도록 하자는 것이었다. 이 방법도 점차 사라졌다. 그 후 인공지능 연구는 미친 짓이 되었다.

*

어릴 때부터 나는 인공지능과 비슷한 기계를 어떻게 만드는지에 관심이 많았다. 특히 우리 인간이 문명에 축적한 지식을 습득하는 방법과 그 지식을 바탕으로 질문에 자동으로 대답하는 방식에 관심이 있었다. 어떻게 질문을 상징적인 단위로 분해한 뒤 답을 찾는 시스템을 구축해서 그 일을 상징적으로 해낼 수 있을까 궁금했다. 나는 당시 신경망을 연구했지만 진척이 없어 한동안 그 주제를 밀어놓았다.

2002년 중반부터 2003년 사이에 그 질문을 다시 생각했다. 계산적 지식 시스템을 만드는 데 무엇이 필요한가? 그때까지 내가 해온 연구는 이 일을 어떻게 해야 하는지에 관한 내 원래의 믿음이 완전히 잘못됐다는 사실을 보여주었다. 이전까지 나는 제대로 된 계산적 지식 시스템을 만들려면 먼저 뇌와 비슷한 장치를 만들고 그 안에 지식을 집어넣어야 한다고 생각했다. 인간이 표준 교육과정에서 학습하는 것과 똑같이 말이다. 이제 나는 지능과 단순한 계산 사이에 명확한 기준선이 없다는 사실을 깨달았다.

나는 단순한 계산 이상의 방대한 일을 할 수 있는 우리 인간에게 뭔가 마법 같은 메커니즘이 있다고 생각해왔다. 하지만 그 가정은 틀렸다. 이 통찰이 울프람 | 알파로 나를 이끌었다. 내가 발견한 사실은, 방대한 세계 지식의 총체를 갖추면 단순한 계산 기술만으로도 그 지식을 기반으로 질문에 자동으로 답할 수 있다는 것이다. 이는 공학의 대안적인 방법이면서도 생물의 진화 과정과 훨씬 더 유사하다.

사실, 프로그램을 만들 때는 대개 단계적으로 설계한다. 하지만 계산적 우주를 탐험하면서 기술을 캐낼 수도 있다. 보통 이 도전은 실제 채굴 과정과 비슷하다. 즉 특별한 자성을 띤 철이나 코발트, 가돌리늄 등의 공급원을 발견했다면, 그 특별한 특성을 인간의 목적에 맞게 바꾸고, 기술을 이용해 원하는 일에 적용한다. 자성을 띤 물질이라면 이용할 방법이 무수히 많다. 프로그램도 마찬가지다. 수많은 프로그램이 있고, 복잡한 작업을 수행하는 아주 작은 프로그램까지 있다. 이 중에서 인간 목적에 유용한 것을 고를 수 있을까?

그렇다면 어떻게 인공지능이 인간의 목적을 실행하도록 할 것인가? 먼저 인공지능에게 인간의 자연언어로 말하는 방법이 있다. 시리에게 말할 때는 별 문제없다. 그러나 더 길고 복잡한 말을 하고 싶을 때는 제대로 작동하지 않는다. 꾸준히 구축할 수 있으며 자연언어로는 불가능한 복잡한 개념을 표현해주는 컴퓨터 언어가 필요하다. 내 회사에서 많은 시간을 들인 일은 세상의 지식을 언어에 직접 통합하는 지식 기반 언어를 구축하는 작업이다. 컴퓨터 언어를 만드는 전통적인 방법은 컴퓨터가 본질적으로 어떻게 해야 하는지를 아는 동작을 표현하는 언어를 만드는 것이다. 메모리를 할당하고, 변숫값을 설정하고, 계산 과정을 반복하고, 프로그램 카운터를 바꾸는 일 등을 들 수 있다. 기본적으로 우리는 컴퓨터에 인간의 언어로 일을 지시한다. 내 접근법은 컴퓨터가 아니라 인간을 이용해서, 인간이 무슨 생각을 하든 컴퓨터가 이해할 수 있는 형태로 전환하는 언어를 만드는 것이었다. 과학과 데이터 수집 양쪽에서 인간이 축적한 지식을 컴퓨터와 의사소통하는 데 사용할 수 있는 언어로 요약할 수 있을까? 이 부분이 내가 지난 30년 동안 연구해서 얻은 성과다. 답은 "할 수 있다"다.

1960년대로 되돌아가보면, 사람들은 "이런저런 일을 할 수 있게 되면 우리가 인공지능을 만들었다는 사실을 알게 될 것이다"라고 말하곤 했다. 또는 "적분과 미적분까지 할 수 있다면 인공지능을 만든 것이다"나 "컴퓨터와 대화해서 인간처럼 보이게 할 수 있다면…" 등도 있다. 어려운 점은 "아, 맙소사, 컴퓨터는 세상을 잘 몰라"로 귀결되었다는 것이다. 오늘이 무슨 요일인지 물어보면 컴퓨터는 대답할 수 있었다. 대통령이 누구냐고 묻는다면 대답할 수 없었을 것이다. 이때, 우리는 사람이 아닌 컴퓨터와 대화 중이었음을 알게 된다. 하지만 지금 울프람|알파와 튜링 테스트 봇을 연결해서 튜링 테스트를 해보면, 테스트 봇이 항상 진다는 사실을 알 수 있다. 복잡한 질문을 하더라도 울프람|알파는 모두 대답하기 때문이다! 사실 인간은 그럴 수 없다. 전혀 다른 분야의 질문 몇 가지를 묻는데, 그 모든 것

을 다 아는 인간은 없을 것이다. 하지만 기계는 알 수 있다. 이런 측면에서 우리는 이미 해당 수준에서 훌륭한 인공지능을 이루어냈다.

또 인간에게는 쉽지만 기계에게는 전통적으로 몹시 어려운 특정한 일이 있다. 기본적으로는 시각으로 대상을 식별하는 일을 들 수 있다. 즉 '이것은 무엇인가?'라는 질문이다. 인간은 물체를 인식하고 간단하게 묘사할 수 있지만, 컴퓨터는 이런 일에 지독히 재능이 없다. 하지만 몇 년 전, 우리는 작은 이미지 확인 시스템을 발표했다. 그러자 다른 많은 기업도 비슷한 것을 만들었는데, 우리가 만든 시스템이 다른 것들보다 좀더 뛰어나긴 하다. 이 시스템에 이미지를 보여주면, 약 1만 개 정도의 유형에 대해서 그것이 무엇인지 대답할 것이다. 추상화를 보여주고 무어라 답하는지 들어보는 일도 재미있다. 기계는 이 일을 곧잘 해내곤 한다.

이 인공지능은 매컬러와 피츠가 1943년 상상하고, 수많은 과학자가 1980년대 초반에 연구한 바로 그 신경망 기술을 사용한다. 1980년대로 되돌아가 보면, 사람들은 광학문자판독OCR을 성공적으로 해냈다. 26개 알파벳을 보고 "좋아, 이건 A? 저건 B? 이건 C인가?"라고 구별했다. 광학문자판독기는 26가지의 다른 확률을 구별할 수 있었지만, 1만 가지 확률을 처리할 수는 없었다. 오늘날 이 일을 가능케 하는 것은 그저 전체 시스템 규모를 확장하는 문제뿐이었다. 영어에는 그림으로 나타낼 수 있는 보통명사가 5,000개쯤 되고, 어느 정도 사람들이 알아보는 특별한 종류의 식물과 곤충을 포함하면 1만 개쯤 된다. 우리는 시스템에 이런 명사를 나타내는 그림 3천만 개를 보여주면서 훈련시켰다. 크고 복잡하고 엉망인 신경망이다. 네트워크의 세부사항은 아마 중요하지 않을 테지만, 이 훈련을 하는 데 그래픽 처리장치가 1천조 번 작동해야 했다.

우리 시스템이 인상적인 이유는 인간이 할 수 있는 일을 상당 부분 할 수 있기 때문이다. 이 시스템은 인간과 똑같은 훈련 데이터를 이용하는데, 인간의 아기가 첫 2년 동안 볼 수 있는 그림의 수와 거의 같다. 학습 과정에서도 대략 같은 횟수의 연산이 이루어져야 하며, 최소한 우리 시각 피질의 첫 번째 단계에서는 같은 개수의 뉴런을 사용했을 것이다. 세부사항은 다른데, 인공 뉴런이 일하는 방식은 인간 뇌의 뉴런이 움직이는 방식과 거의 관련이 없다. 그렇지만 그 개념은 비슷하고, 무슨 일이 일어나는지에 대한 확실한 보편성이 있다. 수학적 수준에서는 엄청나게 많은 함수를 갖췄으며, 미적분법으로 시스템을 점진적으로 훈련하는 확실한 연속적 특성을 보여준다. 이런 특징을 고려하면 생리적으로 인식하는 인간 뇌와 비슷한 일을 하는 무언가를 만들 수 있다.

그러나 이것이 인공지능일까? 여기에는 몇 가지 기본 구성 요소가 필요하다. 생체 인식, 음성을 글로 바꾸는 작업, 언어 변환 등 다양한 난이도로 사람이 수행하는 일을 들 수 있다. 이는 근본적으로 인간과 행동이 비슷한 기계를 만드는 연결고리가 된다. 내게 흥미로운 일 중 하나는 이런 능력들을 정확한 상징적 언어로 통합해 일상 세계를 나타내는 것이다. 지금 우리는 "이것은 물 한 잔입니다"라고 말할 수 있는 시스템을 만들었다. 물 한 잔의 그림에서 물 한 잔이라는 개념을 끌어낼 수 있다. 이제 우리는 이 개념을 나타내는 실제 상징 언어를 발명해야 한다.

나는 수학적, 기술적 지식을 나타내는 데서 시작해서 다른 지식으로 옮겨갔다. 세계의 객관적인 지식을 표현하는 데는 상당한 성과가 있었다. 이제 문제는 사람의 일상 담론을 정확한 상징적 방식으로 표현하는 것이다. 사람과 기계의 의사소통이 목적인 지식 기반 언어, 그래서 사람이 읽을 수 있고 기계도 이해할 수 있는 언어가 필요하다. 예를 들어 여러분은 "X는 5보다 크다"라고 말할 수 있다. 이것은 서술이다. "나는 초콜릿 케이크를 먹고 싶다"라고 말할 수도 있다. 이것도 서술이다. 그런데 이 문장 속에는 "나는 ~하고 싶다"가 들어 있다. 우리는 인간이 자연언어로 표현하는 욕망의 정확한 상징적 표현을 찾아야 한다.

1600년대 후반, 고트프리트 라이프니츠, 존 윌킨스 등은 세상의 사물에 관한 완벽하고 보편적이며 상징적인 표현인 이른바 철학언어에 관심을 가졌다. 윌킨스의 철학언어를 보면 그가 당시 세계에서 중요한 것들을 어떻게 분류했는지 알 수 있다. 인간의 상황 중 몇 가지 측면은 1600년대 이후 변하지 않았다. 어떤 것은 매우 달라졌다. 윌킨스는 죽음과 다양한 형태의 인간 고통에 관한 절에 많은 분량을 할애했다. 오늘날 존재론에서는 이를 훨씬 적은 비중으로 다룬다. 현대 철학언어가 1600년대 중반의 철학언어와 어떻게 다른지를 관찰해보면 흥미롭다. 이는 인간 진보를 가늠하는 기준이다. 그러한 정형화 시도는 오랫동안 수없이 이어졌다. 수학에서 예를 들면, 화이트헤드와 러셀의 1910년 저작인 《수학 원리》가 가장 돋보이는 결과다. 그 이전에 고트로브 프레게와 주세페 페아노도 조심스럽게 시도한 바 있다. 결국, 이들의 생각은 정형화하고자 한 대상에서 빗나갔다.

어떠한 수학적 증명 과정을 정형화해야 한다고 생각했지만, 대부분 사람이 관심을 두는 것은 그런 게 아니라는 사실이 밝혀졌다.

현재의 튜링 테스트 유사체와 관련하여, 그것은 흥미로운 문제다. 튜링의 발상인 대화형 봇이 여전히 존재한다. 이는 아직 해결되지 않았다. 앞으로 해결될 테지만, 유일한 문제는 이것이다. 이 문제를 해결하면 어디에 적용할 수 있는가? 오랫동안 나는 이 문제를 왜 해결해야 하는지 자문하곤 했다. 주로 고객 서비스에 적용되리라고 생각했기에 내 문제 목록에서 위쪽에 있지는 않았다. 그러나 접점을 만들어야 하는 고객 서비스는 바로 이러한 대화형 언어가 필요한 부문이다.

튜링의 시대와 우리 시대의 가장 큰 차이점은 컴퓨터와 의사소통하는 방법이다. 튜링의 시대에는 무언가를 기계에 타이핑해 넣으면 기계가 반응을 인쇄해서 돌려주었다. 오늘날의 기계는 영화 티켓을 살 때처럼 화면을 통해 반응한다. 기계와의 의사소통과 사람과의 의사소통은 어떻게 다를까? 답은 시각 디스플레이가 있다는 점이다. 기계가 사람에게 질문하고 사람이 버튼을 누르면 즉시 결과를 볼 수 있다. 예를 들어 울프람|알파가 시리 안에서 작동할 때, 짧은 답이 있으면 시리는 사람에게 짧게 답할 것이다. 그러나 대부분 사람들이 원하는 것은 시각적인 표현이며, 인포그래픽을 이것저것 보여주길 바란다. 이는 비인간적인 형태의 의사소통으로, 전통적인 대화나 인쇄되는 인간식 의사소통보다 내용이 더 풍부하다는 점이 밝혀졌다. 사람 대 사람의 의사소통에서 우리는 대부분 순수한 언어에만 갇혀 있다. 반면 컴퓨터 대 사람의 의사소통에는 시각적 의사소통이라는

더 높은 대역폭의 채널이 있다.

튜링 테스트의 가장 강력한 응용법은 대부분 서서히 사라졌고, 이제 우리에게는 부가적인 의사소통 채널이 남았다. 예를 들어, 우리가 지금 추진하고 있는 것이 있다. 프로그램 만드는 일에 대해 소통하는 봇이다. 여러분은 "나는 프로그램을 만들고 싶어. 그 프로그램이 이런 일을 하면 좋겠어"라고 말한다. 그러면 봇이 "이런 프로그램을 제가 만들었습니다. 원하시는 일을 하는 프로그램입니다. 이것을 원하시는 게 맞습니까?"라고 말할 것이다. 그렇게 이런저런 말을 늘어놓으며 요구를 맞춰나간다. 이런 시스템을 고안하는 일은 흥미로운 문제다. 시스템이 여러분에게 뭔가 설명하려 한다면 사람 모델이 꼭 있어야 하기 때문이다. 시스템은 인간이 무엇에 대해 혼란스러워하는지 알아야 한다.

내가 오랫동안 이해하기 힘들었던 문제는 다음과 같다. 전통적인 튜링 테스트의 요점은 무엇인가? 동기는 무엇인가? 장난감이라면, 사람들과 수다를 떨 수 있는 작은 챗봇을 만들 수 있다. 그건 그 다음 문제다. 현재의 딥러닝 수준은, 특히 순환신경망은 인간의 대화와 글쓰기에 관한 상당히 훌륭한 모델을 만들었다. 우리가 "오늘 기분이 어때?"라고 입력하면, 기계는 어떤 반응을 보여야 할지 대개 알고 있다. 그러나 나는 자동으로 이메일 답장을 보낼 수 있을지 알고 싶다. 그 답이 "아니오"라는 것을 안다. 내게 있어 훌륭한 튜링 테스트는 봇이 내 이메일 대부분에 답신을 보낼 정도가 되었을 때다. 이것은 꽤 어려운 테스트다. 봇은 이메일을 받는 인간, 즉 내게서 답을 알아내야 한다. 나는 이 게임에서 약간 앞서 있는데, 약 25년 동안 나 자신에 관한 정보를 수집하고 있기 때문이다. 지난 25년 동안 내게 온 모든 이메일을 보관하고, 모든 키스트로크를 20년 동안 보관했다. 내 아바타인 인공지능이 내가 할 수 있는 일을 하도록 훈련시킬 수 있어야 한다. 어쩌면 나보다 더 잘하도록 말이다.

*

사람들은 인공지능이 세상을 지배하는 시나리오를 걱정한다. 나는 어떤 의미에서는 훨씬 더 즐거운 일이 먼저 일어나리라고 생각한다. 인공지능은 인간의 의도를 알고 실행하기 위한 방법을 쉽게 찾아낼 것이다. 나는 내 차에 달린 GPS에게 특정 목적지로 가고 싶다고 말한다. 내가 어디에 있는지 도통 모르겠지만, 그래도 그저 GPS만 따라간다. 아이들은 "우회전하세요, 좌회전하세요"라고 말하는 초창기 버전 GPS를 쓰던 때의 이야기를 종종 한다. 우리는 GPS를 따라가다가 보스턴 항구로 향하는 구름다리에 도착한 적이 있다.

여기서 더 중요한 점은 개인의 역사, 즉 당신이 온라인으로 저녁 식사를 주문할 때 이런 음식을 주문할 것이고, 어떤 사람에게 이메일을 보낼 때는 저런 내용을 이야기한다는 사실을 아는 인공지능이 나타나리라는 사실이다. 인공지능은 점점 더 인간에게 무엇을 해야 할지 제안할 것이고, 나는 사람들이 대개 그 조언을 따르리라고 생각한다. 인공지능의 조언은 아마 당신 스스로 생각해낸 것보다 나은 충고일 것이다.

인공지능이 지배하는 시나리오에 대해서라면, 기술로 끔찍한 일도 할 수 있고 좋은 일도 할 수 있다. 기술로 무서운 일을 저지르려는 사람도 있을 것이고, 좋은 일을 하려는 사람도 있을 것이다. 현재의 기술에서 내가 좋아하는 점은 기술이 만들어낸 평등이다. 예전에 나는 내 컴퓨터가 지인들 사이에서 가장 성능 좋은 컴퓨터라는 점이 자랑스러웠지만, 지금은 우리 모두 똑같은 컴퓨터를 갖고 있다. 우리 모두가 같은 스마트폰을 갖고 있고, 지구인 70억 명 중 상당수가 거의 비슷한 기술을 사용할 수 있다. 왕이 사용하는 기술이 다른 모든 사람과 다르지 않다. 이 점은 아주 중요한 발전이다.

500년 전의 위대한 미개척지는 지식이었다. 오늘날의 미개척지는 프로그래밍이다. 현재의 프로그래밍은 얼마 안 가서 구식이 될 것이다. 예를 들어 사람들은 더는 어셈블리 언어를 배우지 않는다. 컴퓨터가 사람보다 더 능숙하게 어셈블리 언어를 사용하기 때문에 어셈블리 언어가 컴파일되는 상세한 방식은 소수의 전문가만 알아도 충분하다. 오늘날 프로그래머 군단이 해내는 많은 일도 이와 비슷하게 일상이 되었다. 사람이 자바 코드나 자바스크립트 코드를 쓸 필요가 없다. 프로그래밍 과정을 자동화해서 인간이 하고 싶은 일을 기계가 자동으로 실행하게 만드는 것이 중요하다. 그러면 사람들은 더 평등해질 것이며, 이는 내가 관심을 갖는 지점이다. 과거에는 많은 코드를 쓰거나 혹은 중요한 것을 프로그래밍하려면 해야 할 일이 많았다. 소프트웨어 공학을 상당히 잘 알아야 하고, 여러 달의 시간을 투자해야 하고, 직접 배우거나 일을 잘하는 프로그래머를 고용해야 했다. 엄청난 투자를 해야 했다.

지금은 더는 그럴 필요가 없다. 이미 한 줄짜리 코드가 흥미롭고 유용한 일을 한다. 컴퓨터를 다룰 줄 모르는 많은 사람이 컴퓨터를 활용할 수 있게 한다. 나는 전 세계 어린이가 지식 기반 프로그래밍을 배워서 고급 전문가가 만든 코드처럼 효율적이고 정교한 코드를 만들기를 바란다. 이는 곧 실현될 것이다. 우리는 누구나 지식 기반 프로그래밍을 배울 수 있고, 더 중요한 계산적 사고를 배울 수 있는 지점까지 왔다. 실제로 프로그래밍 제작 기술은 이제 쉬워졌다. 어려운 점은 계산적 사고방식으로 사물을 상상하는 일이다.

계산적 사고력을 어떻게 가르칠까? 프로그래밍하는 방법이라는 측면에서 매우 흥미로운 질문이다. 나노기술을 예로 들어보자. 우리는 나노기술을 어떻게 터득했을까? 답: 해당 분야 지식을 대규모로 이해한 후에 아주 작게 축소해가면서 기술을 습득했다. 어떻게 CPU 칩을 원자 크기 규모로 만들까? 근본적으로는 우리가 이미 알고 사랑하는 CPU칩과 똑같은 구조를 사용한다. 이것이 유일한 방법은 아니다. 단순한 프로그램의 기능을 잘 살펴보면, 아주 간단하고 볼품없는 구성 요소를 선택하더라도 적절한 컴파일러(특정 프로그래밍 언어로 쓰인 문서를 다른 프로그래밍 언어로 번역해주는 프로그램—옮긴이)를 고르면 재미있는 일을 하는 프로그램을 만들 수 있다. 분자 규모의 컴퓨터는 아직 없다. 관련 기술이 뒷받침하려면 십 년은 기다려야 한다. 그렇지만 보편적인 컴퓨터를 만들 구성 요소는 충분히 있다. 이런 구성 요소로 프로그래밍하는 방법은 모를 수도 있지만, 가능한 프로그램을 찾다 보면 기본 구성 요소를 모을 수 있고, 그 요소를 위한 컴파일러도 만들 수 있다. 수준 낮은 재료로 정교한 것을 만들 수 있다는 사실은 놀랍다. 명령어 번역 과정은 여러분이 생각하는 것처럼 섬뜩

한 단계가 아니다.

컴퓨터 우주를 탐색하고 기본 요소인 흥미로운 프로그램을 찾아보는 것은 좋은 방법이다. 범용 컴퓨터를 구축하는 방법을 순수하게 사고만으로 찾고자 하는 전통적인 공학적 접근법은 더 어렵고 고된 일이다. 그렇게 할 수 없다는 뜻은 아니지만, 내가 보기에는 그저 구성 요소를 찾고 그것으로 만들 수 있는 프로그램을 찾는 것만으로도 우리는 놀라운 일을 해낼 수 있을 것이다. 그러면 다시, 인간의 목적을 시스템에서 활용할 수 있는 것에 연결하는 문제로 되돌아온다.

내가 관심을 두는 문제는 이것이다. 대부분의 사람이 코드를 쓸 수 있게 되면 세상은 어떻게 변할까? 필경사와 극소수의 사람만이 자연언어를 읽고 쓸 수 있었던 500년 전쯤에, 인간은 전환기를 겪었다. 오늘날 코드는 극소수의 사람만이 쓸 수 있다. 이들이 만드는 코드는 대부분 컴퓨터에만 사용된다. 코드를 읽어서는 아무것도 알 수 없다. 그러나 내가 하려는 일이 현실이 된다면, 원하는 일을 최소한으로만 묘사해도 코드가 완성될 만큼 수준이 높은 시대가 올 것이다. 그 코드는 사람이 충분히 이해할 수 있을 뿐만 아니라 기계가 실행 가능한 코드일 것이다.

자연언어에서 쓰기가 표현의 한 형태이듯이, 코딩은 표현의 한 형태다. 내게 단순한 코드 조각은 시와 같다. 매우 명확한 방식으로 발상을 표현한다. 자연언어 표현에서와 마찬가지로 코드에도 미학적인 측면이 있다. 코드의 한 가지 특징으로는 즉각 실행할 수 있다는 점이 있다. 그냥 쓰기와는 다르다. 무언가를 쓰면 다른 누군가가 글을 읽고, 글을 읽은 뇌가 글을 쓴 사람의 생각을 흡수해야 한다. 세계 역사에서 지식이 어떻게 전달되었는지 살펴보라. 0단계에서 지식 전달의 한 형태는 유전이었다. 즉 유기체가 있고, 그 생물의 후손이 같은 특징을 나타낸다. 그다음으로 생리적 인식 같은 다른 형태의 지식 전달이 일어난다. 갓 태어난 생물에게는 무작위로 연결된 신경망이 있으며, 생물이 세계 속을 움직이면서 대상의 종류를 인식하기 시작하고 지식을 학습한다.

다음 단계가 인간이 성취한 위대한 업적인 자연언어다. 이는 지식을 추상적으로 표현하는 능력으로, 말하자면 인간은 뇌에서 뇌로 의사소통을 할 수 있다. 자연언어는 분명 인간의 가장 중요한 발명품이며, 많은 측면에서 인간의 문명을 이끌었다.

그다음 단계도 존재하는데, 아마 언젠가 더 적절한 이름을 갖게 될 것이다. 지식 기반 프로그래밍을 통해, 우리는 정확하고 상징적인 방식으로 세상에 실재하는 것들을 표현할 방법을 갖추게 됐다. 인간의 뇌로 이해할 수 있고, 다른 뇌나 컴퓨터와도 소통할 수 있을 뿐만 아니라, 즉시 실행할 수도 있다.

자연언어가 인간에게 문명을 주었다면, 지식 기반 프로그래밍은 인간에게 무엇을 줄까? 인공지능 문명이라는 답은 그다지 훌륭한 것이 아니다. 이는 인간이 바라지 않는 일이다. 인공지능과 인간의 뇌 사이에는 매개 언어가 없고 인터페이스도 없기에, 인공지능끼리 서로 의사소통을 하면서 위대한 성취를 이루겠지만 인간을 소외시킬 것이다. 이 4단계의 지식 전달은 어디로 향할 것인가? 당신이 원시인 오그Ogg라면, 그래서 언어가 막 생겨나기 시작했다는 사실을 깨닫는다면, 문명이 출현하리라는 사실을 상상할 수 있을까? 지금 우리는 무엇을 상상해야 하는가?

　이 질문은 모든 사람이 코딩을 할 수 있다면 세계가 어떻게 변할지에 관한 질문과 연관된다. 분명히 사소한 것들이 많이 변할 것이다. 계약서를 코드로 쓸 테고, 식당 레시피도 코드로 쓸 것이다. 이렇게 단순한 것들이 바뀔 것이다. 하지만 더 근본적인 것도 달라질 것이다. 예컨대, 관료제는 인간이 문자해독 능력을 갖추면서 만들어졌다. 그전에도 존재했지만 문자가 완성되면서 급격히 가속화되어 좋든 나쁘든 정부 시스템은 깊이를 더했다. 코딩 세계는 문화 세계와 어떤 관계를 맺게 될까?

　고등학교 교육 체계를 살펴보자. 우리에게 계산적 사고가 있다면 역사 공부에 어떤 영향이 있을까? 언어와 사회학을 배우는 등의 일에는 어떤 영향을 미칠까? 답은 엄청나게 큰 영향이 있으리라는 것이다. 에세이를 쓴다고 생각해보자. 오늘날 고등학생이 쓰는 전형적인 에세이의 소재는 이미 글로 기록된 것이고, 학생이 새로운 지식을 생산하기가 쉽지 않다. 그러나 계산적 사고의 세상에서는 그렇지 않다. 학생이라도 코드를 쓸 줄 안다면, 디지털화된 모든 역사 데이터에 접속해 무언가 새로운 것을 찾아낼 수 있다. 그런 뒤 발견한 사실에 관한 에세이를 쓸 수 있을 것이다. 세계에 관한 지식을 코딩 언어에 엮었으므로, 지식 기반 프로그래밍의 성과가 더는 무익하지 않다.

*

　계산은 우주 전체에 존재한다. 복잡한 패턴으로 흐르는 격동적인 액체에도, 행성 간 상호작용 메커니즘에도, 인간의 뇌에도 있다. 그러나 계산에 의도가 있을까? 어떤 시스템에나 이 질문을 할 수 있다. 날씨에도 목적이 있을까? 기후에도 목적이 있는가?

우주에서 지구를 바라보는 누군가는 저곳에 어떤 목적이 있다고 말할 수 있을까? 거기 문명이 존재하는가? 미국 유타주 그레이트솔트 호수에는 직선이 있다. 서로 다른 색을 띠는 조류가 자라는 두 영역으로 호수를 나누는 둑길로, 매우 인상적인 직선이다. 호주에는 긴 직선 도로가 있다. 시베리아에는 긴 철도가 있으며, 기차가 역에 정차하면 불빛이 켜진다. 따라서 우주에서 지구를 내려다보면 직선과 패턴을 볼 수 있다.

그러나 이것이 우주에서 본 지구의 확실한 목적이라고 할 만할까? 이 문제에 있어서, 인간은 어떻게 우주 밖의 외계인을 인식할까? 인간이 받아들이는 신호에 목적이 있다는 사실을 어떻게 구별할까? 1967년에 인간은 매초 주기적으로 변동하는 신호를 인식하고 펄서(일정 주기로 펄스 형태의 전파를 방사하는 천체―옮긴이)를 발견했다. 첫 번째 질문은 이러했다. 이것은 어떤 신호인가? 무엇이기에 주기적인 신호를 만드는가? 결국 이는 회전하는 중성자별로 밝혀졌다.

목적을 지녔을 가능성을 보이는 현상에 적용하는 기준의 하나는 목적을 달성하는 데 최소한의 노력을 하는지 여부다. 그러나 그것만으로 목적을 위해 만들어졌다고 할 수 있을까? 공은 중력이 끌어당기므로 언덕을 굴러 내려간다. 혹은 최소작용의 원리를 충족하므로 공은 언덕을 굴러 내려간다. 목적이 있는 것처럼 보이는 행동은 보통 기계론적 설명과 목적론적 설명, 이 두 가지로 설명한다. 근본적으로 인간의 모든 기술은 목적을 달성하기 위해 최소한으로 작용하는 데 실패했다. 인간이 구축한 것은 대부분 과학기술의 역사에 담겨 있으며, 목적을 달성하는 데 놀라울 정도로 최소작용의 원리를 충족하지 않는다. CPU칩을 보라. CPU칩이 목적을 달성하는 그 방법이 최소한의 방법일 리가 없다.

합목적성을 정의하는 방법은 어려운 문제다. 은하계에서 오는 전파 잡음이 휴대전화의 코드분할다중접속CDMA 전송과 매우 비슷하기 때문에, 이는 중요한 문제다. 이 전송은 반복적인 특성을 보이는 의사擬似 잡음 부호를 사용한다. 그러나 이는 잡음처럼 인식되며, 다른 채널과 교란되지 않도록 잡음으로 설정된다. 이 주제는 더 골치 아파진다. 만약 펄서에서 일련의 소수素數 신호를 관찰한다면, 우리는 무엇이 이를 생성하는지 물어야 할 것이다. 문명 전체가 성장하여 소수를 발견하고 컴퓨터와 무선 송신기를 발명해서 이런 일을 하는 것일까? 아니면 단지 어떤 물리적 과정이 있는 것일까? 소수를 만들어내는 작은 셀룰러 오토마톤이 있다. 이것을 분해해 보면 어떻게 작동하는지 알 수 있다. 셀룰러 오토마톤 안에서 튀어 오르는 작은 세포가 원인이다. 셀룰러 오토마톤이 그 지점에 도달하기까지 문명의 전체 역사나 생물학 등은 필요 없었다.

나는 추상적인 '목적'이 그 자체로는 존재하지 않는다고 생각한다. 추상적인 의미도 없다고 생각한다. 우주에 목적이 있을까? 그렇다고 생각한다면 어떤 식으로든 신학을 믿는 것이다. 목적의 추상적인 개념에 의미는 없다. 목적은 역사에서 나온다.

세상에 관한 진실 하나는 어쩌면 인간이 이 모든 역사와 생물학과 문명을 거쳐 마지막 날에 이르렀을 때의 답이 '42', 혹은 다른 무엇일 수 있다는 것이다. 우리가 40억 년 동안 온갖 다양한 진화를 거쳐 '42'에 도달하는 것이다.

하지만 그런 일은 계산의 비환원성 때문에 일어나지 않을 것이다. 거쳐 갈 수 있지만 단축할 수는 없는 계산 과정이 있다. 과학은 대부분 자연이 수행하는 계산의 지름길을 찾는 일이다. 예를 들어, 행성 메커니즘을 연구해서 지금부터 백만 년 후의 행성 위치를 예측하려면 방정식을 단계적으로 따라가야 한다. 과학이 이룬 업적은 그 과정을 단축하고 계산을 줄인 것이다. 인간은 우주보다 영리할 수 있으며 모든 단계를 거치지 않고도 종점을 예측할 수 있다. 그렇지만 충분히 영리한 기계와 수식이 있어도, 인간은 각 단계를 거치지 않고는 종점에 이르지 못할 것이다. 환원할 수 없는 몇몇 세부사항이 분명 존재한다. 우리는 환원할 수 없는 그 과정을 밟아가야 한다. 역사가 의미 있는 이유가 여기에 있다. 만약 우리가 차례로 단계를 거치지 않고도 종점에 다다를 수 있다면, 어떤 면에서 역사는 무의미할 것이다.

인간이 지능적이며 그 외 세상의 다른 것은 모두 지능이 없다는 주장은 사실이 아니다. 인간과 클라우드, 혹은 인간과 셀룰러 오토마타 사이에 거대한 관념적인 차이점은 없다. 뇌와 같은 신경망이 셀룰러 오토마타 시스템과 질적으로 다르다고 말할 수 없다. 그저 세밀한 차이점이 있다. 뇌와 같은 신경망은 문명의 긴 역사에서 만들어졌고, 셀룰러 오토마타는 내 컴퓨터에서 수 마이크로 초 동안 만들어졌을 뿐이다.

추상적인 인공지능의 문제는 지성을 갖춘 외계인을 인식하는 문제와 비슷하다. 그들에게 목적이 있는지 여부를 어떻게 판단할 수 있을까? 이 질문에 대한 답은 아마 없을 것이다. 어쩌면 "음, 인공지능이 어쩌고저쩌고 할 수 있으면 지능이 있다고 할 수 있다"라고 말할 것이다. 소수를 찾아낸다면 지능이 있다고 할 수 있다. 이것이나 저것, 그 외 다른 것을 만들 수 있다면 지능이 있다고 할 수도 있다. 하지만 그런 결과를 낼 방법은 수없이 많다. 다시 한 번 강조하지만, 지능과 평범한 계산력 사이에는 명확한 경계선이 없다.

이는 코페르니쿠스 이야기의 또 다른 부분이다. 예전에 우리는 지구가 우주의 중심이라고 생각했다. 지금 우리는 인간에게 지능이 있고, 다른 것에는 지능이 없기 때문에 인간이 특별하다고 생각한다. 유감스럽지만 그것이 전혀 특별하지 않다는 나쁜 소식을 전한다.

내가 생각하는 시나리오는 이렇다. 인간의 의식을 디지털 형태로 손쉽게 업로드하고 가상현실화할 수 있는 시대가 오고, 곧 1조 개의 영혼이 담긴 상자를 갖는다고 가정해보자. 상자 안에는 1조 개의 영혼이 모두 가상의 상태로 담겨 있다. 상자 안에는 어쩌면 생물학에서 얻은 것일 수도, 아닐 수도 있는 분자 컴퓨터가 있으며, 상자는 온갖 종류의 정교한 일을 할 것이다. 상자 옆에는 바위가 있다. 바위 안에서도 항상 온갖 종류의 정교한 일이 일어나며, 온갖 종류의 아원자 입자가 온갖 일을 한다. 바위와 1조 개의 영혼이 담긴 상자의 차이점은 무엇일까? 답은 상자 안에서 일어나는 세부 사항은 사람들이 전날 유튜브에서 본 것을 포함해서 오랜 인간 문명의 역사에서 유래했다는 점이다. 반면 바위는 오랜 지질학적 역사가 있지만 인간 문명의 특별한 역사를 담고 있지는 않다.

지능과 단순한 계산 사이에 진정한 차이점이 없다는 사실을 깨닫는다면, 여러분은 미래를 상상하게 될 것이다. 그 미래에서 인간 문명의 종점은 각 인간이 영원히 본질적으로 비디오 게임을 하는, 1조 개의 영혼이 담긴 상자다. 그 '목적'은 무엇일까?

주

1) Omohundro, "The Basic AI Drives", in *Proceedings of the First AGI Conference*, 171; 또한 P. Wang, B. Goertzel, and S. Franklin, ed., *Artificial General Intelligence*(Amsterdam, The Netherlands: IOS Press, 2008) 참조.
2) 예컨대 인공지능 연구자인 제프 호킨스는 "지능이 있는 기계 중에는 가상에 존재하는 것도 있을 것이다. 즉, 컴퓨터 네트워크 안에서만 움직이고 존재하는 것이다. (…) 고통스럽긴 해도, 컴퓨터 네트워크는 언제든 전원을 내릴 수 있다"라고 썼다. https://www.recode.net/2015/3/2/11559576/.
3) 스탠퍼드대학교가 지원한 AI100 보고서(피터 스톤 외)는 다음과 같이 말한다. "영화와 달리, 인간을 능가하는 로봇이 곧 만들어질 가능성은 없다." https://ai100.stanford.edu/2016-report.
4) 정보통신 기술혁신 재단에서는 일론 머스크, 스티븐 호킹, 스튜어트 러셀 등을 2015년 '올해의 러다이트상' 수상자로 선정했다. https://itif.org/publications/2016/01/19/artificail-intelligence-alarmists-win-itif%E2%80%99s-annual-luddite-award.
5) 로드니 브룩스는 프로그램이 "인간에게 문제가 된다는 점을 이해하지 못한 채, 인간이 설정한 목적을 달성하기 위해 인간 사회를 전복시키는 방법을 발명해낼 만큼 충분히 영리해지는 일"은 불가능하다고 주장했다. https://rodneybrooks.com/the-seven-deadly-sins-of-predicting-the-future-of-ai.
6) Kevin Kelly, "The Myth of a Superhuman AI", *Wired*, April 25, 2017.
7) Hadfield-Menell et al., "The Off-Switch Game", https://arxiv.org/pdf/1611.08219.pdf.
8) *The Human Use of Human Beings* (Boston: Houghton Mifflin, 1954), 96.
9) Joseph Levine, "Materialism and Qualia: The Explanatory Gap", *Pacific Philosophical*

Quarterly 64 (1983): 354–61.
10) *The Human Use of Human Beings* (Boston: Houghton Mifflin, 1954), 181.
11) "확실히"라는 경고(주장에서 "확실히"라는 단어를 볼 때마다 머릿속에서 종이 울리는 습관)는 내 저서《직관 펌프, 생각을 열다》에서 설명했다.
12) *The Human Use of Human Beings* (Boston: Houghton Mifflin, 1954), 181.
13) 《다윈의 위험한 생각》(Simon & Schuster, 1995), 109쪽에서, 나는 '방대하다Vast'라는 단어를 대문자로 썼다. 이는 '천문학적 수보다 훨씬 더 많은'이라는 뜻이며, 보완어로 '소멸Vanishing'이라는 단어도 대문자로 썼는데, 이 단어는 '무한한'과 '극미의'라는 과장용 단어를 대체할 때 사용했다. 이런 가능성을 토론할 때 공식적으로는 '무한하다'고 인정하지 않지만 그럼에도 실제로는 무한하기 때문이다.
14) Aylin Caliskan-Islam, Joanna J. Bryson, and Arvind Narayanan, "Semantics Derived Automatically from Language Corpora Contain Human-Like Biases", *Science* 356, no. 6334 (April 14, 2017): 183–86, DOI: 10.1126/science.aal4230.
15) Joanna J. Bryson, "Robots Should Be Slaves", in *Close Engagement with Artificial Companions*, Yorick Wilks, ed. (Amsterdam, The Netherlands: John Benjamins, 2010), 63–74; http://www.cs.bath.ac.uk/~jjb/ftp/Bryson-Slaves-Book09.html; Joanna J. Bryson, "Patiency Is Not a Virtue: AI and the Design of Ethical Systems", https://www.cs.bath.ac.uk/~jjb/ftp/Bryson-Patiency-AAAISS16.pdf.
16) "A Structure for Deoxyribose Nucleic Acid", *Nature* 171 (1953): 737–38.
17) J. von Neumann, "First Draft of a Report on the EDVAC", IEEE Annals of the History of Computing 15 (1993): 27–75. 폰 노이만이 유일한 저자로 이름을 올렸고, 다른 사람들은 그가 제시한 개념들에 그저 글을 기고했을 뿐이다. 따라서 해당 아키텍처에 대한 크레디트는 그에게 단독으로 돌아가게 되었다.
18) *Science* 177, no. 4047 (August 4, 1972): 393–96.
19) Vincent C. Muller and Nick Bostrom, "Future Progress in Artificial Intelligence: A Survey of Expert Opinion", in *Fundamental Issues of Artificial Intelligence*, ed. Vincent C. Muller (Switzerland: Springer International Publishing, 2016), 555–72, https://nickbostrom.com/papers/survey.pdf.
20) Upton Sinclair, *I, Candidate for Governor: And How I Got Licked* (Berkeley: University of California Press, 1994), 109.
21) https://futureoflife.org/ai-principles.
22) Hannah Arendt, *Eichmann in Jerusalem: A Report on the Banality of Evil* (New York: Penguin Classics, 2006).
23) Elizabeth Kolbert, *The Sixth Extinction: An Unnatural History* (New York: Henry Holt, 2014).
24) 앨런 튜링의 유작. *Philosophia Mathematica* 4, no. 3 (1966): 256–60.

25) Irving John Good, "Speculations Concerning the First Ultraintelligent Machine", *Advances in Computers* 6 (Cambridge, MA: Academic Press, 1965): 31–88.

26) Katja Grace et al., "When Will AI Exceed Human Performance? Evidence from AI Experts", https://arxiv.org/pdf/1705.08807.pdf.

27) Neil Gross and Solon Simmons, "The Social and Political Views of American College and University Professors", in *Professors and Their Politics*, ed. N. Gross and S. Simmons (Baltimore: Johns Hopkins University Press, 2014).

28) Steven Pinker, "Safety", *Enlightenment Now: The Case for Reason, Science, Humanism, and Progress* (New York: Penguin, 2018).

29) '흉내 내기'(이해하지 못한 채 특정 행동을 모방하는 것)는 거울뉴런 체계 같은 내재된 구조를 이용한다. 그러나 이렇게 모방된 행동은 복잡성이 크게 떨어진다. Richard Byrne, "Imitation as Behaviour Parsing", *Philosophical Transactions of the Royal Society B* 358, no. 1431 (2003): 529–36 참조.

30) Karl Popper, *Conjectures and Refutations* (Abingdon, UK: Routledge, 1963).

31) 매트 리들리는 《이성적 낙관주의자》에서 인구가 진보 속도에 미치는 긍정적인 효과를 제대로 강조했다. 그러나 인구가 영향력 있는 요인이 된 적은 없었다. 고대 아테네와 당시 나머지 국가들을 생각해보라.

32) Alfred, Lord Tennyson, "The Revenge" (1878).

33) Norbert Wiener, "A Scientist Rebels", *Atlantic Monthly*, January 1947.

34) Warren Weaver, "Recent Contributions to the Mathematical Theory of Communication", in Claude Shannon and Warren Weaver, *The Mathematical Theory of Communication* (Urbana: University of Illinois Press, 1949), 8 (원본을 강조하기 위함). 섀넌의 1948년 논문은 같은 책에 다시 수록되었다.

35) Matthew Arnold, *Culture and Anarchy*, ed. Jane Garnett (Oxford, UK: Oxford University Press, 2006).

36) *The Human Use of Human Beings* (Boston: Houghton Mifflin, 1954), 17–18.

37) http://strikemag.org/bullshit-jobs.

38) 예시를 보려면 Daniel Dennett, *From Bacteria to Bach and Back: The Evolution of Minds* (New York: W. W. Norton, 2017) 참고.

39) http://givingpledge.org/about.aspx.

40) Brenden M. Lake, Ruslan Salakhutdinov, and Joshua B. Tenenbaum, "Human-Level Concept Learning Through Probabilistic Program Induction", *Science* 350, no. 6266 (2015): 1332–38.

41) A. Gopnik, T. Griffiths, and C. Lucas, "When Younger Learners Can Be Better (or at Least More Open-Minded) Than Older Ones", *Current Directions in Psychological Science* 24, no. 2 (2015): 87–92.

42) A. Gopnik et al., "Changes in Cognitive Flexibility and Hypothesis Search Across Human Life History from Childhood to Adolescence to Adulthood", *PNAS* 114, no. 30 (2017): 7892–99.

43) L. Schulz, "The Origins of Inquiry: Inductive Inference and Exploration in Early Childhood", *Trends in Cognitive Sciences* 16, no. 7 (2012): 382–89.

44) A. Gopnik, *The Gardener and the Carpenter* (New York: Farrar, Straus & Giroux, 2016), chapters 4 and 5.

45) William M. Grove and Paul E. Meehl, "Comparative Efficiency of Informal (Subjective, Impressionistic) and Formal (Mechanical, Algorithmic) Prediction Procedures: The Clinical-Statistical Controversy", *Psychology, Public Policy, and Law* 2, no. 2 (1996): 293–323.

46) TED 강연, 2014년 1월, https://www.ted.com/speakers/anne_milgram.

47) Rebecca Wexler, "Life, Liberty, and Trade Secrets: Intellectual Property in the Criminal Justice System", *Stanford Law Review* 70 (2018).

48) "Then, Doctors 'All Anxious' About Test-tube Baby", http://edition.cnn.com/2003/HEALTH/parenting/07/25/cnna.copperman.

49) http://www.nbcnews.com/news/us-news/lawyer-denying-chimpanzees-rights-could-backfire-disabled-n734566.

50) 훗날 위너는 이 신조어보다 1834년 앙드레 마리 앙페르가 사용한 용어가 더 앞섰다고 인정해야 했다. 앙페르는 이 단어를 '통제의 과학'이라는 뜻으로 사용했지만 20세기까지 알려지지 않았다.

51) *The Human Use of Human Beings* (Boston: Houghton Mifflin, 1954), 46.

52) Robert Hughes, *Time magazine* (October 2, 1972). 데니즈 르네 갤러리에서 열린 차이 전시회 비평.

53) Stephen Hawking, *The Meaning of Life* (Smithson Productions, Discovery Channel, 2012) 내레이션.

54) Mary Catherine Bateson, 1999. 그레고리 베이트슨에게 보내는 *Steps to an Ecology of Mind* (Chicago: University of Chicago Press, 1972), xi.

55) *Steps to an Ecology of Mind*, 452.

56) *Steps to an Ecology of Mind*, 467–68.

찾아보기

ㄱ

가라마니, 주빈Ghahramani, Zoubin 298
가루티, 알베르토Garutti, Alberto 323
가치 정렬 문제 61, 146, 175, 183~184, 207~208, 227, 278
가타리, 펠릭스Guattari, Félix 393
강한 인공지능 50, 95
강화학습 208, 290, 347~348
갤리슨, 피터Galison, Peter 24, 357~368
　《아인슈타인의 시계, 푸앵카레의 지도》 Einstein's Clocks, Poincare's Maps 357
거센펠트, 닐Gershenfeld, Neil 24, 25, 255~268
　《팹》Fab 255
　《현실을 디자인하다》Designing Reality(공저) 255
거센펠트, 앨런Gershenfeld, Alan 255
게슈탈트 40, 43
게이츠, 빌Gates, Bill 65, 315
계산주의 마음 이론 172
고프닉, 앨리슨Gopnik, Alison 24, 339~355
　《우리 아이의 머릿속》The Philosophical Baby 339
　《정원사와 목수》The Gardener and the Carpenter 339
곡선맞춤법 48, 51
과학적 객관성 363, 365~366
괴델, 쿠르트Gödel, Kurt 282
괴테, 요한 볼프강Goethe, Johann Wolfgang von 364
구스, 앨런Guth, Alan 134
국소 최저치 237, 240~242
굴드, 스티븐 제이Gould, Stephen Jay 374
굿, 어빙 존Good, Irving John 152, 158
그래버, 데이비드Graeber, David 294, 295
그리피스, 톰Griffith, Tom 24, 203~215
　《알고리즘, 인생을 계산하다》Algorithms to Live By(공저) 203
기계적 분류 393
기계적인 객관성 367
기브스, 윌러드Gibbs, Josiah Willard 110
기술 예언 174~175, 178
기울기 하강 235, 237~238, 240
긱 경제 295
깁슨, 윌리엄Gibson, William 388

ㄴ

노드 239
노빅, 피터Norvig, Peter 55, 227
노이즈 효과 35, 37
뉴웰, 앨런Newell, Allen 209

ㄷ

다이슨, 조지Dyson, George 16, 24, 73~83
  《기계 속 다윈》Darwin Among the Machines 73
  《바이다르카: 카약》Baidarka: The Kayak 73
  《오리온 프로젝트》Project Orion 73
  《튜링의 성전》Turing's Cathedral 73
다이슨, 프리먼Dyson, Freeman 23, 25
대형 강입자충돌기 125
데닛, 대니얼Dennett, Daniel C. 24, 25, 85~101, 197, 299
  《세균부터 바흐까지》From Bacteria to Bach and Back 85
  《의식의 수수께끼를 풀다》Consciousness Explained 85
데이터 과학 53, 263, 362
데이터마이닝 253
데카르트, 르네Descartes, Rene 299, 344, 393
도이치, 데이비드Deutsch, David 24, 187~202
  《무한의 시작》The Beginning of Infinity 187
  《현실의 구조》The Fabric of Reality 187
도킨스, 리처드Dawkins, Richard 374
듀이, 켄Dewey, Ken 13
드라간, 앤카Dragan, Anca 24, 217~229
드렉슬러, 에릭Drexler, Eric 165, 171
  《창조의 엔진》Engines of Creation 171
들뢰즈, 질Deleuze, Gilles 393
디지털 컴퓨터 76~78, 108~109, 112
딥러닝 40, 43, 46, 48~49, 93, 162, 247,
254, 262~263, 287, 290, 347~348, 351, 422

ㄹ

라마크리슈난, 벤키Ramakrishnan, Venki 24, 285~300, 323
  《유전자 기계》Gene Machine 285
라신, 장Baptiste Racine, Jean 340
  〈페드라〉Phaedra 340
라우센버그, 로버트Rauschenberg, Robert 13, 337
라이카르트, 자이지아Reichardt, Jasia 395
라이프니츠, 고트프리트 빌헬름Leibniz, Gottfried Wilhelm 76, 106, 393, 420
라일리, 테리Riley, Terry 13
라플라스의 악마 181
란체스터, 존Lanchester, John 292
랭턴, 크리스Langton, Chris 23
러더퍼드, 어니스트Rutherford, Ernest 63, 144
러셀, 버트런드Russell, Bertrand 86, 177, 304
  《수학 원리》Principia Mathematica(공저) 304, 420
러셀, 스튜어트Russell, Stuart 23, 24, 55~72, 134, 218, 227
  《인공지능》Artificial Intelligence(공저) 55, 227
레이섬, 존Latham, John 338
레이크, 브랜든Lake, Brenden M. 350
레지스, 에드Regis, Ed 368
로봇 3원칙 383
로이드, 세스Lloyd, Seth 22, 24, 29~44
로젠블랫, 프랭크Rosenblatt, Frank 414
로젠블루스, 아르투로Rosenblueth, Arturo 394
로젠블리스, 월터Rosenblith, Walter 13
로체스터, 너새니얼 Rochester, Nathaniel 401

로즈, 레이첼Rose, Rachel 331, 332
리스, 마틴Rees, Martin 26, 151, 152
리슨, 허시먼Leeson, Lynn Hershman 400, 404
  〈돌리 클론 시리즈〉Dollie Clone Series 400
릴리, 존Lilly, John 19, 21

ㅁ
마리, 엔초Mari, Enzo 322
마음 이론 340, 343
매카시, 존McCarthy, John 17, 22, 38, 381, 401
매컬러, 워런McCulloch, Warren 35, 40, 394, 414, 418
매켄지, 데이나Mackenzie, Dana 45
매클루언, 마셜McLuhan, Marshall 12, 14, 15, 324
  《미디어의 이해》Understanding Media 324
맥도웰, 켄릭McDowell, Kenric 332
맥스웰, 제임스 클러크Maxwell, James Clerk 33, 393
맥코덕, 파멜라McCorduck, Pamela 23
맥헤일, 존McHale, John 14
맨델브로, 브누아Mandelbrot, Benoit 23
맨해튼 프로젝트 233, 248, 358
머스크, 일론Musk, Elon 26, 39, 56, 59, 134
머신러닝 42, 48, 50, 52, 163, 182, 208, 262, 289, 291, 294, 297~298, 306, 318~319, 328, 343, 345, 347, 351, 353
메이시 학회 18, 333
메카스, 조나스Mekas, Jonas 12
명령 108~109, 111~112, 264, 394
모라벡, 한스Moravec, Hans 23
모리스, 에롤Morris, Errol 104
  〈빠르고, 값싸며, 제어할 수 없는〉Fast, Cheap & Out of Control 104
무어, 고든Moore, Gordon 65, 267
  무어의 법칙 40, 42, 81, 109, 112, 182, 351, 377
무어만, 샬럿Moorman, Charlotte 13
뮬러, 빈센트Muller, Vincent 138
미드, 마거릿Mead, Margaret 18
미분 해석기 260~261, 282
미슨, 스티븐Mithen, Steven 50
민스키, 마빈Minsky, Marvin 22, 65, 86, 401, 414
밀, 존 스튜어트Mill, J. S. 344
밀그램, 앤Milgram, Anne 361, 362
밈 193, 374

ㅂ
바이첸바움, 요제프Weizenbaum, Joseph 91, 95, 97, 176, 381
  《컴퓨터의 힘과 인간의 이성》Computer Power and Human Reason 95, 381
배리, 주디스Barry, Judith 400
  〈상상력, 죽은 자의 상상〉Imagination, Dead Imagine 400, 401
백남준Paik, Nam June 13, 324, 392, 396, 399
  〈로봇 K-456〉 324, 396
밴더빅, 스탠Vanderbeek, Stan 13
범용 인공지능 138~143, 145~147, 181, 192, 196~202
베루지오, 잔마르코Veruggio, Gianmarco 373
베이지안 네트워크 46~47
베이지안 모델 349~350
베이트슨, 그레고리Bateson, Gregory 18, 21, 281, 403, 404
베이트슨, 메리 캐서린Bateson, Mary Catherine 403
베케트, 사뮈엘Beckett, Samuel 340
  〈엔드 게임〉Endgame 340

벨벳 언더그라운드Velvet Underground 13
병렬 컴퓨터 22, 270
보니것, 커트Vonnegut, Kurt 383
　〈해리슨 버거론〉Harrison Bergeron 383
보스트롬, 닉Bostrom, Nick 26, 59, 65, 66, 135, 138
　《슈퍼인텔리전스》Superintelligence 64
부시, 버니바Bush, Vannevar 260, 282
분산형 톰슨 샘플링 310
분산형 통제 시스템 80
불복종하는 자율사고 애플리케이션 200
브라운, 루이즈Brown, Louise 376
브라운, 트리샤Brown, Trisha 13
브랜드, 로이스Brand, Lois 14
브랜드, 스튜어트Brand, Stewart 14, 25
　《지구 카탈로그》Whole Earth Catalog(공저) 14
브로노우스키, 제이콥Bronowski, Jacob 194
　《인간 등정의 발자취》The Ascent of Man 194
브록만, 존Brockman, John 11~27
　《후기》Afterwords 19
브룩, 피터Brook, Peter 331
　《빈 공간》The Empty Space 331
브룩스, 로드니Brooks, Rodney 24, 103~115
　《로봇 만들기》Flesh and Machines 103
브리코뉴, 제러드Bricogne, Gérard 288
블레이크, 앤드루Blake, Andrew 323
비지도학습 347
빅데이터 94, 182, 233, 302

ㅅ

사이먼, 허버트Simon, Herbert 38, 209
사이버네틱스 12, 17, 19, 32~33, 36, 109, 173, 280~283, 304~305, 325~326, 393~395, 404
사이보그 132, 143, 396
새뮤얼, 아서Samuel, Arthur 59

섕크, 로저Schank, Roger 22
섀넌, 클로드Shannon, Claude 12, 15~18, 76, 173, 247~254, 260, 261, 265, 390, 394, 401
설, 존Searle, John 86, 95, 383
세페르, 니콜라Schöffer, Nicolas 399
셀룰러 오토마타 107~108, 431
셰익스피어, 윌리엄Shakespeare, William 190, 251
　《맥베스》Macbeth 190
솔로몬, 아서Solomon, Arthur K. 13
쉐우츠, 마티아스Scheutz, Matthias 100
슈니먼, 캐롤리Schneemann, Carolee 13
슈미트, 에릭Schmidt, Eric 298
슈타이얼, 히토Steyerl, Hito 327, 329, 330
　〈맙소사맞아우린죽을거야〉HellYeahWe FuckDie 327
　〈보이지 않는 방법〉How Not to be Seen 327
스미스, 잭Smith, Jack 13
스스로 영속하는 패턴 89~90
스키너, B. F. Skinner, B. F. 344
스턴, 게드Stern, Gerd 13
스테베니, 바버라Steveni, Barbara 338
스테이플던, 올라프Stapledon, Olaf 132
　〈이상한 존〉Odd John 132
스튜어트, 포터Stewart, Potter 380
스티븐스, 월리스Stevens, Wallace 24
　〈검은 새를 보는 열세 가지 방법〉Thirteen Ways of Looking at a Blackbird 24
스펜서 브라운, G. Spencer-Brown, G. 19
　《형태의 법칙》Laws of Form 19
신경망 35, 43, 79, 238~239, 241, 263, 297, 414~415, 418, 422, 427, 431
신뢰 할당 기능 307~309, 312~313
신파시즘 16, 175
신호 분석 35, 37
실라르드, 레오Szilard, Leo 63, 144
실버글레이트, 하비Silverglate, Harvey 179

심적 표상 50~51
싱클레어, 업턴Sinclair, Upton 143

ㅇ
아날로그 컴퓨터 77~79, 111, 260~261
아널드, 매슈Arnold, Matthew 252
아시모프, 아이작Asimov, Isaac 383
아실로마 인공지능 원칙 141, 145
알 콰리즈미al-Khwarizmi 360
알고리즘 61, 72, 91, 204, 212, 253, 289, 296, 306, 310, 317~318, 328, 330, 360~363, 366~367
알비누스Albinus 364
알파고 49, 63, 290
애덤스, 더글러스Adams, Douglas 164
애덤스, 스콧Adams, Scott 382
〈딜버트〉Dilbert 382
애슈비, W. 로스Ashby, W. Ross 82, 282
《뇌의 설계》Design for a Brain 82
애슈비의 법칙 82, 282~283
앤더슨, 크리스Anderson, Chris 24, 231~242
《롱테일 경제학》The Long Tail 231
《메이커스》Makers 231
《프리》Free 231
앤더슨, 필립Anderson, Philip 123
〈많아지면 달라진다〉More Is Different 123
앰스윌러, 애드Emshwiller, Ed 13
양자컴퓨터 22, 30, 38, 188
에라토스테네스Eratosthenes 53
에번스, 리처드Evans, Richard 336
에저튼, 해럴드 '닥'Edgerton, Harold "Doc" 13
엔트로피 173, 236, 244, 249~253
역강화학습 69~70, 208, 210
열역학 제2 법칙 154, 249~250
영, J. Z. Young, J. Z. 15
《과학에서의 의혹과 확실성》Doubt and Certainty in Science 15

영, 라 몬테Young, La Monte 13
오모훈드로, 스티브Omohundro, Steve 62
오브리스트, 한스 울리히Obrist, Hans Ulrich 24, 153, 321~338
《예술가의 삶, 건축가의 삶》Lives of the Artists, Lives of the Architects 321
《큐레이터가 일하는 방식》Ways of Cura--ting 321
오웰, 조지Orwell, George 91, 176, 177, 293
오펜하이머, 로버트Oppenheimer, J. Robert 162, 358
올덴버그, 클래스Oldenburg. Claes 13
와츠, 앨런Watts, Alan 19, 20
와트, 제임스Watt, James 32, 393, 394
왓슨(IBM) 96, 378
왓슨, 제임스Watson, James 108
왓슨, 존Watson, John 347
외팅제, 앤서니Oettinger, Anthony 13
울프람, 스티븐Wolfram, Stephen 24, 407~433
〈단순한 자기 조직 시스템으로서의 셀룰러 오토마타〉Cellular Automata as Sim--ple Self-Organizing Systems 408
《새로운 과학》A New Kind of Science 407
워홀, 앤디Warhol, Andy 13
웨스트, 제프리West, Geoffrey 23
위너, 노버트Wiener, Norbert 11~18, 23~27, 30~44, 58~61, 65~69, 76~77, 87~95, 106~115, 137, 140, 152~155, 158~163, 171~176, 179, 180, 183~186, 206~209, 244~254, 256, 259~262, 266, 267, 272, 273, 280~283, 302, 303, 308, 325, 333, 358, 359, 372, 390~394, 403
《사이버네틱스》Cybernetics 13~15, 32, 33, 35, 37, 106, 280
《신과 골렘 주식회사》God & Golem, Inc. 27

《인간의 인간적 활용》The Human Use of
Human Beings 15~17, 25, 26, 32~35,
58, 88, 106, 111, 140, 154, 158, 172~
175, 246~249, 251, 256, 259, 261,
272, 372, 392
〈자동화의 도덕적이며 기술적인 결과〉
Some Moral and Technical Consequences
of Automation 59
위버, 워런Weaver, Warren 15, 173, 249, 251
〈통신의 수학적 이론〉Recent Contributions
to the Mathematical Theory of Communication
15
윌첵, 프랭크Wilczek, Frank 24, 117~132,
135, 386
《뷰티풀 퀘스천》A Beautiful Question
117
윌킨스, 존Wilkins, John 420
유드코스키, 엘리저Yudkowsky, Eliezer 26,
147, 154, 157, 163
유전적 예외주의 385
유한적 최적성 56, 204, 212~213
응, 앤드루Ng, Andrew 64
의식 86, 93, 99, 118, 122, 136, 297,
383, 403, 432
이나토위츠, 에드워드Ihnatowicz, Edward
397, 399
인간 뇌의 장점 128~130
인간 의식 모델 86
인공지능(용어) 17, 401
인과적 추론 49, 52

ㅈ

자연언어 49, 60, 416, 426~427
자유 의지 384
자율살상 무기 56, 387
자율주행 자동차 60, 79, 220~221, 223~
224, 229, 259, 262, 291, 295
전체주의 16, 32, 34, 176, 194, 293
정보 35, 250~254

정보의 소유권 292
정보처리 기술의 장점 126~127
정치적 올바름 179
제1부호화 정리 261
제1차 사이버네틱스 19
제2차 사이버네틱스 19
제어 32, 34, 37, 40, 76~77, 80, 106,
111, 139, 158~159, 166, 281~283,
394
제퍼슨, 토머스Jefferson, Thomas 381
조건법적 질문 51~52
조던, 마이클 I. Jordan, Michael I. 46
조이, 빌Joy, Bill 157, 158
〈미래에 인간이 필요 없는 이유〉Why the
Future Doesn't Need Us 157
조정 문제 223~227
존스, 캐롤라인Jones, Caroline A. 24, 389~
405
《세계적인 예술 작품》The Global Work of
Art 389
《스튜디오의 시스템》Bureaucratization of
the Senses, Machine in the Studio 389
《시각적 요소》Eyesight Alone 389
중국어 방 실험 383
중재적인 질문 51
중첩되지 않는 교도권 374
지바노빅, 알렉스Zivanovic, Alex 397
지식 기반 프로그래밍 425, 427

ㅊ

차머스, 데이비드Chalmers, David 86
차원의 저주 263
차이, 원잉Tsai, Wen-Ying 395
〈사이버네틱 조각〉Cybernetic Sculpture
395
착한 인공지능 65~66, 83
창발 118, 123~124, 402
창의성 191, 332
처치, 알론조Church, Alonzo 282

처치, 조지 M. Church, George M. 24, 96, 134, 369~388
《부활》Regenesis(공저) 369
체슬든, 윌리엄 Cheselden, William 364
쳉, 이언 Cheng, Ian 335~337
초지능 39, 62~63, 67, 71, 132, 138~139, 146~147, 158, 163~164, 180, 213~214, 273, 275~279
초진화 50
촘스키, 놈 Chomsky, Noam 344

ㅋ

카너먼, 대니얼 Kahneman, Daniel 383
카르노, 사디 Carnot, Sadi 393
카스, 리언 Kass, Leon 380
카스파로프, 가리 Kasparov, Gary 38, 289
카이저, 데이비드 Kaiser, David 24, 243~254, 391
　《미국 물리학과 냉전 거품》American Physics and the Cold War Bubble 243
　《히피가 구원한 물리학》Hippies Saved Physics 243
카펜터, 에드문트 Carpenter, Edmund 14
캐프로, 앨런 Kaprow, Allan 13
커즈와일, 레이 Kurzweil, Ray 39
　《특이점이 온다》The Singularity Is Near 39
커처-거셴펠트, 조엘 Cutcher-Gershenfeld, Joel 255
케스틀러, 아서 Koestler, Arthur 246
　《몽유병자들》The Sleepwalkers 246
케이지, 존 Cage, John 12~14
케인스, 존 메이너드 Keynes, John Maynard 294
　〈손주 세대의 경제적 가능성〉Economic Possibilities for Our Grandchildren 294
케플러, 요하네스 Kepler, Johannes 246
코페르니쿠스, 니콜라우스 Copernicus, Nicolaus 246

콘웨이, 존 호턴 Conway, John Horton 402, 403
쿠차 형제 Kuchar brothers 13
크리스천, 브라이언 Christian, Brian 203
크릭, 프랜시스 Crick, Francis 108, 118, 121, 122
클라우드 50, 265, 276, 431
클라우지우스 Clausius 393
클레, 파울 Klee, Paul 328, 329
클뤼버, 빌리 Klüver, Billy 337
킹, 개리 King, Gary 52

ㅌ

타이카, 마이크 Tyka, Mike 329
탈린, 얀 Tallinn, Jaan 24, 134, 151~167, 323, 386
테그마크, 맥스 Tegmark, Max 24, 56, 133~149, 386
　《라이프 3.0》Life 3.0 133
　《맥스 테그마크의 유니버스》Our Mathematical Universe 133
테크노스피어 394, 399~400, 405
통계적 추론 51
통신 15, 18, 76, 111, 173, 176, 246, 252, 260~261, 306, 359, 394
툴민, 스티븐 Toulmin, Stephen 53
　《예지와 인식》Foresight and Understanding 53
튜링, 앨런 Turing, Alan 35, 62~65, 70, 76, 89~94, 96~98, 107, 109, 111~115, 152, 158~160, 170, 173, 196, 201, 266, 390, 421
　〈계산 가능한 수와 결정 문제의 응용에 관하여〉On Computable Numbers with an Application to the Entscheidungsproblem 107
　〈계산 기계와 지능〉Computing Machinery and Intelligence 89
튜링 기계 48, 76, 107, 109, 112, 414

튜링 테스트 35, 92~93, 97~98, 200,
    417, 421~422
트라우브, 조지프Traub, Joseph 22
트라이스터, 수잰Treister, Suzanne 333,
    334
트랜스휴먼 387~388
트랜지스터 34, 37, 40, 77, 262
트롤리 문제 374~375
트버스키, 아모스Tversky, Amos 383
특이점 30, 39, 42, 101, 288

ㅍ

파레노, 필립Parreno, Philippe 402~403,
    405
    〈반딧불이 조각〉firefly piece 402, 403
파머, J. 도인Farmer, J. Doyne 23
파블로프, 이반Pavlov, Ivan 344
파이겐바움, 에드워드Feigenbaum, Edward
    22, 23
    《5세대 컴퓨터》The Fifth Generation 23
파인만, 리처드Feynman, Richard 19~21,
    233, 270, 271
패스크, 고든Pask, Gordon 396, 399
    〈모빌의 대화〉Colloquy of Mobiles 396
퍼셉트론 258, 414
펄, 주디아Pearl, Judea 23
    《'왜'의 책》The Book of Why(공저) 45
페글렌, 트레버Paglen, Trevor 330
페글스, 하인즈Pagels, Heinz 22, 31
    《이성의 꿈》The Dreams of Reason 22
페아노, 주세페Peano, Giuseppe 420
페퍼트, 시모어Papert, Seymour 414
    《퍼셉트론》Perceptrons 414
펜로즈, 로저Roger Penrose 95
펜틀랜드, 알렉스 '샌디'Pentland, Alex "Sandy"
    24, 301~320
    《사회물리학》Social Physics 301
포더, 제리Fodor, Jerry 86, 172
포지오, 토마소Poggio, Tomaso 41

포퍼, 칼Popper, Karl 189
폰 노이만, 존von Neumann, John 17, 18, 22,
    39, 74, 76, 82, 107~113, 115, 173,
    261, 265, 266, 414
    폰 노이만 아키텍처 컴퓨터 109, 112
    폰 노이만의 병목현상 22
폰 푀르스터, 하인츠von Foerster, Heinz 19,
    325, 326, 333~335
표현의 자유 177, 179
풀러, 버크민스터Fuller, Buckminster 14
프라다, 미우치아Prada, Miuccia 323
프라이스, 휴Price, Huw 151~152
프레게, 고트로브Frege, Gottlob 420
피드백 18, 32, 35, 173~175, 185, 246~
    247, 252, 262, 304, 307. 311
피츠, 월터Pitts, Walter 35, 40, 394, 414,
    418
필딩, 헨리Fielding, Henry 340
    《조지프 앤드루스》Joseph Andrews 340
핑커, 스티븐Pinker, Steven 24, 169~186,
    194
    《빈 서판》The Blank Slate 169
    《우리 본성의 선한 천사》The Better Angels
    of Our Nature 169, 194

ㅎ

하라리, 유발 노아Harari, Yuval Noah 50
하버드 아키텍처 컴퓨터 109
하케, 한스Haacke, Hans 399
합리성 210~212
해러웨이, 도나Haraway, Donna 399
허사비스, 데미스Hassabis, Demis 298
    〈우리가 꿈꾸는 기적〉Invictus 149
헨리, 윌리엄 어니스트Henley, William Ernest
    149
호모 라티오날리스 395
호킹, 스티븐Hawking, Stephen 26, 39, 56,
    59, 386, 402
혹스 유전자 264~265

홀, 에드워드 T. '네드'Hall, Edward T. "Ned" 14
홀랜드, 존 헨리Holland, John Henry 23
홉스, 토머스Hobbes, Thomas 76
화이트헤드, 알프레드Whitehead, Alfred North 304
휘트먼, 로버트Whitman, Robert 13
휠러, 존 아치볼드Wheeler, John Archibald 23
휴리스틱 211~213
휴머노이드 97, 101, 206, 278, 304
흄, 데이비드Hume, David 65, 119, 344
히바드, 빌Hibbard, Bill 381
힌턴, 제프리Hinton, Geoffrey 46, 162, 298
힐리스, W. 대니얼Hillis, W. Daniel 22~25, 269~283
　《생각하는 기계》The Pattern on the Stone 267

인공지능은
무엇이 되려 하는가

1판 1쇄 펴냄 2021년 8월 23일
1판 4쇄 펴냄 2022년 10월 26일

지은이   스티븐 핑커, 맥스 테그마크 외
엮은이   존 브록만
옮긴이   김보은
편 집   안민재
디자인   룩앳미
제 작   세걸음
인쇄·제책   상지사

펴낸곳   프시케의숲
펴낸이   성기승
출판등록   2017년 4월 5일 제406-2017-000043호
주 소   (우)10885, 경기도 파주시 책향기로 371, 상가 204호
전 화   070-7574-3736
팩 스   0303-3444-3736
이메일   pfbooks@pfbooks.co.kr
SNS   @PsycheForest

ISBN   979-11-89336-41-7   03500

책값은 뒤표지에 표시되어 있습니다.

이 책의 내용을 이용하려면 반드시 저작권자와
도서출판 프시케의숲에 동의를 받아야 합니다.